大專用書

管理數學題解

戴久永　著

三民書局　印行

國家圖書館出版品預行編目資料

管理數學題解 / 戴久永著.－－初版三刷.－－臺北
市；三民，2002
　　面；　公分

ISBN 957-14-0830-1　（平裝）

1. 應用數學-問題集

319.1022　　　　　　　　　　　　82006062

網路書店位址　　http：// www. sanmin. com. tw

© 　管理數學題解

著作人　戴久永
發行人　劉振強
著作財
產權人　三民書局股份有限公司
　　　　臺北市復興北路三八六號
發行所　三民書局股份有限公司
　　　　地址／臺北市復興北路三八六號
　　　　電話／二五〇〇六六〇〇
　　　　郵撥／〇〇〇九九九八——五號
印刷所　三民書局股份有限公司
門市部　復北店／臺北市復興北路三八六號
　　　　重南店／臺北市重慶南路一段六十一號
初版一刷　西元一九九三年九月
初版三刷　西元二〇〇二年八月
　編　號　S 31170
　基本定價　柒　元
行政院新聞局登記證局版臺業字第〇二〇〇號

管理數學題解

目　次

第 I 篇
基　礎　篇

第二章 矩陣與行列式

1. 設 $D=\begin{bmatrix} 2 & 0 & 0 \\ 0 & 5 & 0 \\ 0 & 0 & 7 \end{bmatrix}$ 為三階對角矩陣，(a) 若 $DB=I_3$ 時，試求 $B=$?

(b) 設 $A=\begin{bmatrix} 1 & 3 & 2 \\ 4 & 0 & 6 \\ 7 & 1 & 1 \end{bmatrix}$，試求 AD 及 DA，由本題能否發現一矩陣乘

以對角矩陣具有何種性質？

解: (a) 設 $B=\begin{bmatrix} b_{11} & b_{12} & b_{13} \\ b_{21} & b_{22} & b_{23} \\ b_{31} & b_{32} & b_{33} \end{bmatrix}$

則因 $\begin{bmatrix} 2 & 0 & 0 \\ 0 & 5 & 0 \\ 0 & 0 & 7 \end{bmatrix}\begin{bmatrix} b_{11} & b_{12} & b_{13} \\ b_{21} & b_{22} & b_{23} \\ b_{31} & b_{32} & b_{33} \end{bmatrix}=\begin{bmatrix} 1 & 0 & 0 \\ 0 & 1 & 0 \\ 0 & 0 & 1 \end{bmatrix}$

得 $\begin{bmatrix} 2b_{11} & 2b_{12} & 2b_{13} \\ 5b_{21} & 5b_{22} & 5b_{23} \\ 7b_{31} & 7b_{32} & 7b_{33} \end{bmatrix}=\begin{bmatrix} 1 & 0 & 0 \\ 0 & 1 & 0 \\ 0 & 0 & 1 \end{bmatrix}$

所以 $2b_{11}=1$, $2b_{12}=2b_{13}=0$, $5b_{21}=5b_{23}=0$, $5b_{22}=1$,

$7b_{31}=7b_{32}=0$, $7b_{33}=1$

即 $b_{11}=\dfrac{1}{2}$, $b_{12}=b_{13}=b_{21}=b_{23}=b_{31}=b_{32}=0$,

$b_{22}=\dfrac{1}{5}$, $b_{33}=\dfrac{1}{7}$

$$
\text{所以，} B = \begin{bmatrix} \dfrac{1}{2} & 0 & 0 \\ 0 & \dfrac{1}{5} & 0 \\ 0 & 0 & \dfrac{1}{7} \end{bmatrix}
$$

(b) $AD = \begin{bmatrix} 1 & 3 & 2 \\ 4 & 0 & 6 \\ 7 & 1 & 1 \end{bmatrix} \begin{bmatrix} 2 & 0 & 0 \\ 0 & 5 & 0 \\ 0 & 0 & 7 \end{bmatrix}$

$$
= \begin{bmatrix} 1\times2 & 3\times5 & 2\times7 \\ 4\times2 & 0\times5 & 6\times7 \\ 7\times2 & 1\times5 & 1\times7 \end{bmatrix}
$$

$$
= \begin{bmatrix} 2 & 15 & 14 \\ 8 & 0 & 42 \\ 14 & 5 & 7 \end{bmatrix}
$$

而 $DA = \begin{bmatrix} 2 & 0 & 0 \\ 0 & 5 & 0 \\ 0 & 0 & 7 \end{bmatrix} \begin{bmatrix} 1 & 3 & 2 \\ 4 & 0 & 6 \\ 7 & 1 & 1 \end{bmatrix}$

$$
= \begin{bmatrix} 1\times2 & 3\times2 & 2\times2 \\ 4\times5 & 0\times5 & 6\times5 \\ 7\times7 & 1\times7 & 1\times7 \end{bmatrix}
$$

$$
= \begin{bmatrix} 2 & 6 & 4 \\ 20 & 0 & 30 \\ 49 & 7 & 7 \end{bmatrix}
$$

2. (a) 設 $A = \begin{bmatrix} 1 & 1 \\ 0 & 1 \end{bmatrix}$, 試證 $A^2 = \begin{bmatrix} 1 & 2 \\ 0 & 1 \end{bmatrix}$, 又 $A^n = ?$

(b) 設 $A = \begin{bmatrix} 1 & 1 & 1 \\ 0 & 1 & 1 \\ 0 & 0 & 1 \end{bmatrix}$, 試證 $A^2 = \begin{bmatrix} 1 & 2 & 3 \\ 0 & 1 & 2 \\ 0 & 0 & 1 \end{bmatrix}$, 試求 A^3, A^4 及 A^n。

解: (a) $A^2 = \begin{bmatrix} 1 & 1 \\ 0 & 1 \end{bmatrix} \begin{bmatrix} 1 & 1 \\ 0 & 1 \end{bmatrix} = \begin{bmatrix} 1 & 2 \\ 0 & 1 \end{bmatrix}$

$A^3 = \begin{bmatrix} 1 & 2 \\ 0 & 1 \end{bmatrix} \begin{bmatrix} 1 & 1 \\ 0 & 1 \end{bmatrix} = \begin{bmatrix} 1 & 3 \\ 0 & 1 \end{bmatrix}$

$A^n = \begin{bmatrix} 1 & n \\ 0 & 1 \end{bmatrix}$

(b) $A^2 = \begin{bmatrix} 1 & 1 & 1 \\ 0 & 1 & 1 \\ 0 & 0 & 1 \end{bmatrix} \begin{bmatrix} 1 & 1 & 1 \\ 0 & 1 & 1 \\ 0 & 0 & 1 \end{bmatrix} = \begin{bmatrix} 1 & 2 & 3 \\ 0 & 1 & 2 \\ 0 & 0 & 1 \end{bmatrix}$

$A^3 = \begin{bmatrix} 1 & 2 & 3 \\ 0 & 1 & 2 \\ 0 & 0 & 1 \end{bmatrix} \begin{bmatrix} 1 & 1 & 1 \\ 0 & 1 & 1 \\ 0 & 0 & 1 \end{bmatrix} = \begin{bmatrix} 1 & 3 & 6 \\ 0 & 1 & 3 \\ 0 & 0 & 1 \end{bmatrix}$

設 $A^k = \begin{bmatrix} 1 & k & \dfrac{k(k+1)}{2} \\ 0 & 1 & k \\ 0 & 0 & 1 \end{bmatrix}$

則 $A^{k+1} = \begin{pmatrix} 1 & k & \dfrac{k(k+1)}{2} \\ 0 & 1 & k \\ 0 & 0 & 0 \end{pmatrix} \begin{pmatrix} 1 & 1 & 1 \\ 0 & 1 & 1 \\ 0 & 0 & 1 \end{pmatrix} = \begin{pmatrix} 1 & k+1 & k+1+\dfrac{k(k+1)}{2} \\ 0 & 1 & k+1 \\ 0 & 0 & 0 \end{pmatrix}$

$= \begin{pmatrix} 1 & k+1 & \dfrac{2(k+1)+k(k+1)}{2} \\ 0 & 1 & k+1 \\ 0 & 0 & 0 \end{pmatrix} = \begin{pmatrix} 1 & k+1 & \dfrac{(k+1)(k+2)}{2} \\ 0 & 1 & k+1 \\ 0 & 0 & 0 \end{pmatrix}$

所以 $A^n = \begin{pmatrix} 1 & n & \dfrac{n(n+1)}{2} \\ 0 & 1 & n \\ 0 & 0 & 1 \end{pmatrix}$

3. 設 $A = \begin{bmatrix} 1 & 0 \\ -1 & 1 \end{bmatrix}$, 試證 $A^2 = 2A - I_2$, 並求 $A^{100} = ?$

解: $A^2 = \begin{bmatrix} 1 & 0 \\ -1 & 1 \end{bmatrix} \begin{bmatrix} 1 & 0 \\ -1 & 1 \end{bmatrix} = \begin{bmatrix} 1 & 0 \\ -2 & 1 \end{bmatrix}$

$2A - I_2 = \begin{bmatrix} 2 & 0 \\ -2 & 2 \end{bmatrix} - \begin{bmatrix} 1 & 0 \\ 0 & 1 \end{bmatrix} = \begin{bmatrix} 1 & 0 \\ -2 & 1 \end{bmatrix} = A^2$

$A^{100} = \begin{bmatrix} 1 & 0 \\ -99 & 1 \end{bmatrix} \begin{bmatrix} 1 & 0 \\ -1 & 1 \end{bmatrix} = \begin{bmatrix} 1 & 0 \\ -100 & 1 \end{bmatrix}$

4. 設三階方陣 $M = \begin{bmatrix} 1 & 0 & 2 \\ 2 & 1 & -1 \\ 1 & 1 & 2 \end{bmatrix}$。若其乘法逆元素 $M^{-1} = \begin{bmatrix} b_{11} & b_{12} & b_{13} \\ b_{21} & b_{22} & b_{23} \\ b_{31} & b_{32} & b_{33} \end{bmatrix}$，則

b_{11}, b_{13}, b_{22}, b_{23}, b_{32} 之值分別爲何?

解: $b_{11} = \dfrac{(-1)^{1+1} A_{11}}{M} = \dfrac{\begin{vmatrix} 1 & -1 \\ 1 & 2 \end{vmatrix}}{\begin{vmatrix} 1 & 0 & 2 \\ 2 & 1 & -1 \\ 1 & 1 & 2 \end{vmatrix}} = \dfrac{3}{2+4-2+1} = \dfrac{3}{5}$

$b_{13} = \dfrac{(-1)^{1+3} A_{31}}{M} = \dfrac{\begin{vmatrix} 0 & 2 \\ 1 & -1 \end{vmatrix}}{5} = -\dfrac{2}{5}$

$b_{22} = \dfrac{(-1)^{2+2} A_{22}}{M} = \dfrac{\begin{vmatrix} 1 & 2 \\ 1 & 2 \end{vmatrix}}{5} = 0$

$b_{23} = \dfrac{(-1)^{2+3} A_{32}}{M} = -\dfrac{\begin{vmatrix} 1 & 2 \\ 2 & -1 \end{vmatrix}}{5} = 1$

$b_{32} = \dfrac{(-1)^{3+2} A_{23}}{M} = \dfrac{\begin{vmatrix} 1 & 0 \\ 1 & 1 \end{vmatrix}}{5} = -\dfrac{1}{5}$

5. 若 $A = \begin{bmatrix} 1 & 0 & 1 \\ 0 & 2 & -1 \\ -2 & 1 & 3 \end{bmatrix}$，且 $A^{-1} = \begin{bmatrix} x_{11} & x_{12} & x_{13} \\ x_{21} & x_{22} & x_{23} \\ x_{31} & x_{32} & x_{33} \end{bmatrix}$，則 x_{22} 之值爲何?

解：$x_{22} = \dfrac{3}{11}$

6. 令 $R = \begin{bmatrix} 1 & 3 & 1 \\ 0 & -2 & 1 \\ 1 & 0 & 2 \end{bmatrix}$，$S = \begin{bmatrix} -4 & x & 5 \\ 1 & 1 & -1 \\ 2 & 3 & -2 \end{bmatrix}$。

若 $RS = I = \begin{bmatrix} 1 & 0 & 0 \\ 0 & 1 & 0 \\ 0 & 0 & 1 \end{bmatrix}$，則 x 之值爲何？

解：$x = -6$

7. 設 $I = \begin{bmatrix} 1 & 0 & 0 & 0 & 0 \\ 0 & 1 & 0 & 0 & 0 \\ 0 & 0 & 1 & 0 & 0 \\ 0 & 0 & 0 & 1 & 0 \\ 0 & 0 & 0 & 0 & 1 \end{bmatrix}$，$J = \begin{bmatrix} 1 & 1 & 1 & 1 & 1 \\ 1 & 1 & 1 & 1 & 1 \\ 1 & 1 & 1 & 1 & 1 \\ 1 & 1 & 1 & 1 & 1 \\ 1 & 1 & 1 & 1 & 1 \end{bmatrix}$。

試將方陣 $(I + \dfrac{1}{5}J)^8$ 化爲 $aI + bJ$ 的形式（a，b 爲實數），並求出 a，b 之值。

解：$(I + \dfrac{1}{5}J)^8 = I + C_1^8(\dfrac{1}{5}J) + C_2^8(\dfrac{1}{5}J)^2 + C_3^8(\dfrac{1}{5}J)^3 + C_4^8(\dfrac{1}{5}J)^4$

$\qquad + C_5^8(\dfrac{1}{5}J)^5 + C_6^8(\dfrac{1}{5}J)^6 + C_7^8(\dfrac{1}{5}J)^7 + C_8^8(\dfrac{1}{5}J)^8$

$\qquad = I + \dfrac{1}{5}(C_1^8 + C_2^8 + C_3^8 + C_4^8 + C_5^8 + C_6^8 + C_7^8 + C_8^8)J$

$\qquad = I + \dfrac{1}{5}(2^8 - 1)J = I + 51J$

註：$J^k = 5^{k-1}J$

8. 試求 $A = \begin{bmatrix} 0 & 2 & 4 \\ 2 & 4 & 2 \\ 3 & 3 & 1 \end{bmatrix}$ 的逆矩陣。

解：因 $r(A) = 3$，爲求 A^{-1}，我們可利用基本列運算將增廣矩陣 $[A | I_3]$

化爲 $[I_3 | A^{-1}]$:

$$[A|I_3] = \begin{bmatrix} 0 & 2 & 4 & 1 & 0 & 0 \\ 2 & 4 & 2 & 0 & 1 & 0 \\ 3 & 3 & 1 & 0 & 0 & 1 \end{bmatrix} \xrightarrow{R_1 \leftrightarrow R_2}$$

$$\begin{bmatrix} 2 & 4 & 2 & 0 & 1 & 0 \\ 0 & 2 & 4 & 1 & 0 & 0 \\ 3 & 3 & 1 & 0 & 0 & 1 \end{bmatrix} \xrightarrow{\frac{1}{2}R_1} \begin{bmatrix} 1 & 2 & 1 & 0 & \frac{1}{2} & 0 \\ 0 & 2 & 4 & 1 & 0 & 0 \\ 3 & 3 & 1 & 0 & 0 & 1 \end{bmatrix}$$

$$\xrightarrow{(-3) \times R_1 + R_3} \begin{bmatrix} 1 & 2 & 1 & 0 & \frac{1}{2} & 0 \\ 0 & 2 & 4 & 1 & 0 & 0 \\ 0 & -3 & -2 & 0 & -\frac{3}{2} & 1 \end{bmatrix} \xrightarrow{\frac{1}{2}R_2}$$

$$\begin{bmatrix} 1 & 2 & 1 & 0 & \frac{1}{2} & 0 \\ 0 & 1 & 2 & \frac{1}{2} & 0 & 0 \\ 0 & -3 & -2 & 0 & -\frac{3}{2} & 1 \end{bmatrix} \xrightarrow[3R_2 + R_3]{(-2)R_2 + R_1}$$

$$\begin{bmatrix} 1 & 0 & -3 & -1 & \frac{1}{2} & 0 \\ 0 & 1 & 2 & \frac{1}{2} & 0 & 0 \\ 0 & 0 & 4 & \frac{3}{2} & -\frac{3}{2} & 1 \end{bmatrix} \xrightarrow{\frac{1}{4}R_3}$$

$$\begin{bmatrix} 1 & 0 & -3 & -1 & \frac{1}{2} & 0 \\ 0 & 1 & 2 & \frac{1}{2} & 0 & 0 \\ 0 & 0 & 1 & \frac{3}{8} & -\frac{3}{8} & \frac{1}{4} \end{bmatrix} \xrightarrow[(-2)R_3 + R_2]{3R_3 + R_1}$$

$$\begin{bmatrix} 1 & 0 & 0 & \dfrac{1}{8} & -\dfrac{5}{8} & \dfrac{3}{4} \\ 0 & 1 & 0 & -\dfrac{1}{4} & \dfrac{3}{4} & -\dfrac{1}{2} \\ 0 & 0 & 1 & \dfrac{3}{8} & -\dfrac{3}{8} & \dfrac{1}{4} \end{bmatrix} \text{，故得}$$

$$A^{-1} = \begin{bmatrix} \dfrac{1}{8} & -\dfrac{5}{8} & \dfrac{3}{4} \\ -\dfrac{1}{4} & \dfrac{3}{4} & -\dfrac{1}{2} \\ \dfrac{3}{8} & -\dfrac{3}{8} & \dfrac{1}{4} \end{bmatrix}$$

10. 設 $A = \begin{bmatrix} 1 & 2 & 0 & 2 \\ -1 & 2 & 3 & 1 \\ -3 & 2 & -1 & 0 \\ 2 & -3 & -2 & 1 \end{bmatrix}$ ，試求行列式 $|A|$ 之值。

解：

$$A = \begin{vmatrix} 1 & 2 & 0 & 2 \\ -1 & 2 & 3 & 1 \\ -3 & 2 & -1 & 0 \\ 2 & -3 & -2 & 1 \end{vmatrix} = \begin{vmatrix} 1 & 0 & 0 & 0 \\ -1 & 4 & 3 & 3 \\ -3 & 8 & -1 & 6 \\ 2 & -7 & -2 & -3 \end{vmatrix}$$

$$= \begin{vmatrix} 4 & 3 & 3 \\ 8 & -1 & 6 \\ -7 & -2 & -3 \end{vmatrix} = \frac{1}{16} \begin{vmatrix} 4 & 12 & 12 \\ 8 & -4 & 24 \\ -7 & -8 & -12 \end{vmatrix}$$

$$= \frac{1}{16} \begin{vmatrix} 4 & 0 & 0 \\ 8 & -28 & 0 \\ -7 & 13 & 9 \end{vmatrix} = \frac{4}{16} \begin{vmatrix} -28 & 0 \\ 13 & 9 \end{vmatrix} = \frac{4}{16} \times (-252)$$

$$= -63$$

另解如下:

$$A=\begin{vmatrix} 1 & 2 & 0 & 2 \\ -1 & 2 & 3 & 1 \\ -3 & 2 & -1 & 0 \\ 2 & -3 & -2 & 1 \end{vmatrix} \times(-1)$$

$$=\begin{vmatrix} 2 & 0 & -3 & 1 \\ -1 & 2 & 3 & 1 \\ -3 & 2 & -1 & 0 \\ 2 & -3 & -2 & 1 \end{vmatrix} \times(-1)$$

$$=\begin{vmatrix} 0 & 3 & -1 & 0 \\ -1 & 2 & 3 & 1 \\ -3 & 2 & -1 & 0 \\ 2 & -3 & -2 & 1 \end{vmatrix} = 3\times(-1)^{1+2}\times\begin{vmatrix} -1 & 3 & 1 \\ -3 & -1 & 0 \\ 2 & -2 & 1 \end{vmatrix}$$

$$+(-1)\times(-1)^{1+3}\times\begin{vmatrix} -1 & 2 & 1 \\ -3 & 2 & 0 \\ 2 & -3 & 1 \end{vmatrix}$$

$$=(-54)-9=-63$$

11. 試求下列各行列式的值:

(a) $\begin{vmatrix} 3 & 1 & 1 \\ 1 & 3 & 1 \\ 1 & 1 & 3 \end{vmatrix}$
(b) $\begin{vmatrix} 3 & 1 & 1 & 1 & 1 \\ 1 & 3 & 1 & 1 & 1 \\ 1 & 1 & 3 & 1 & 1 \\ 1 & 1 & 1 & 3 & 1 \\ 1 & 1 & 1 & 1 & 3 \end{vmatrix}$
(c) $\begin{vmatrix} 1 & 2 & 3 & 5 \\ 2 & 1 & 5 & 3 \\ 3 & 5 & 1 & 2 \\ 5 & 3 & 2 & 1 \end{vmatrix}$

解: (a) $\begin{vmatrix} 3 & 1 & 1 \\ 1 & 3 & 1 \\ 1 & 1 & 3 \end{vmatrix}=27+1+1-3-3-3=20$

(b) $\begin{vmatrix} 3 & 1 & 1 & 1 & 1 \\ 1 & 3 & 1 & 1 & 1 \\ 1 & 1 & 3 & 1 & 1 \\ 1 & 1 & 1 & 3 & 1 \\ 1 & 1 & 1 & 1 & 3 \end{vmatrix} = \begin{vmatrix} 3 & 1 & 1 & 1 & 1 \\ -8 & 0 & -2 & -2 & -2 \\ -2 & 0 & 2 & 0 & 0 \\ -2 & 0 & 0 & 2 & 0 \\ -2 & 0 & 0 & 0 & 2 \end{vmatrix}$

$= \begin{vmatrix} -8 & -2 & -2 & -2 \\ -2 & 2 & 0 & 0 \\ -2 & 0 & 2 & 0 \\ -2 & 0 & 0 & 2 \end{vmatrix} = (-2) \times \begin{vmatrix} 4 & 1 & 1 & 1 \\ -10 & 0 & -2 & -2 \\ -2 & 0 & 2 & 0 \\ -2 & 0 & 0 & 2 \end{vmatrix}$

$= (-2) \times \begin{vmatrix} -10 & -2 & -2 \\ -2 & 2 & 0 \\ -2 & 0 & 2 \end{vmatrix} = (-2) \times (-40 - 8 - 8) = 112$

(c) $\begin{vmatrix} 1 & 2 & 3 & 5 \\ 2 & 1 & 5 & 3 \\ 3 & 5 & 1 & 2 \\ 5 & 3 & 2 & 1 \end{vmatrix} = 11 \times \begin{vmatrix} 1 & 2 & 3 & 5 \\ 1 & 1 & 5 & 3 \\ 1 & 5 & 1 & 2 \\ 1 & 3 & 2 & 1 \end{vmatrix} \begin{matrix} (-1) \\ \leftarrow \end{matrix}$

$= 11 \times \begin{vmatrix} 1 & 2 & 3 & 5 \\ 0 & -1 & 2 & -2 \\ 0 & 3 & -2 & -3 \\ 0 & 1 & -1 & -4 \end{vmatrix} = 11 \times \begin{vmatrix} -1 & 2 & -2 \\ 3 & -2 & -3 \\ 1 & -1 & -4 \end{vmatrix} = 165$

12. 試求下列方程式的根:

(a) $\begin{vmatrix} 1 & 1 & 1 & 1 \\ 1 & 2 & 4 & 8 \\ 1 & 3 & 9 & 27 \\ 1 & 4 & x^2 & x^3 \end{vmatrix} = 0$ 　(b) $\begin{vmatrix} 2 & 1 & x \\ 1 & 5 & 2x \\ x & 2x & 9 \end{vmatrix} = 0$

解: (a) 原式 $=\begin{vmatrix} 1 & 1 & 1 & 1 \\ 0 & 1 & 3 & 7 \\ 0 & 2 & 8 & 26 \\ 0 & x-1 & x^2-1 & x^3-1 \end{vmatrix}$

$=\begin{vmatrix} 1 & 3 & 7 \\ 2 & 8 & 26 \\ x-1 & x^2-1 & x^3-1 \end{vmatrix}$

$=8x^3-8+78x-78+14x^2-14-6x^3+6-56x+56-26x^2$
$\quad +26$

$=2x^3-12x^2+22x-12=0$

$2(x-1)(x-2)(x-3)=0 \qquad \therefore x=1,\ 2,\ 3$

(b) $\begin{vmatrix} 2 & 1 & x \\ 1 & 5 & 2x \\ x & 2x & 9 \end{vmatrix}=0$

$\Rightarrow 90+2x^2+2x^2-5x^2-8x^2-9=0$

$9x^2-81=0 \qquad \therefore x=\pm 3$

13. 設 $a=\dfrac{1}{\sqrt{2}}(1+i)$，試求行列式 $\begin{vmatrix} 1 & a & a^2 & a^3 \\ -a^3 & 1 & -a & a^2 \\ a^2 & a^3 & 1 & a \\ -a & a^2 & -a^3 & 1 \end{vmatrix}$ 之值。

解: $a=\dfrac{1}{\sqrt{2}}(1+i)=\cos\dfrac{\pi}{4}+i\sin\dfrac{\pi}{4} \quad \therefore a^4=\cos\pi+i\sin\pi=-1$

$\begin{vmatrix} 1 & a & a^2 & a^3 \\ -a^3 & 1 & -a & a^2 \\ a^2 & a^3 & 1 & a \\ -a & a^2 & -a^3 & 1 \end{vmatrix}=\begin{vmatrix} 1 & 0 & a^2 & a^3 \\ 0 & 0 & -2a & 0 \\ 0 & 0 & 2 & 2a \\ 0 & 2a^2 & 0 & 0 \end{vmatrix}$

$=2a^2\begin{vmatrix} -2a & 0 \\ 2 & 2a \end{vmatrix}=-8a^4=8$

14. 試求方程式 $\begin{vmatrix} 1 & 1 & 1 & -1 \\ 2 & x & 2 & -2 \\ -3 & -2 & x & 3 \\ -5 & 2 & -4 & 2x \end{vmatrix} = 0$ 的三根的和與積之值。

解：原式 $\begin{vmatrix} 1 & 1 & 1 & -1 \\ 2 & x & 2 & -2 \\ -3 & -2 & x & 3 \\ -5 & 2 & -4 & 2x \end{vmatrix} = 0$ 卽 $\begin{vmatrix} 1 & 0 & 0 & 0 \\ 2 & x-2 & 0 & 0 \\ -3 & 1 & x+3 & 0 \\ -5 & 7 & 1 & 2x-5 \end{vmatrix} = 0$

$\times(-1)\uparrow\quad\uparrow\qquad\quad\uparrow$

$\times 1$

卽 $\begin{vmatrix} x-2 & 0 & 0 \\ 1 & x+3 & 0 \\ 7 & 1 & 2x-5 \end{vmatrix} = 0$ 卽 $(x-2)(x+3)(2x-5)=0$

$\therefore\ x=2,\quad -3\ 或\ \dfrac{5}{2}$

$\therefore\ 三根之和 = 2-3+\dfrac{5}{2}=\dfrac{3}{2}\cdots\cdots\cdots(甲)$

$三根之積 = 2(-3)(\dfrac{5}{2})=-15\cdots\cdots\cdots(乙)$

〔分析〕：原式用降階公式得 $\begin{vmatrix} x-2 & 0 & 0 \\ 1 & x+3 & 0 \\ 7 & 1 & 2x-5 \end{vmatrix} = 0$

$\Rightarrow (x-2)(x+3)(2x-5)=0$ 卽 $x=2,\ -3\ 或\ \dfrac{5}{2}$

15. 設 $a=\cos 72°+i\sin 72°$，則行列式

$\begin{vmatrix} a & -1 & 0 & 0 \\ 0 & a & -1 & 0 \\ 0 & 0 & a & -1 \\ 1 & 1 & 1 & a+1 \end{vmatrix}$ 之值爲何？

解:

利用第一行展開式 $\quad \Delta = \begin{vmatrix} a & -1 & 0 & 0 \\ 0 & a & -1 & 0 \\ 0 & 0 & a & -1 \\ 1 & 1 & 1 & a+1 \end{vmatrix}$

$$= a \begin{vmatrix} a & -1 & 0 \\ 0 & a & -1 \\ 1 & 1 & a+1 \end{vmatrix} - \begin{vmatrix} -1 & 0 & 0 \\ a & -1 & 0 \\ 0 & a & -1 \end{vmatrix}$$

$$= a [a^2(a+1)+1+a] + 1 = a^4 + a^3 + a^2 + a + 1$$

$$= \frac{1-a^5}{1-a}$$

$\because \quad a = \cos 72° + i \sin 72°$

$\therefore \quad a^5 = \cos 360° + i \sin 360° = 1$

$\therefore \quad \Delta = 0$

16. 假設 a, b, c, d, e, f 均爲實數, 試證下列行列式恒爲非負, 卽

$$\begin{vmatrix} 0 & a & b & c \\ -a & 0 & d & e \\ -b & -d & 0 & f \\ -c & -e & -f & 0 \end{vmatrix} \geq 0$$

證明:

(1) $f \neq 0$ 時, 原式 $= \dfrac{1}{f} \begin{vmatrix} 0 & af & b & c \\ -a & 0 & d & e \\ -b & -df & 0 & f \\ -c & -ef & -f & 0 \end{vmatrix}$

$$\uparrow \times (-e) \times d$$

$$= \frac{1}{f} \begin{vmatrix} 0 & af-be+cd & b & c \\ -a & 0 & d & e \\ -b & 0 & 0 & f \\ -c & 0 & -f & 0 \end{vmatrix}$$

$$=\frac{af-be+cd}{-f}\begin{vmatrix} -a & d & e \\ -b & 0 & f \\ -c & -f & 0 \end{vmatrix}$$

$$=\frac{af-be+cd}{f}(af^2-bef+cdf)=(af-be+cd)^2\geq 0$$

(2)　$f=0$ 時,　原式 $=\begin{vmatrix} 0 & a & b & c \\ -a & 0 & d & e \\ -b & -d & 0 & 0 \\ -c & -e & 0 & 0 \end{vmatrix}$

$$=c\begin{vmatrix} a & b & c \\ 0 & d & e \\ -d & 0 & 0 \end{vmatrix}-e\begin{vmatrix} 0 & b & c \\ -a & d & e \\ -b & 0 & 0 \end{vmatrix}$$

$$=-cd(be-cd)+be(be-cd)=(be-cd)^2\geq 0$$

17. 已知矩陣 $A=\begin{bmatrix} \dfrac{1}{2} & -\dfrac{1}{4} \\ 3 & \dfrac{1}{2} \end{bmatrix}$,　以及 $A^{10}=\begin{bmatrix} a & b \\ c & d \end{bmatrix}$,

試求 a,　b,　c,　d 的值。

解:　$A=\begin{bmatrix} \dfrac{1}{2} & -\dfrac{1}{4} \\ 3 & \dfrac{1}{2} \end{bmatrix}$

$$A^2=\begin{bmatrix} \dfrac{1}{2} & -\dfrac{1}{4} \\ 3 & \dfrac{1}{2} \end{bmatrix}\begin{bmatrix} \dfrac{1}{2} & -\dfrac{1}{4} \\ 3 & \dfrac{1}{2} \end{bmatrix}$$

$$=\begin{bmatrix} \dfrac{1}{4}-\dfrac{3}{4} & -\dfrac{1}{8}-\dfrac{1}{8} \\ \dfrac{3}{2}+\dfrac{3}{2} & -\dfrac{3}{4}+\dfrac{1}{4} \end{bmatrix}=\begin{bmatrix} -\dfrac{1}{2} & -\dfrac{1}{4} \\ 3 & -\dfrac{1}{2} \end{bmatrix}$$

$$A^4 = \begin{bmatrix} -\dfrac{1}{2} & -\dfrac{1}{4} \\ 3 & -\dfrac{1}{2} \end{bmatrix} \begin{bmatrix} -\dfrac{1}{2} & -\dfrac{1}{4} \\ 3 & -\dfrac{1}{2} \end{bmatrix}$$

$$= \begin{bmatrix} \dfrac{1}{4} - \dfrac{3}{4} & \dfrac{1}{8} + \dfrac{1}{8} \\ -\dfrac{3}{2} - \dfrac{3}{2} & -\dfrac{3}{4} + \dfrac{1}{4} \end{bmatrix} = \begin{bmatrix} -\dfrac{1}{2} & \dfrac{1}{4} \\ -3 & -\dfrac{1}{2} \end{bmatrix}$$

$$A^8 = A^4 \cdot A^4 = \begin{bmatrix} -\dfrac{1}{2} & \dfrac{1}{4} \\ -3 & -\dfrac{1}{2} \end{bmatrix} \begin{bmatrix} -\dfrac{1}{2} & \dfrac{1}{4} \\ -3 & -\dfrac{1}{2} \end{bmatrix}$$

$$= \begin{bmatrix} \dfrac{1}{4} - \dfrac{3}{4} & -\dfrac{1}{8} - \dfrac{1}{8} \\ \dfrac{3}{2} + \dfrac{6}{4} & -\dfrac{3}{4} + \dfrac{1}{4} \end{bmatrix} = \begin{bmatrix} -\dfrac{1}{2} & -\dfrac{1}{4} \\ 3 & -\dfrac{1}{2} \end{bmatrix}$$

$$A^{10} = A^8 \cdot A^2 \begin{bmatrix} -\dfrac{1}{2} & -\dfrac{1}{4} \\ 3 & -\dfrac{1}{2} \end{bmatrix} \begin{bmatrix} -\dfrac{1}{2} & -\dfrac{1}{4} \\ 3 & -\dfrac{1}{2} \end{bmatrix} = \begin{bmatrix} \dfrac{1}{4} - \dfrac{3}{4} & \dfrac{1}{8} + \dfrac{1}{8} \\ -\dfrac{3}{2} - \dfrac{3}{2} & -\dfrac{3}{4} + \dfrac{1}{4} \end{bmatrix}$$

$$= \begin{bmatrix} -\dfrac{1}{2} & \dfrac{1}{4} \\ -3 & -\dfrac{1}{2} \end{bmatrix} = \begin{bmatrix} a & b \\ c & d \end{bmatrix}$$

因此

$$a = -\dfrac{1}{2} \qquad b = \dfrac{1}{4}$$

$$c = -3 \qquad d = -\dfrac{1}{2}$$

18. 一般而言，二 n 階矩陣相乘無交換性，即 $AB \neq BA$，但其 A 與 B 都是對角矩陣，則 $AB = BA$。試舉例示範之。

解：設 $A = \begin{bmatrix} 2 & 0 & 0 \\ 0 & -1 & 0 \\ 0 & 0 & 3 \end{bmatrix}$ 和 $B = \begin{bmatrix} -2 & 0 & 0 \\ 0 & 4 & 0 \\ 0 & 0 & -6 \end{bmatrix}$

$$AB = \begin{bmatrix} 2 & 0 & 0 \\ 0 & -1 & 0 \\ 0 & 0 & 3 \end{bmatrix} \begin{bmatrix} -2 & 0 & 0 \\ 0 & 4 & 0 \\ 0 & 0 & -6 \end{bmatrix}$$

$$= \begin{bmatrix} 2(-2) & 0 & 0 \\ 0 & (-1)(4) & 0 \\ 0 & 0 & 3(-6) \end{bmatrix} = \begin{bmatrix} -4 & 0 & 0 \\ 0 & -4 & 0 \\ 0 & 0 & -18 \end{bmatrix}$$

$$BA = \begin{bmatrix} -2 & 0 & 0 \\ 0 & 4 & 0 \\ 0 & 0 & -6 \end{bmatrix} \begin{bmatrix} 2 & 0 & 0 \\ 0 & -1 & 0 \\ 0 & 0 & 3 \end{bmatrix}$$

$$= \begin{bmatrix} (-2)(2) & 0 & 0 \\ 0 & 4(-1) & 0 \\ 0 & 0 & (-6)(3) \end{bmatrix} = \begin{bmatrix} -4 & 0 & 0 \\ 0 & -4 & 0 \\ 0 & 0 & -18 \end{bmatrix}$$

即 $AB = BA$

19. 設 $D_1 = \begin{vmatrix} a & b & c \\ tx & ty & tz \\ g & h & k \end{vmatrix}$ 及 $D_2 = \begin{vmatrix} a & g & x \\ b & h & y \\ c & k & z \end{vmatrix}$

試求二行列式之間的關係。

解：$D_1 = \begin{vmatrix} a & b & c \\ tx & ty & tz \\ g & h & k \end{vmatrix} = t \begin{vmatrix} a & b & c \\ x & y & z \\ g & h & k \end{vmatrix}$

因 $|D| = |D^T|$

所以 $D_1 = t \begin{vmatrix} a & x & g \\ b & y & h \\ c & z & k \end{vmatrix} = -t \begin{vmatrix} a & g & x \\ b & h & y \\ c & k & z \end{vmatrix} = -tD_2$

20. 設一個 3×3 方陣 A 分解為如下二方陣的乘積

$$\begin{bmatrix} 1 & 0 & 0 \\ l_{21} & 1 & 0 \\ l_{31} & l_{32} & 1 \end{bmatrix} \begin{bmatrix} u_{11} & u_{12} & u_{13} \\ 0 & u_{22} & u_{23} \\ 0 & 0 & u_{33} \end{bmatrix}$$

試決定行列式 $|A|$ 的值。

解:

$$\begin{vmatrix} 1 & 0 & 0 \\ l_{21} & 1 & 0 \\ l_{31} & l_{32} & 1 \end{vmatrix} \cdot \begin{vmatrix} u_{11} & u_{12} & u_{13} \\ 0 & u_{22} & u_{23} \\ 0 & 0 & u_{33} \end{vmatrix}$$

$$= 1 \cdot (u_{11} u_{22} u_{33}) = u_{11} u_{22} u_{33}$$

21. 已知 $A = \begin{bmatrix} t+3 & -1 & 1 \\ 5 & t-3 & 1 \\ 6 & -6 & t+4 \end{bmatrix}$, 若 $|A| = 0$, 則 $t =$?

解: $|A| = \begin{vmatrix} t+3 & -1 & 1 \\ 5 & t-3 & 1 \\ 6 & -6 & t+4 \end{vmatrix} = \begin{vmatrix} t+2 & 0 & 1 \\ t+2 & t-2 & 1 \\ 0 & t+2 & t+4 \end{vmatrix}$

$$= (t+2) \begin{vmatrix} t-2 & 1 \\ t+2 & t+4 \end{vmatrix} + \begin{vmatrix} t+2 & t-2 \\ 0 & t+2 \end{vmatrix}$$

$$= (t+2)[(t-2)(t+4) - (t+2)] + (t+2)^2$$

$$= (t+2)[t^2 + 2t - 8 - t - 2] + (t+2)^2$$

$$= (t+2)[t^2 + t - 10 + t + 2]$$

$$= (t+2)(t^2 + 2t - 8)$$

$$= (t+2)(t-2)(t+4) = 0$$

即 $t = \pm 2, -4$

第三章　線性方程式組

1. 試求線性方程式組的所有基本解

$$\begin{cases} 2x_1 - x_2 - x_3 \quad\quad = -1 \\ x_1 \quad\quad + 3x_3 \quad = -1 \\ x_1 + 2x_2 - 2x_3 + x_4 = 2 \end{cases}$$

解: (1) 令 x_4 為非基本變數，即 $x_4 = 0$

由

$$\begin{bmatrix} 2 & -1 & -1 & -1 \\ 1 & 0 & 3 & -1 \\ 1 & 2 & -2 & 2 \end{bmatrix} \sim \begin{pmatrix} x_1 & x_2 & x_3 & - \\ 1 & 0 & 0 & -4/19 \\ 0 & 1 & 0 & 16/19 \\ 0 & 0 & 1 & -5/19 \end{pmatrix}$$

$$\therefore X = \begin{pmatrix} -4/19 \\ 16/19 \\ -5/19 \\ 0 \end{pmatrix} \text{為一基本解}$$

(2) 令 x_3 為非基本變數，即 $x_3 = 0$

由

$$\begin{bmatrix} 2 & -1 & 0 & -1 \\ 1 & 0 & 0 & -1 \\ 1 & 2 & 1 & 2 \end{bmatrix} \sim \begin{pmatrix} x_1 & x_2 & x_4 & - \\ 1 & 0 & 0 & -1 \\ 0 & 1 & 0 & -1 \\ 0 & 0 & 1 & 5 \end{pmatrix}$$

$$\therefore X = \begin{pmatrix} -1 \\ -1 \\ 0 \\ 5 \end{pmatrix} \text{為一基本解}$$

(3) 令 x_2 爲非基本變數，即 $x_2 = 0$

由

$$\begin{bmatrix} 2 & -1 & 0 & | & -1 \\ 1 & 3 & 0 & | & -1 \\ 1 & -2 & 1 & | & 2 \end{bmatrix} \sim \begin{pmatrix} x_1 & x_3 & x_4 & | & - \\ 1 & 0 & 0 & | & -1 \\ 0 & 1 & 0 & | & -1 \\ 0 & 0 & 1 & | & 5 \end{pmatrix}$$

$$\therefore X = \begin{pmatrix} -4/7 \\ 0 \\ -1/7 \\ 16/7 \end{pmatrix} \text{ 爲一基本解}$$

(4) 令 x_1 爲非基本變數，即 $x_1 = 0$

由

$$\begin{bmatrix} -1 & -1 & 0 & | & -1 \\ 0 & 3 & 0 & | & -1 \\ 2 & -2 & 1 & | & 2 \end{bmatrix} \sim \begin{pmatrix} x_2 & x_3 & x_4 & | & - \\ 1 & 0 & 0 & | & 4/3 \\ 0 & 1 & 0 & | & -1/3 \\ 0 & 0 & 1 & | & -4/3 \end{pmatrix}$$

$$\therefore X = \begin{pmatrix} 0 \\ 4/3 \\ -1/3 \\ -4/3 \end{pmatrix} \text{ 爲一基本解}$$

2. 試解線性方程式組

$$\begin{cases} x_1 + x_2 + x_3 = 3 \\ 2x_1 - x_2 + 2x_3 = 3 \end{cases}$$

解:

$$\begin{bmatrix} 1 & 1 & 1 & | & 3 \\ 2 & -1 & 2 & | & 3 \end{bmatrix} \sim \begin{bmatrix} 1 & 1 & 1 & | & 3 \\ 0 & -3 & 0 & | & -3 \end{bmatrix} \sim \begin{bmatrix} 1 & 1 & 1 & | & 3 \\ 0 & 1 & 0 & | & 1 \end{bmatrix}$$

$$R_2 \leftarrow -2R_1 + R_2 \qquad\qquad R_2 \leftarrow \frac{-1}{3} R_2$$

$$\sim \begin{bmatrix} 1 & 0 & 1 & | & 2 \\ 0 & 1 & 0 & | & 1 \end{bmatrix}$$

$$R_1 \leftarrow -R_2 + R_1$$

即 $x_1 + x_3 = 2$，$x_2 = 1$

設 $x_3 = \alpha$，則 $x_1 = 2 - \alpha$

因此，一般解為

$$X = \begin{bmatrix} x_1 \\ x_2 \\ x_3 \end{bmatrix} = \begin{bmatrix} 2 - \alpha \\ 1 \\ \alpha \end{bmatrix} = \begin{bmatrix} 2 \\ 1 \\ 0 \end{bmatrix} + \alpha \begin{bmatrix} -1 \\ 0 \\ 1 \end{bmatrix}$$

3. 試求下列線性方程式組的通解

$$\begin{cases} x_1 + x_2 + x_3 + x_4 = 4 \\ x_1 + x_2 + 2x_3 + 3x_4 = 7 \\ 3x_1 + 3x_2 + 5x_3 + 4x_4 = 15 \end{cases}$$

解：

$$\begin{bmatrix} 1 & 1 & 1 & 1 & | & 4 \\ 1 & 1 & 2 & 3 & | & 7 \\ 3 & 3 & 5 & 4 & | & 15 \end{bmatrix} \sim \begin{bmatrix} 1 & 1 & 1 & 1 & | & 4 \\ 0 & 0 & 1 & 2 & | & 3 \\ 0 & 0 & 2 & 1 & | & 3 \end{bmatrix}$$

$$R_2 \leftarrow -R_1 + R_2$$

$$R_3 \leftarrow -3R_1 + R_2$$

$$\begin{bmatrix} 1 & 1 & 1 & 1 & | & 4 \\ 0 & 0 & 1 & 2 & | & 3 \\ 0 & 0 & 2 & 1 & | & 3 \end{bmatrix} \sim \begin{bmatrix} 1 & 1 & 0 & -1 & | & 1 \\ 0 & 0 & 1 & 2 & | & 3 \\ 0 & 0 & 0 & -3 & | & -3 \end{bmatrix}$$

$$R_1 \leftarrow -R_2 + R_1$$

$$R_3 \leftarrow -2R_1 + R_3$$

保留第三條方程式的 x_4，而消除其餘方程式的 x_4 值

$$\begin{bmatrix} 1 & 1 & 0 & -1 & | & 1 \\ 0 & 0 & 1 & 2 & | & 3 \\ 0 & 0 & 0 & -3 & | & -3 \end{bmatrix} \sim \begin{bmatrix} 1 & 1 & 0 & 0 & | & 2 \\ 0 & 0 & 1 & 0 & | & 1 \\ 0 & 0 & 0 & 1 & | & 1 \end{bmatrix}$$

$$R_3 \leftarrow -\frac{1}{3} R_3$$

$$R_2 \leftarrow -2R_3 + R_2$$

$$R_1 \leftarrow R_3 + R_1$$

設定 x_2 的值爲 α，獲得解爲

$$X = \begin{pmatrix} 2-\alpha \\ \alpha \\ 1 \\ 1 \end{pmatrix} = \begin{pmatrix} 2 \\ 0 \\ 1 \\ 1 \end{pmatrix} + \alpha \begin{pmatrix} -1 \\ 1 \\ 0 \\ 0 \end{pmatrix}$$

4. 試求下列線性方程式組解

(a)
$$\begin{cases} 2x_1 + 3x_2 = 5 \\ 4x_1 + 2x_2 = 6 \\ 2x_1 - x_2 = 1 \end{cases}$$

(b)
$$\begin{cases} x_1 + x_2 + x_3 = 3 \\ 2x_1 - x_2 + 2x_3 = 3 \\ 4x_1 + x_2 + 4x_3 = 9 \end{cases}$$

(c)
$$\begin{cases} x_1 + x_2 + x_3 = 3 \\ 2x_1 + 2x_2 + x_3 = 5 \\ x_1 + 2x_2 + 3x_3 = 6 \end{cases}$$

解:

(a)
$$\begin{bmatrix} 2 & 3 & | & 5 \\ 4 & 2 & | & 6 \\ 2 & -1 & | & 1 \end{bmatrix} \sim \begin{pmatrix} 1 & \dfrac{3}{2} & | & \dfrac{5}{2} \\ 0 & -4 & | & -4 \\ 0 & -4 & | & -4 \end{pmatrix} \sim \begin{bmatrix} 1 & 0 & | & 1 \\ 0 & 1 & | & 1 \\ 0 & 0 & | & 0 \end{bmatrix}$$

$$R_1 \leftarrow (\tfrac{1}{2})R_1 \qquad\qquad R_2 \leftarrow \dfrac{-1}{4} R_2$$

$$R_2 \leftarrow -4R_1 + R_2 \qquad R_1 \leftarrow -\dfrac{3}{2} R_2 + R_1$$

$$R_3 \leftarrow -2R_1 + R_3 \qquad R_3 \leftarrow -4R_2 + R_3$$

因此，$X = \begin{bmatrix} 1 \\ 1 \end{bmatrix}$ 爲唯一解

(b)
$$\begin{bmatrix} 1 & 1 & 1 & | & 3 \\ 2 & -1 & 2 & | & 3 \\ 4 & 1 & 4 & | & 9 \end{bmatrix} \sim \begin{bmatrix} 1 & 1 & 1 & | & 3 \\ 0 & -3 & 0 & | & -3 \\ 0 & -3 & 0 & | & -3 \end{bmatrix} \sim \begin{bmatrix} 1 & 1 & 1 & | & 3 \\ 0 & 1 & 0 & | & 1 \\ 0 & -3 & 0 & | & -3 \end{bmatrix}$$

$$R_2 \leftarrow -2R_1 + R_2 \qquad\qquad R_2 \leftarrow (\dfrac{-1}{3})R_2$$

$$R_3 \leftarrow -4R_1 + R_3$$

$$\sim \begin{bmatrix} 1 & 0 & 1 & \vline & 2 \\ 0 & 1 & 0 & \vline & 1 \\ 0 & 0 & 0 & \vline & 0 \end{bmatrix}$$

$$R_1 \leftarrow -R_2 + R_1$$

$$R_3 \leftarrow 3R_2 + R_3$$

觀察本題最後的矩陣 $\begin{bmatrix} 1 & 0 & 1 & \vline & 2 \\ 0 & 1 & 0 & \vline & 1 \\ 0 & 0 & 0 & \vline & 0 \end{bmatrix}$，$x_3$ 的值不受第三個方程式

固定，設 $x_3 = \alpha$，x_2 的值受第二個方程式固定，其值為 1，x_1 之值受第一個方程式固定，基於參數 α，可得 $x_1 = 2 - \alpha$，一般的解集合為

$$X = \begin{bmatrix} 2 - \alpha \\ 1 \\ \alpha \end{bmatrix}，\quad \alpha \text{ 為任意實數}$$

將矩陣分割成兩部分，可寫成

$$X = \begin{bmatrix} 2 \\ 1 \\ 0 \end{bmatrix} + \alpha \begin{bmatrix} -1 \\ 0 \\ 1 \end{bmatrix}$$

(c) 增廣矩陣 $\begin{bmatrix} 1 & 1 & 1 & \vline & 3 \\ 2 & 2 & 1 & \vline & 5 \\ 1 & 2 & 3 & \vline & 6 \end{bmatrix} \sim \begin{bmatrix} 1 & 1 & 1 & \vline & 3 \\ 0 & 0 & -1 & \vline & -1 \\ 0 & 1 & 2 & \vline & 3 \end{bmatrix}$

$$R_2 \leftarrow -2R_1 + R_2$$

$$R_3 \leftarrow -1R_1 + R_3$$

這時第二列第二行 $(2,2)$ 元素為零，而 $(3,2)$ 元素為 1，將最後兩列交換 $(R_2 \leftrightarrow R_3)$ 而得

$$\begin{bmatrix} 1 & 1 & 1 & \vline & 3 \\ 0 & 1 & 2 & \vline & 3 \\ 0 & 0 & -1 & \vline & -1 \end{bmatrix} \text{進一步化為}$$

$$R_2 \leftrightarrow R_3$$

$$\begin{bmatrix} 1 & 1 & 1 & | & 3 \\ 0 & 1 & 2 & | & 3 \\ 0 & 0 & -1 & | & -1 \end{bmatrix} \sim \begin{bmatrix} 1 & 0 & -1 & | & 0 \\ 0 & 1 & 2 & | & 3 \\ 0 & 0 & -1 & | & -1 \end{bmatrix} \sim \begin{bmatrix} 1 & 0 & 1 & | & 0 \\ 0 & 1 & 2 & | & 3 \\ 0 & 0 & 1 & | & 1 \end{bmatrix}$$

$$R_1 \leftarrow -R_2 + R_1 \qquad\qquad R_3 \leftarrow -R_3$$

$$\sim \begin{bmatrix} 1 & 0 & 0 & | & 1 \\ 0 & 1 & 0 & | & 1 \\ 0 & 0 & 1 & | & 1 \end{bmatrix} \text{唯一解爲} X = \begin{bmatrix} 1 \\ 1 \\ 1 \end{bmatrix}$$

$$R_1 \leftarrow R_3 + R_1$$
$$R_2 \leftarrow -2R_3 + R_2$$

5. 試求下列線性方程式組的解

(a) $\begin{cases} x_1 - x_2 + x_3 = 3 \\ 4x_1 - 3x_2 - x_3 = 6 \\ 3x_1 + x_2 + 2x_3 = 4 \end{cases}$ (b) $\begin{cases} x_1 - 4x_2 + 2x_3 = 1 \\ 3x_1 + 3x_2 + 2x_3 = 2 \\ 4x_2 - x_3 = 1 \end{cases}$

解: (a) $\begin{bmatrix} 1 & -1 & 1 & | & 3 \\ 4 & -3 & -1 & | & 6 \\ 3 & 1 & 2 & | & 4 \end{bmatrix}$

爲了進一步將增廣矩陣化成更簡單的型式，首先我們想求出第一行唯一非零的元素是位於第一列，同時其值爲 1，換句話說，可經由轉換的過程使得 x_1 除了在方程式一被留下外，在其他的方程式則被消除。

將第一列乘以(−4)加到第二列來，得到同義的增廣矩陣

$$\begin{bmatrix} 1 & -1 & 1 & | & 3 \\ 0 & 1 & -5 & | & -6 \\ 3 & 1 & 2 & | & 4 \end{bmatrix}$$

可寫爲 $R_2 \leftarrow -4R_1 + R_2$，意謂第二列元素被如上所述地加以更換。

第一列乘以(−3)加到第三列，可寫成 $R_3 \leftarrow -3R_1 + R_3$

$$\begin{bmatrix} 1 & -1 & 1 & | & 3 \\ 0 & 1 & -5 & | & -6 \\ 0 & 4 & -1 & | & -5 \end{bmatrix}$$

接下來將消去 x_2，使得增廣矩陣中第二行唯一非零的元素是位於第二列，同時其值為 1。

經由 $R_1 \leftarrow R_2 + R_1$，可獲得

$$\begin{bmatrix} 1 & 0 & -4 & | & -3 \\ 0 & 1 & -5 & | & -6 \\ 0 & 4 & -1 & | & -5 \end{bmatrix}$$

再由 $R_3 \leftarrow -4R_2 + R_3$，可得

$$\begin{bmatrix} 1 & 0 & -4 & | & -3 \\ 0 & 1 & -5 & | & -6 \\ 0 & 0 & 19 & | & 19 \end{bmatrix}$$

第三列乘以 $\frac{1}{19}$，即 $R_3 \leftarrow \frac{1}{19} R_3$ 得到

$$\begin{bmatrix} 1 & 0 & -4 & | & -3 \\ 0 & 1 & -5 & | & -6 \\ 0 & 0 & 1 & | & 1 \end{bmatrix}$$

接著消除 x_3，除了方程式三以外，首先 $R_2 \leftarrow 5R_3 + R_2$ 得到

$$\begin{bmatrix} 1 & 0 & -4 & | & -3 \\ 0 & 1 & 0 & | & -1 \\ 0 & 0 & 1 & | & 1 \end{bmatrix}$$

再由 $R_1 \leftarrow -4R_3 + R_1$ 得到

$$\begin{bmatrix} 1 & 0 & 0 & | & 1 \\ 0 & 1 & 0 & | & -1 \\ 0 & 0 & 1 & | & 1 \end{bmatrix}$$

經由這些轉換，立即得到解為

$$X=\begin{bmatrix} x_1 \\ x_2 \\ x_3 \end{bmatrix} = \begin{bmatrix} 1 \\ -1 \\ 1 \end{bmatrix}$$

(b) 令 $A=\begin{bmatrix} 1 & -4 & 2 \\ 3 & 3 & 2 \\ 0 & 4 & -1 \end{bmatrix}$, $X=\begin{bmatrix} x_1 \\ x_2 \\ x_3 \end{bmatrix}$, $B=\begin{bmatrix} 1 \\ 2 \\ 1 \end{bmatrix}$, 則原方程

式組可表爲如下矩陣方程式:

$AX=B,$

因 $|A|=\begin{vmatrix} 1 & -4 & 2 \\ 3 & 3 & 2 \\ 0 & 4 & -1 \end{vmatrix} = -3+24-12-8=1 \neq 0,$

故 A 爲可逆矩陣。

經求得 $A^{-1}=\begin{bmatrix} -11 & 4 & -14 \\ 3 & -1 & 4 \\ 12 & -4 & 15 \end{bmatrix}$, 故依定理得唯一解爲

$$X=A^{-1}B=\begin{bmatrix} -11 & 4 & -14 \\ 3 & -1 & 4 \\ 12 & -4 & 15 \end{bmatrix} \begin{bmatrix} 1 \\ 2 \\ 1 \end{bmatrix} = \begin{bmatrix} -17 \\ 5 \\ 19 \end{bmatrix} 。$$

即 $x_1=-17$, $x_2=5$, $x_3=19$ 。

6. 解方程式組 $\begin{cases} x_1+2x_2+ x_3- x_4= 2 \\ x_1+ x_2+ x_3 \qquad = 3 \\ 3x_1+2x_2+3x_3-2x_4= 1 \end{cases}$

解: 建立增廣矩陣 $\begin{bmatrix} 1 & 2 & 1 & -1 & \Big| & 2 \\ 1 & 1 & 1 & 0 & \Big| & 3 \\ 3 & 2 & 3 & -2 & \Big| & 1 \end{bmatrix} \begin{array}{c} (-1)R_1+R_2 \\ \xrightarrow{\hspace{1cm}} \\ (-3)R_1+R_3 \end{array}$

$\begin{bmatrix} 1 & 2 & 1 & -1 & \Big| & 2 \\ 0 & -1 & 0 & 1 & \Big| & 1 \\ 0 & -4 & 0 & 1 & \Big| & -5 \end{bmatrix} \xrightarrow{(-1)R_2} \begin{bmatrix} 1 & 2 & 1 & -1 & \Big| & 2 \\ 0 & 1 & 0 & -1 & \Big| & -1 \\ 0 & -4 & 0 & 1 & \Big| & -5 \end{bmatrix}$

$$\underset{4R_2+R_3}{\overset{(-2)R_2+R_1}{\longrightarrow}} \begin{bmatrix} 1 & 0 & 1 & 1 & | & 4 \\ 0 & 1 & 0 & -1 & | & -1 \\ 0 & 0 & 0 & -3 & | & -9 \end{bmatrix}$$

$$\overset{(-\frac{1}{3})R_3}{\longrightarrow} \begin{bmatrix} 1 & 0 & 1 & 1 & | & 4 \\ 0 & 1 & 0 & -1 & | & -1 \\ 0 & 0 & 0 & 1 & | & 3 \end{bmatrix}$$

$$\underset{R_3+R_2}{\overset{(-1)R_3+R_1}{\longrightarrow}} \begin{bmatrix} 1 & 0 & 1 & 0 & | & 1 \\ 0 & 1 & 0 & 0 & | & 2 \\ 0 & 0 & 0 & 1 & | & 3 \end{bmatrix}$$

從此最後矩陣，可得和原方程式組同義的方程式組如下：

$$\begin{cases} x_1 & + x_3 & = 1 \\ & x_2 & = 2 \\ & & x_4 = 3 \end{cases}$$

顯然，$x_2=2$，$x_4=3$。若對任意常數 α 令 $x_3=\alpha$，則 $x_1=1-\alpha$，故得通解為如下形式：

$$\begin{pmatrix} 1-\alpha \\ 2 \\ \alpha \\ 3 \end{pmatrix} = \begin{pmatrix} 1 \\ 2 \\ 0 \\ 3 \end{pmatrix} + \alpha \begin{pmatrix} -1 \\ 0 \\ 1 \\ 0 \end{pmatrix}$$

7. 試解方程式組

$$\begin{cases} 2x_1+3x_2+ x_3+4x_4-9x_5=17 \\ x_1+ x_2+ x_3+ x_4-3x_5= 6 \\ x_1+ x_2+ x_3+2x_4-5x_5= 8 \\ 2x_1+2x_2+2x_3+3x_4-8x_5=14 \end{cases}$$

解：本方程式組的增廣矩陣為

$$\begin{pmatrix} 2 & 3 & 1 & 4 & -9 & \Big| & 17 \\ 1 & 1 & 1 & 1 & -3 & \Big| & 6 \\ 1 & 1 & 1 & 2 & -5 & \Big| & 8 \\ 2 & 2 & 2 & 3 & -8 & \Big| & 14 \end{pmatrix} \xrightarrow{R_1 \leftrightarrow R_2}$$

$$\begin{pmatrix} 1 & 2 & 1 & 1 & -3 & \Big| & 6 \\ 2 & 3 & 1 & 4 & -9 & \Big| & 17 \\ 1 & 1 & 1 & 2 & -5 & \Big| & 8 \\ 2 & 2 & 2 & 3 & -8 & \Big| & 14 \end{pmatrix} \xrightarrow[\substack{(-1)R_1+R_3 \\ (-2)R_1+R_4}]{(+2)R_1+R_2}$$

$$\begin{pmatrix} 1 & 1 & 1 & 1 & -3 & \Big| & 6 \\ 0 & 1 & -1 & 2 & -3 & \Big| & 5 \\ 0 & 0 & 0 & 1 & -2 & \Big| & 2 \\ 0 & 0 & 0 & 1 & -2 & \Big| & 2 \end{pmatrix} \xrightarrow[\substack{(-1)R_3+R_4}]{(-1)R_2+R_1}$$

$$\begin{pmatrix} 1 & 0 & 2 & -1 & 0 & \Big| & 1 \\ 0 & 1 & -1 & 2 & -3 & \Big| & 5 \\ 0 & 0 & 0 & 1 & -2 & \Big| & 2 \\ 0 & 0 & 0 & 0 & 0 & \Big| & 0 \end{pmatrix} \xrightarrow[\substack{(-2)R_3+R_2}]{R_3+R_1}$$

$$\begin{pmatrix} 1 & 0 & 2 & 0 & -2 & \Big| & 3 \\ 0 & 1 & -1 & 0 & 1 & \Big| & 1 \\ 0 & 0 & 0 & 1 & -2 & \Big| & 2 \\ 0 & 0 & 0 & 0 & 0 & \Big| & 0 \end{pmatrix}$$

這最後的矩陣爲呈列梯形狀之矩陣，而對應於該矩陣的方程式組和原方程式組同義，爲

$$\begin{cases} x_1 & +2x_3 & -2x_5 = 3 \\ & x_2 - x_3 & + x_5 = 1 \\ & & x_4 - 2x_5 = 2 \end{cases}$$

這時，將變數 x_1, x_2, x_3, x_4 及 x_5 區分爲兩組；第一組包含每一個方程式最左邊第一個變數，卽 $\{x_1, x_2, x_4\}$，第二組則包含第一組以外其餘的

變數，卽 $\{x_3, x_5\}$。若令第二組變數中每一個變數分別給予一參數 α , β (卽令 $x_3 = \alpha, x_5 = \beta$)，然後解出第一組變數中的變數

$$x_1 = -2x_3 + 2x_5 + 3 = -2\alpha + 2\beta + 3$$

$$x_2 = x_3 - x_5 + 1 = \alpha - \beta + 1$$

$$x_4 = 2x_5 + 2 = 2\beta + 2$$

所以，通解 S 爲

$$S = \begin{pmatrix} x_1 \\ x_2 \\ x_3 \\ x_4 \\ x_5 \end{pmatrix} = \begin{pmatrix} -2\alpha + 2\beta + 3 \\ \alpha - \beta + 1 \\ \alpha \\ 2\beta + 2 \\ \beta \end{pmatrix} = \begin{pmatrix} 3 \\ 1 \\ 0 \\ 2 \\ 0 \end{pmatrix} + \alpha \begin{pmatrix} -2 \\ 1 \\ 1 \\ 0 \\ 0 \end{pmatrix}$$

$$+ \beta \begin{pmatrix} 2 \\ -1 \\ 0 \\ 2 \\ 1 \end{pmatrix} 。$$

8. 試解下列線性方程式組

(a) $\begin{cases} 2x_1 - 2x_2 + 4x_3 - 6x_4 = 10 \\ 2x_1 - 2x_2 + 5x_3 - 5x_4 = 9 \\ \quad\quad x_2 - x_3 = 5 \\ -3x_1 + 2x_2 + x_3 + 16x_4 = -18 \end{cases}$
(b) $\begin{cases} 2x_1 + 4x_2 + 8x_3 = -14 \\ -x_1 - 2x_2 + x_3 = 2 \\ 2x_1 + 6x_2 + 2x_3 = -12 \end{cases}$

(c) $\begin{cases} x + 2y + 3z = 4 \\ 3x + 7y + 8z = 14 \\ -x \quad\quad -5z = 1 \end{cases}$

解: (a) $\begin{pmatrix} 2 & -2 & 4 & -6 & | & 10 \\ 2 & -2 & 5 & -5 & | & 9 \\ 0 & 1 & -1 & 0 & | & 5 \\ -3 & 2 & 1 & 16 & | & -18 \end{pmatrix}$

$$\begin{array}{c} -R_1+R_2 \\ \sim \\ \dfrac{3}{2}R_1+R_4 \end{array} \left(\begin{array}{cccc|c} 2 & -2 & 4 & -6 & 10 \\ 0 & 0 & 1 & 1 & -1 \\ 0 & 1 & -1 & 0 & 5 \\ 0 & -1 & 7 & 7 & -3 \end{array}\right)$$

$$\begin{array}{c} R_2 \leftrightarrow R_3 \\ \sim \end{array} \left(\begin{array}{cccc|c} 2 & -2 & 4 & -6 & 10 \\ 0 & 1 & -1 & 0 & 5 \\ 0 & 0 & 1 & 1 & -1 \\ 0 & -1 & 7 & 7 & -3 \end{array}\right)$$

$$\begin{array}{c} R_2+R_4 \\ \sim \end{array} \left(\begin{array}{cccc|c} 2 & -2 & 4 & -6 & 10 \\ 0 & 1 & -1 & 0 & 5 \\ 0 & 0 & 1 & 1 & -1 \\ 0 & 0 & 6 & 7 & 2 \end{array}\right)$$

$$\begin{array}{c} -6R_3+R_4 \\ \sim \end{array} \left(\begin{array}{cccc|c} 2 & -2 & 4 & -6 & 10 \\ 0 & 1 & -1 & 0 & 5 \\ 0 & 0 & 1 & 1 & -1 \\ 0 & 0 & 0 & 1 & 8 \end{array}\right)$$

$$\sim \left(\begin{array}{cccc|c} 2 & -2 & 4 & -6 & 10 \\ 0 & 1 & -1 & 0 & 5 \\ 0 & 0 & 1 & 0 & -9 \\ 0 & 0 & 0 & 1 & 8 \end{array}\right)$$

$$\sim \left(\begin{array}{cccc|c} 2 & -2 & 4 & -6 & 10 \\ 0 & 1 & 0 & 0 & -4 \\ 0 & 0 & 1 & 0 & -9 \\ 0 & 0 & 0 & 1 & 8 \end{array}\right) \sim \left(\begin{array}{cccc|c} 1 & 0 & 0 & 0 & 43 \\ 0 & 1 & 0 & 0 & -4 \\ 0 & 0 & 1 & 0 & -9 \\ 0 & 0 & 0 & 1 & 8 \end{array}\right)$$

即 $x_4=8$，$x_3=-9$，$x_2=-4$，$x_1=43$。

(b)
$$\begin{bmatrix} ② & 4 & 8 & | & -14 \\ -1 & -2 & 1 & | & 2 \\ 2 & 6 & 2 & | & -12 \end{bmatrix} \overset{\frac{1}{2}R_1}{\sim} \begin{bmatrix} ① & 2 & 4 & | & -7 \\ -1 & -2 & 1 & | & 2 \\ 2 & 6 & 2 & | & -12 \end{bmatrix}$$

$$\overset{R_1+R_2}{\underset{2R_1-R_2}{\sim}} \begin{bmatrix} 1 & 2 & 4 & | & -7 \\ 0 & 0 & 5 & | & -5 \\ 0 & 2 & -6 & | & 2 \end{bmatrix} \overset{R_2\leftrightarrow R_3}{\sim} \begin{bmatrix} 1 & 2 & 4 & | & -7 \\ 0 & 2 & -6 & | & 2 \\ 0 & 0 & 5 & | & -5 \end{bmatrix}$$

$$\begin{bmatrix} 1 & 2 & 4 & | & -7 \\ 0 & ② & -6 & | & 2 \\ 0 & 0 & 5 & | & -5 \end{bmatrix} \overset{\frac{1}{2}R_2}{\sim} \begin{bmatrix} 1 & 2 & 4 & | & -7 \\ 0 & ① & -3 & | & 1 \\ 0 & 0 & 5 & | & -5 \end{bmatrix}$$

$$\overset{-2R_2+R_1}{\sim} \begin{bmatrix} 1 & 0 & 10 & | & -9 \\ 0 & 1 & -3 & | & 1 \\ 0 & 0 & ⑤ & | & -5 \end{bmatrix} \overset{\frac{1}{5}R_3}{\sim} \begin{bmatrix} 1 & 0 & 10 & | & -9 \\ 0 & 1 & -3 & | & 1 \\ 0 & 0 & ① & | & -1 \end{bmatrix}$$

$$\overset{3R_3+R_2}{\underset{-10R_3+R_1}{\sim}} \begin{bmatrix} 1 & 0 & 0 & | & 1 \\ 0 & 1 & 0 & | & -2 \\ 0 & 0 & 1 & | & -1 \end{bmatrix}$$

因此 $x_3=-1$, $x_2=-2$, $x_1=1$。

(c)
$$\begin{bmatrix} 1 & 2 & 3 & | & 4 \\ 3 & 7 & 8 & | & 14 \\ -1 & 0 & -5 & | & 1 \end{bmatrix} \overset{-3R_1+R_2}{\underset{R_1+R_3}{\sim}} \begin{bmatrix} 1 & 2 & 3 & | & 4 \\ 0 & 1 & -1 & | & 2 \\ 0 & 2 & -2 & | & 5 \end{bmatrix}$$

$$\overset{-2R_1+R_3}{\sim} \begin{bmatrix} 1 & 2 & 3 & | & 4 \\ 0 & 1 & -1 & | & 2 \\ 0 & 0 & 0 & | & 1 \end{bmatrix}$$

由於第三式 $0=1$，可知本題無解。

9. 試解下列線性方程式組

(a) $\begin{cases} 3x_1 - 2x_2 + 6x_3 + x_4 = 9 \\ x_1 + \dfrac{1}{3}x_2 + 2x_3 + \dfrac{1}{3}x_4 = 5 \\ 3x_1 - 4x_2 + 6x_3 + 3x_4 = 9 \\ 2x_1 - \dfrac{13}{3}x_2 + 10x_3 + \dfrac{5}{3}x_4 = 11 \end{cases}$

(b) $\begin{cases} x_1 - 2x_2 \quad\quad + 3x_4 = 4 \\ 2x_1 - 4x_2 + x_3 + 2x_4 = 3 \\ -5x_1 + 10x_2 - 3x_3 - 3x_4 = -5 \\ x_1 - 2x_2 + x_3 - x_4 = -1 \end{cases}$

(c) $\begin{cases} x_1 - x_2 - x_3 \quad\quad = 0 \\ 2x_1 + 3x_2 \quad\quad - x_4 = 0 \\ 5x_2 + 3x_3 + x_4 = 0 \end{cases}$

解: (a) $\begin{pmatrix} ③ & -2 & 6 & 1 & \bigm| & 9 \\ 1 & \dfrac{1}{3} & 2 & \dfrac{1}{3} & \bigm| & 5 \\ 3 & -4 & 6 & 3 & \bigm| & 9 \\ 2 & -\dfrac{13}{3} & 10 & \dfrac{5}{3} & \bigm| & 11 \end{pmatrix}$

$\underset{\sim}{\dfrac{1}{3}R_1}$ $\begin{pmatrix} ① & -\dfrac{2}{3} & 2 & \dfrac{1}{3} & \bigm| & 3 \\ 1 & \dfrac{1}{3} & 2 & \dfrac{1}{3} & \bigm| & 5 \\ 3 & -4 & 6 & 3 & \bigm| & 9 \\ 2 & -\dfrac{13}{3} & 10 & \dfrac{5}{3} & \bigm| & 11 \end{pmatrix}$

$\begin{matrix} -R_1 - R_2 \\ -3R_1 - R_3 \\ -2R_1 - R_4 \end{matrix}$ $\underset{\sim}{}$ $\begin{pmatrix} 1 & -\dfrac{2}{3} & 2 & \dfrac{1}{3} & \bigm| & 3 \\ 0 & ① & 0 & 0 & \bigm| & 2 \\ 0 & -2 & 0 & 2 & \bigm| & 0 \\ 0 & -3 & 6 & 1 & \bigm| & 5 \end{pmatrix}$

$\frac{2}{3}R_2+R_1$
$\underbrace{2R_2+R_3}$
$3R_2+R_4$
$\begin{pmatrix} 1 & 0 & 2 & \frac{1}{3} & \Big| & \frac{13}{3} \\ 0 & 1 & 0 & 0 & \Big| & 2 \\ 0 & 0 & 0 & 2 & \Big| & 4 \\ 0 & 0 & 6 & 1 & \Big| & 11 \end{pmatrix}$

$\underbrace{R_3\leftrightarrow R_4}$
$\frac{1}{6}R_3$
$\begin{pmatrix} 1 & 0 & 2 & \frac{1}{3} & \Big| & \frac{13}{3} \\ 0 & 1 & 0 & 0 & \Big| & 2 \\ 0 & 0 & ① & \frac{1}{6} & \Big| & \frac{11}{6} \\ 0 & 0 & 0 & 2 & \Big| & 4 \end{pmatrix}$

$-2R_3+R_1$
$\underset{\sim}{}$
$\begin{pmatrix} 1 & 0 & 0 & 0 & \Big| & \frac{2}{3} \\ 0 & 1 & 0 & 0 & \Big| & 2 \\ 0 & 0 & 1 & \frac{1}{6} & \Big| & \frac{11}{6} \\ 0 & 0 & 0 & ② & \Big| & 4 \end{pmatrix}$

$\frac{1}{2}R_4$
$\underset{\sim}{}$
$\begin{pmatrix} 1 & 0 & 0 & 0 & \Big| & \frac{2}{3} \\ 0 & 1 & 0 & 0 & \Big| & 2 \\ 0 & 0 & 1 & \frac{1}{6} & \Big| & \frac{11}{6} \\ 0 & 0 & 0 & ① & \Big| & 2 \end{pmatrix}$

$-\frac{1}{6}R_4+R_3$
$\underset{\sim}{}$
$\begin{pmatrix} 1 & 0 & 0 & 0 & \Big| & \frac{2}{3} \\ 0 & 1 & 0 & 0 & \Big| & 2 \\ 0 & 0 & 1 & 0 & \Big| & \frac{3}{2} \\ 0 & 0 & 0 & 1 & \Big| & 2 \end{pmatrix}$

因此　$x_4=2$，$x_3=\frac{3}{2}$，$x_2=2$，$x_1=\frac{2}{3}$。

(b)
$$\begin{pmatrix} 1 & -2 & 0 & 3 & 4 \\ 2 & -4 & 1 & 2 & 3 \\ -5 & 10 & -3 & -3 & -5 \\ 1 & -2 & 1 & -1 & -1 \end{pmatrix}$$

$$\sim \begin{pmatrix} 1 & -2 & 0 & 3 & 4 \\ 0 & 0 & 1 & -4 & -5 \\ 0 & 0 & 0 & 0 & 0 \\ 0 & 0 & 0 & 0 & 0 \end{pmatrix}$$

$x_1 = \quad 4 + 2x_2 - 3x_4$

$x_3 = -5 \qquad + 4x_4$

$x_1 = 4 + 2\alpha - 3\beta$, $x_3 = -5 + 4\beta$

$x_2 = \alpha$ （常數）, $x_4 = \beta$（常數）

$$\begin{pmatrix} x_1 \\ x_2 \\ x_3 \\ x_4 \end{pmatrix} = \begin{pmatrix} 4 \\ 0 \\ -5 \\ 0 \end{pmatrix} + \begin{pmatrix} 2 \\ 1 \\ 0 \\ 0 \end{pmatrix} \alpha + \begin{pmatrix} -3 \\ 0 \\ 4 \\ 1 \end{pmatrix} \beta$$

$$\begin{matrix} & & & x_1 & x_2 & x_3 & x_4 & \\ (c) \begin{bmatrix} 1 & -1 & -1 & 0 & 0 \\ 2 & 3 & 0 & -1 & 0 \\ 0 & 5 & 3 & 1 & 0 \end{bmatrix} \sim \begin{bmatrix} ① & 0 & 0 & 1 & 0 \\ 0 & ① & 0 & -1 & 0 \\ 0 & 0 & ① & 2 & 0 \end{bmatrix} \end{matrix}$$

$x_1 = -x_4$, $x_2 = x_4$, 和 $x_3 = -2x_4$

$x_1 = -\alpha$

$x_2 = \alpha$

$x_3 = -2\alpha$

$x_4 = \alpha$ （常數）

即 $X = \begin{pmatrix} x_1 \\ x_2 \\ x_3 \\ x_4 \end{pmatrix} = \begin{pmatrix} -1 \\ 1 \\ -2 \\ 1 \end{pmatrix} \alpha$

10. 試求下列線性方程式組

(a) $\begin{cases} x_1 - x_2 - x_3 \quad = 3 \\ 2x_1 + 3x_2 \quad -x_4 = 5 \\ \quad 5x_2 + 3x_3 + x_4 = 1 \end{cases}$ (b) $\begin{cases} 2x_1 + x_2 + 4x_3 = -8 \\ -3x_1 + x_2 - 11x_3 = 22 \\ 2x_1 - 3x_2 + 12x_3 = -19 \end{cases}$

解: (a) $\begin{bmatrix} ① & -1 & -1 & 0 & | & 3 \\ 2 & 3 & 0 & -1 & | & 5 \\ 0 & 5 & 3 & 1 & | & 1 \end{bmatrix}$

$\underset{\sim}{-2R_1 + R_2} \begin{bmatrix} 1 & -1 & -1 & 0 & | & 3 \\ 0 & ⑤ & 2 & -1 & | & -1 \\ 0 & 5 & 3 & 1 & | & 1 \end{bmatrix}$

$\begin{matrix} \frac{1}{5}R_2 \\ \underset{\sim}{} \\ R_2 + R_1 \\ -5R_2 + R_3 \end{matrix} \begin{pmatrix} 1 & 0 & -\frac{3}{5} & -\frac{1}{5} & | & \frac{14}{5} \\ 0 & 1 & \frac{2}{5} & -\frac{1}{5} & | & -\frac{1}{5} \\ 0 & 0 & ① & 2 & | & 2 \end{pmatrix}$

$\begin{matrix} -\frac{2}{5}R_3 + R_2 \\ \underset{\sim}{} \\ \frac{3}{5}R_3 - R_1 \end{matrix} \begin{bmatrix} 1 & 0 & 0 & 1 & | & 4 \\ 0 & 1 & 0 & -1 & | & -1 \\ 0 & 0 & 1 & 2 & | & 2 \end{bmatrix}$

改列爲方程式組如下

$\begin{cases} x_1 \quad + x_4 = 4 \\ x_2 \quad - x_4 = -1 \\ x_3 + 2x_4 = 2 \end{cases}$

因此，解爲

$x_1 = 4 - \alpha, \ x_3 = 2 - 2\alpha$

$x_2 = -1 + \alpha, \ x_4 = \alpha$ （常數）

卽

$$X = \begin{pmatrix} x_1 \\ x_2 \\ x_3 \\ x_4 \end{pmatrix} = \begin{pmatrix} 4 \\ -1 \\ 2 \\ 0 \end{pmatrix} + \begin{pmatrix} -1 \\ 1 \\ -2 \\ 1 \end{pmatrix} \alpha$$

$$\text{(b)} \begin{bmatrix} ② & 1 & 4 & | & -8 \\ -3 & 1 & -11 & | & 22 \\ 2 & -3 & 12 & | & -19 \end{bmatrix}$$

$$\begin{matrix} \frac{1}{2}R_1 \\ \sim \\ 3R_1+R_2 \\ -2R_1+R_3 \end{matrix} \begin{pmatrix} 1 & \frac{1}{2} & 2 & | & -4 \\ 0 & \boxed{\frac{5}{2}} & -5 & | & 10 \\ 0 & -4 & 8 & | & -11 \end{pmatrix}$$

$$\begin{matrix} \frac{5}{2}R_2 \\ -\frac{1}{2}R_2+R_1 \\ \sim \\ 4R_2+R_3 \end{matrix} \begin{bmatrix} 1 & 0 & 3 & | & -6 \\ 0 & 1 & -2 & | & 4 \\ 0 & 0 & 0 & | & 5 \end{bmatrix}$$

由於第三式爲 $0 \doteq 5$，因此可知本題無解。

11. 試用柯拉謨法則求解下列方程式組

(a) $\begin{cases} x_1+2x_2+3x_3 = 2 \\ x_1 \quad\quad + x_3 = 3 \\ x_1+ x_2 - x_3 = 1 \end{cases}$　　(b) $\begin{cases} x_1+2x_2+ x_3 = 5 \\ 2x_1+2x_2+ x_3 = 6 \\ x_1+2x_2+3x_3 = 9 \end{cases}$

解: (a) 令 $X = \begin{bmatrix} x_1 \\ x_2 \\ x_3 \end{bmatrix}$, $A = \begin{bmatrix} 1 & 2 & 3 \\ 1 & 0 & 1 \\ 1 & 1 & -1 \end{bmatrix}$, $B = \begin{bmatrix} 2 \\ 3 \\ 1 \end{bmatrix}$, 則

原方程式組變爲 $AX = B$, $|A| = 6 \neq 0$。

$$x_1 = \frac{\begin{vmatrix} 2 & 2 & 3 \\ 3 & 0 & 1 \\ 1 & 1 & -1 \end{vmatrix}}{|A|} = \frac{15}{6} = \frac{5}{2}$$

$$x_2 = \frac{\begin{vmatrix} 1 & 2 & 3 \\ 1 & 3 & 1 \\ 1 & 1 & -1 \end{vmatrix}}{|A|} = \frac{-6}{6} = -1$$

$$x_3 = \frac{\begin{vmatrix} 1 & 2 & 2 \\ 1 & 0 & 3 \\ 1 & 1 & 1 \end{vmatrix}}{|A|} = \frac{12}{6} = 2$$

(b) $\begin{vmatrix} 1 & 2 & 1 \\ 2 & 2 & 1 \\ 1 & 2 & 3 \end{vmatrix} = -4$，利用柯拉謨法則

$$x_1 = \frac{\begin{vmatrix} 5 & 2 & 1 \\ 6 & 2 & 1 \\ 9 & 2 & 3 \end{vmatrix}}{\begin{vmatrix} 1 & 2 & 1 \\ 2 & 2 & 1 \\ 1 & 2 & 3 \end{vmatrix}} = \frac{-4}{-4} = 1$$

$$x_2 = \frac{\begin{vmatrix} 1 & 5 & 1 \\ 2 & 6 & 1 \\ 1 & 9 & 3 \end{vmatrix}}{\begin{vmatrix} 1 & 2 & 1 \\ 2 & 2 & 1 \\ 1 & 2 & 3 \end{vmatrix}} = \frac{-4}{-4} = 1$$

$$x_3 = \frac{\begin{vmatrix} 1 & 2 & 5 \\ 2 & 2 & 6 \\ 1 & 2 & 9 \end{vmatrix}}{\begin{vmatrix} 1 & 2 & 1 \\ 2 & 2 & 1 \\ 1 & 2 & 3 \end{vmatrix}} = \frac{-8}{-4} = 2$$

12. 已知下列方程組有解，其中 α，β 都是非整數的常數，試求 α，β 之值。

$$\begin{cases} x + y + 2z = -2 \\ x + 2y + 3z = \alpha \\ x + 3y + 4z = \beta \\ x + 4y + 5z = \beta^2 \end{cases}$$

解:
$$\begin{pmatrix} 1 & 1 & 2 & \bigm| & -2 \\ 1 & 2 & 3 & \bigm| & \alpha \\ 1 & 3 & 4 & \bigm| & \beta \\ 1 & 4 & 5 & \bigm| & \beta^2 \end{pmatrix} \sim \begin{pmatrix} 1 & 1 & 2 & \bigm| & -2 \\ 0 & 1 & 1 & \bigm| & \alpha + 2 \\ 0 & 1 & 1 & \bigm| & \beta - \alpha \\ 0 & 1 & 1 & \bigm| & \beta^2 - \beta \end{pmatrix}$$

$$\sim \begin{pmatrix} 1 & 1 & 2 & \bigm| & -2 \\ 0 & 1 & 1 & \bigm| & \alpha + 2 \\ 0 & 0 & 0 & \bigm| & \beta - \alpha - \alpha - 2 \\ 0 & 0 & 0 & \bigm| & \beta^2 - \beta - \alpha - 2 \end{pmatrix}$$

由於已知方程式組有解，因此

$$\beta - \alpha - \alpha - 2 = 0 \qquad\qquad (1)$$

$$\beta^2 - \beta - \alpha - 2 = 0 \qquad\qquad (2)$$

即 $\beta = 2\alpha + 2$ $\qquad\qquad\qquad$ (3)

以(3)代入(2)

$$(2\alpha + 2)^2 - (2\alpha + 2) - \alpha - 2 = 0$$

$$4\alpha^2 + 8\alpha + 4 - 2\alpha - 2 - \alpha - 2 = 0$$

$$4\alpha^2 + 5\alpha = 0$$

$$\alpha(4\alpha + 5) = 0$$

因此 $\alpha = 0$ （不合）或 $\alpha = -\dfrac{5}{4}$

當 $\alpha = -\dfrac{5}{4}$ ，由 (2) 可知 $\beta = -\dfrac{5}{2} + 2 = -\dfrac{1}{2}$

即 $\begin{cases} \alpha = -\dfrac{5}{4} \\[2mm] \beta = -\dfrac{1}{2} \end{cases}$

另解:

$$\begin{cases} x + y + 2z = -2 & (1) \\ x + 2y + 3z = \alpha & (2) \\ x + 3y + 4z = \beta & (3) \\ x + 4y + 5z = \beta^2 & (4) \end{cases}$$

$(2)-(1) \Rightarrow y + z = \alpha + 2$

$(3)-(2) \Rightarrow y + z = \beta - \alpha$

$(4)-(3) \Rightarrow y + z = \beta^2 - \beta$

$\therefore \beta - \alpha = \alpha + 2 \quad \beta^2 - 2\beta + \alpha = 0$

$\beta^2 - \beta = \beta - 2\alpha \Rightarrow \beta^2 - 2\beta + \dfrac{\beta - 2}{2} = 0$

$\therefore 2\beta^2 - 3\beta - 2 = 0 \Rightarrow (\beta - 2)(2\beta + 1) = 0$

$\because \beta$ 爲實數 $\quad \therefore \beta = -\dfrac{1}{2}$ 代入 $\alpha = -\dfrac{5}{4}$

13. (續例19) 假若路上的交通如下圖所示，則 x_1, x_2, x_3 和 x_4 的值各爲若干?

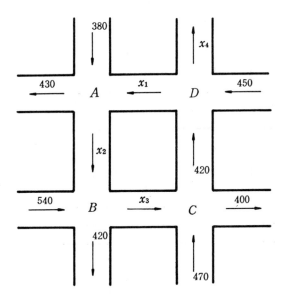

解: 由圖可得下列關係

$$380+x_1=430+x_2$$

$$540+x_2=420+x_3$$

$$470+x_3=420+400$$

$$450+420=x_1+x_4$$

卽

$$x_1=x_2+50$$

$$x_2=x_3-120$$

$$x_3=350$$

$$x_4=870-x_1$$

因此，由 $x_3=350$ 得

$$x_2=230,\ x_1=280$$

$$x_4=870-280=590$$

14.（續上題）若 a_1，a_2，a_3，a_4 和 b_1，b_2，b_3，b_4 均爲正整數。試構建下圖
    交通流量的線性方程式組。並證明該方程式組具一致性的條件爲

$$a_1+a_2+a_3+a_4=b_1+b_2+b_3+b_4$$

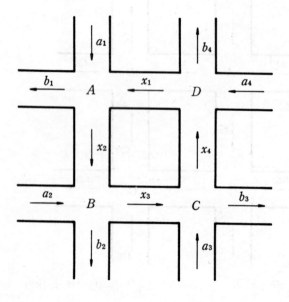

解: 由圖可得如下關係式

$$a_1 + x_1 = b_1 + x_2$$

$$a_2 + x_2 = b_2 + x_3$$

$$a_3 + x_3 = b_3 + x_4$$

$$a_4 + x_4 = b_4 + x_1$$

上式可改寫如下

$$x_1 - x_2 = b_1 - a_1$$

$$x_2 - x_3 = b_2 - a_2$$

$$x_3 - x_4 = b_3 - a_3$$

$$\underline{+)\ x_4 - x_1 = b_4 - a_4}$$

$$0 = b_1 - a_1 + b_2 - a_2 + b_3 - a_3 + b_4 - a_4$$

即　$a_1 + a_2 + a_3 + a_4 = b_1 + b_2 + b_3 + b_4$

15. 丁先生有50,000元可用於投資三類基金，第一種年息 8 ％，第二、三種年息分別為10％和13％，試問他應各投資多少而使年利為5,500元？

解: 設　$x_1 =$ 投資於 8 ％的金額

$x_2 =$ 投資於10％的金額

$x_3 =$ 投資於13％的金額

因此可得出兩個方程式

$$x_1 + \qquad x_2 + \qquad x_3 = 50,000$$

$$0.08x_1 + 0.10x_2 + 0.13x_3 = 5,500$$

$$\begin{array}{ccc} x_1 & x_2 & x_3 \end{array}$$

$$\begin{bmatrix} 1 & 1 & 1 & | & 50,000 \\ 0.08 & 0.10 & 0.13 & | & 5,500 \end{bmatrix} \sim \begin{bmatrix} 1 & 0 & -1.5 & | & -25,000 \\ 0 & 1 & 2.5 & | & 75,000 \end{bmatrix}$$

設　$x_3 = t$ ，　t 為常數

$$x_1 = \quad 1.5t - 25,000$$

$$x_2 = -2.5t + 75,000$$

然而 t 值必須滿足 $x_1 \geq 0$，$x_2 \geq 0$ 和 $x_3 \geq 0$ 的條件

因此

$$x_1 = 1.5t - 25,000$$

$$x_2 = -2.5t + 75,000$$

$$x_3 = t, \quad 其中 16,667 \leq t \leq 30,000$$

16. 民生飼料廠生產狗食包出售，狗食爲由三種食料 A、B、C 混合而成。其要求爲含24.5%蛋白質和10.8%的脂肪。已知下列資料

	蛋白質	脂肪
食料 A	26%	12%
B	22%	8%
C	20%	9%

試問三種食料各取多少以便混合成50公斤狗食?

解: 設 $x = A$ 類食料重量

$\quad y = B$ 類食料重量

$\quad z = C$ 類食料重量

則 $x + y + z = 50$ (1)

狗食中蛋白質 $= 0.26x + 0.22y + 0.20z$

狗食中的脂肪 $= 0.12x + 0.08y + 0.09z$

由於 50 公斤狗食中蛋白質重量爲 $(50)(0.245) = 12.25$ 和脂肪重量爲 $(50)(0.108) = 5.4$

因此可得以下二式

$$0.26x + 0.22y + 0.20z = 12.25 \quad (2)$$

$$0.12x + 0.08y + 0.09z = 5.4 \quad (3)$$

將以上三式以矩陣形式表示如下:

$$\begin{bmatrix} 1 & 1 & 1 & | & 50 \\ 0.26 & 0.22 & 0.20 & | & 12.25 \\ 0.12 & 0.08 & 0.09 & | & 5.40 \end{bmatrix}$$

利用高斯消去法

$$\begin{bmatrix} 1 & 1 & 1 & 50 \\ 0.26 & 0.22 & 0.20 & 12.25 \\ 0.12 & 0.08 & 0.09 & 5.40 \end{bmatrix}$$

$$\begin{matrix} 100R_2 \\ \sim \\ 100R_3 \end{matrix} \begin{bmatrix} 1 & 1 & 1 & 50 \\ 26 & 22 & 20 & 1,225 \\ 12 & 8 & 9 & 540 \end{bmatrix}$$

$$\begin{matrix} -26R_1+R_2 \\ \sim \\ -12R_1+R_3 \end{matrix} \begin{bmatrix} 1 & 1 & 1 & 50 \\ 0 & -4 & -6 & -75 \\ 0 & -4 & -3 & -60 \end{bmatrix}$$

$$\begin{matrix} -R_2+R_3 \\ \sim \end{matrix} \begin{bmatrix} 1 & 1 & 1 & 50 \\ 0 & -4 & -6 & -75 \\ 0 & 0 & 3 & 15 \end{bmatrix}$$

因此，可得

$z = 15/3 \qquad\qquad = \quad 5$

$y = [-75+6(5)]/(-4) = 11.25$

$x = 50-11.25-5 \qquad = 33.75$

即 A 類 33.75 公斤，B 類 11.25 公斤和 C 類 5 公斤合成所需狗食。

17. 某經濟體系包括三類物資：木材、鋼鐵和煤。

假若　生產 1 單位木材需用 0.5 單位木材，0.2 單位鋼和 1 單位煤

生產 1 單位鋼鐵需用 0.4 單位煤和 0.8 單位鋼

生產 1 單位煤需用 0.2 單位煤和 0.12 單位鋼

試求滿足外部需求 $D = [5, 3, 4]^T$ 的生產排程 X。

解：設 $x_1 = $ 木材生產量

$x_2 = $ 鋼鐵生產量

$x_3 = $ 煤生產量

則 $x_1 = 0.5x_1 + \quad 0x_2 + 0.2x_3 + 5$

$x_2 = 0.2x_1 + 0.8x_2 + 0.12x_3 + 3$

$$x_3 = 1x_1 + 0.4x_2 + 0x_3 + 4$$

由題中所知資料

設 $X = \begin{bmatrix} x_1 \\ x_2 \\ x_3 \end{bmatrix}$ $A = \begin{bmatrix} 0.5 & 0 & 0.2 \\ 0.2 & 0.8 & 0.12 \\ 1 & 0.4 & 0 \end{bmatrix}$ $D = \begin{bmatrix} 5 \\ 3 \\ 4 \end{bmatrix}$

則 $X = (I-A)^{-1}D$

由於 $I - A = \begin{bmatrix} 0.5 & 0 & -0.2 \\ -0.2 & 0.2 & -0.12 \\ -1 & -0.4 & 1 \end{bmatrix}$

可得出 $(I-A)^{-1} = \begin{bmatrix} 7.6 & 4 & 2 \\ 16 & 15 & 5 \\ 14 & 10 & 5 \end{bmatrix}$

因此

$$X = (I-A)^{-1}D = \begin{bmatrix} 7.6 & 4 & 2 \\ 16 & 15 & 5 \\ 14 & 10 & 5 \end{bmatrix} \begin{bmatrix} 5 \\ 3 \\ 4 \end{bmatrix} = \begin{bmatrix} 58 \\ 145 \\ 120 \end{bmatrix}$$

18. 某經濟體系中有兩類物資，鋼鐵和水泥，二者之間的相依關係如下表所示

生產 1 單位	所需單位數	
	S	C
S	0.2	0.1
C	1	0

試求符合生產排程 $X = \begin{bmatrix} 1,200 \\ 2,600 \end{bmatrix}$ 的外部需求 D。

解: 投入產出矩陣的第 1 行表生產 1 單位 S 所需物資單位

$\begin{matrix} & S \\ S \\ C \end{matrix} \begin{bmatrix} 0.2 \\ 1 \end{bmatrix}$ $A = \begin{bmatrix} 0.2 & 0.1 \\ 1 & 0 \end{bmatrix}$

$$X = AX + D \qquad D = X - AX$$

即　$D = \begin{bmatrix} 1,200 \\ 2,600 \end{bmatrix} - \begin{bmatrix} .2 & .1 \\ 1 & 0 \end{bmatrix} \begin{bmatrix} 1,200 \\ 2,600 \end{bmatrix} = \begin{bmatrix} 700 \\ 1,400 \end{bmatrix}$

19. 某經濟體系包括 3 類工業部門

　　　Ⅰ —— 基本及合成金屬

　　　Ⅱ —— 石油及煤產品

　　　Ⅲ —— 化學品及化工品

各部門之間的相依關係如下表所示

生產 1 元價值	所需價值之物		
	Ⅰ	Ⅱ	Ⅲ
Ⅰ	0.29	0.21	0.03
Ⅱ	0.01	0.07	0.05
Ⅲ	0.02	0.03	0.22

假若外界對這三類工業品的需求，以百萬元為單位，分別是 60,510 元，22,863元和33,295元。試求密度向量 $X = [x_1, \ x_2, \ x_3]$ 之值。

解：投入產出矩陣中每一部門的需求相對應其行，例如

$$\begin{matrix} & \text{Ⅰ} \\ \text{Ⅰ} \\ \text{Ⅱ} \\ \text{Ⅲ} \end{matrix} \begin{bmatrix} 0.29 \\ 0.01 \\ 0.02 \end{bmatrix}$$

投入產出矩陣如下所示

$$A = \begin{matrix} \\ \text{Ⅰ} \\ \text{Ⅱ} \\ \text{Ⅲ} \end{matrix} \begin{matrix} \text{Ⅰ} \quad\ \text{Ⅱ} \quad\ \text{Ⅲ} \\ \begin{bmatrix} 0.29 & 0.01 & 0.03 \\ 0.01 & 0.07 & 0.05 \\ 0.02 & 0.03 & 0.22 \end{bmatrix} \end{matrix}$$

需求向量

$$D = \begin{bmatrix} 60,510 \\ 22,863 \\ 33,295 \end{bmatrix}$$

問題是求滿足 $(I-A)X=D$ 的 X 向量,

$X=(I-A)^{-1}D$

答案是 $X=[87,563.6 \ 27,998.9 \ 46,008]$

第四章 機率初步

1. 有 4 種顏色塗右圖的小丑面具，每區域恰用一種顏色，但相鄰部分不得同色，試問共有幾種塗法？

   解: $B \quad C \quad A \quad E \quad D \quad F \quad G$

   $\downarrow \quad \downarrow \quad \downarrow \quad \downarrow \quad \downarrow \quad \downarrow \quad \downarrow$

   $\ \ 4 \quad 3 \quad 2 \quad 1 \quad 1 \quad 3 \quad 3$

   由乘法原理得

   $4 \times 3 \times 2 \times 1 \times 1 \times 3 \times 3 = 216$

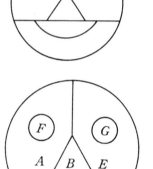

2. 一列火車從第一車到第十車共 10 節車廂，要指定其中 3 節車廂准許吸烟，則共有多少種指定方法？若更要求此 3 節准許吸烟的車廂兩兩不相銜接，則共有多少種指定方法？

   解: (1) 要指定 3 節車廂准許吸烟，共有 $C_3^{10} = \dfrac{10 \times 9 \times 8}{3 \times 2 \times 1} = 120$

   (2) 3 節准許吸烟的車廂會相鄰有 8 種方法

1	2	3	4	5	6	7	8	9	10

   兩節相鄰一節不相鄰: 先考慮相鄰的兩節。

   ①1、2 節或 9、10 節各有 7 種方法。

   ②除 1、2 節或 9、10 節有 7 種情形，每一種情形各有 6 種方法。

   ∴所求共有 $120 - 8 - 2 \cdot 7 - 7 \cdot 6$

$$=120-8-14-42=120-64=56 \text{種方法}$$

3. 設有棋盤型街道如右圖，今欲從西北隅 A 地行至

東南隅 B 地，若只許東向及南向行走，則

(a) 所有可能的路線總數爲若干？

(b) 若不許經過 C 地，則路線總數爲若干？

解：(a) $A \rightarrow B$ ： $\dfrac{9!}{4!5!}=126$

(b) $A-C-B$ ： $\dfrac{5!}{2!3!} \times \dfrac{4!}{2!2!} = 10 \times 6 = 60$

∴ 不經 C ： $126-60=66$

4. 利用二項式定理求 $C_1^n + 2C_2^n + 3C_3^n + \cdots\cdots + nC_n^n$ 之和。

解： $C_1^n + 2C_2^n + 3C_3^n + \cdots\cdots + nC_n^n$

$$= n + 2 \cdot \frac{n!}{(n-2)!2!} + 3 \cdot \frac{n!}{(n-3)!3!} + \cdots\cdots + n \cdot \frac{n!}{n!}$$

$$= n + \frac{n(n-1)}{1!} + \frac{n(n-1)(n-2)}{2!} + \cdots\cdots + \frac{n!}{(n-1)!}$$

$$= n \left[1 + \frac{n-1}{1!} + \frac{(n-1)(n-2)}{2!} + \cdots\cdots + \frac{(n-1)!}{(n-1)!} \right]$$

$$= n \left[C_0^{n-1} + C_1^{n-1} + C_2^{n-1} + \cdots\cdots + C_{n-1}^{n-1} \right]$$

$$= n \cdot 2^{n-1}$$

5. 設從區間 $[-5, 5] = \{ x : -5 \leq x \leq 5 \}$ 中任意選出一個實數 x，試求 $\log_{14}(x^3 - 5x + 12) < 1$ 之機率 p。

解：先解 $\log_{14}(x^3 - 5x + 12) < 1$

(1) 由對數定義知

$x^3 - 5x + 12 > 0$

$(x+3)(x^2 - 3x + 4) > 0$

∵ $x^2 - 3x + 4 = (x - \dfrac{3}{2})^2 + \dfrac{7}{4} \geq \dfrac{7}{4}$

∴ $x + 3 > 0$ ∴ $x > -3$

(2) 由 $\log_{14}(x^3 - 5x + 12) < 1$

得 $x^3-5x+12<15$　　　$x^3-5x-2<0$

$(x+2)(x^2-2x-1)<0$

$(x+2)(x-1+\sqrt{2})(x-1-\sqrt{2})<0$

$\therefore x<-2$　　$1-\sqrt{2}<x<1+\sqrt{2}$

由 (1)，(2) 得 $-3<x<-2$　　$1-\sqrt{2}<x<1+\sqrt{2}$

(3) $x\in[-5，5]$

$\therefore$ 所求機率 $p=\dfrac{[-2-(-3)]+[1+\sqrt{2}-(1-\sqrt{2})]}{5-(-5)}$

$\qquad\qquad\qquad =\dfrac{1+2\sqrt{2}}{10}$

6. 甲、乙、丙、丁 4 人合住一室，每天抽籤決定一人打掃，試求「在 8 天中，每人恰好各打掃了 2 天」的機率（取 2 位有效數字）?

解: (1) 甲、乙、丙、丁 4 人每天抽籤決定一人打掃，在 8 天中，抽籤之樣本空間有 4^8 種。

(2) 在 8 天中，每人恰好打掃 2 天之事件 $=\dfrac{8!}{2!2!2!2!}$ 種

(3) $\therefore$ 所求機率 $=\dfrac{\frac{8!}{2!2!2!2!}}{4^8}=\dfrac{315}{8192}\doteqdot 0.0384\doteqdot 0.038$

另解: 古典機率: 在 8 天中每人各打掃 2 天之情形相當甲甲乙乙丙丙丁丁

排成一列之排法 $\dfrac{8!}{2!2!2!2!}$

7. 有街道如右圖（每一小方格皆為正方形），甲自 P 往 Q，乙自 Q 往 P，2 人同時出發，以相同速度，沿最短路線前進。假設在每一分叉路口時，選擇前進方向的機率都相等，問甲、乙 2 人在路上 A、B、C 相遇的機率各有多大?

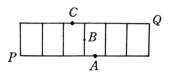

解: 2 人速度相同故 2 人在圖中 A、B、C 3 點相遇

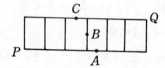

(1) 2 人在 C 點相遇之機率

= (甲自 P 走到 C) 且 (乙自 Q 走到 C 之機率)

$$=\left[\frac{1}{2}+(\frac{1}{2})^2+(\frac{1}{2})^3\right] \cdot (\frac{1}{2})^4 = \frac{7}{2^7}$$

(2) 2 人在 A 點相遇之機率

= (甲自 P 走到 A) 且 (乙自 Q 走到 A)

$$=(\frac{1}{2})^4 \cdot \left[\frac{1}{2}+(\frac{1}{2})^2+(\frac{1}{2})^3\right] = \frac{7}{2^7}$$

(3) 2 人在 B 點相遇之機率

= (甲自 P 走到 B) 且 (乙自 Q 走到 B)

$$=(\frac{1}{2})^4 \cdot (\frac{1}{2})^4 = \frac{1}{2^8}$$

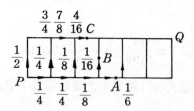

另解: 先算出由 P 出發到每一地點的機率

$P \rightarrow A$ 之機率 $=\frac{1}{16}$ 同樣 $Q \rightarrow C$ 之機率 $=\frac{1}{16}$

$P \rightarrow B$ 之機率 $=\frac{1}{16}$ $Q \rightarrow B$ 之機率 $=\frac{1}{16}$

$P \rightarrow C$ 之機率 $=\frac{14}{16}$ $Q \rightarrow A$ 之機率 $=\frac{14}{16}$

由上可得:

(1) 在 A 點相遇之機率 $= \dfrac{1}{16} \times \dfrac{14}{16} = \dfrac{7}{2^7}$

(2) 在 B 點相遇之機率 $= \dfrac{1}{16} \times \dfrac{1}{16} = \dfrac{1}{2^8}$

(3) 在 C 點相遇之機率 $= \dfrac{14}{16} \times \dfrac{1}{16} = \dfrac{7}{2^7}$

8. 由 8 位男生，6 位女生中，選取 4 人組成一個小組，試求此小組純爲男生之機率，取一位有效數字，並且用科學記法，則爲

$$M \cdot 10^{-N} \qquad M \in A, \; N \in A$$

試決定 M 及 N 的值。

解：由 8 位男生，6 位女生中取出 4 人之法有 C_4^{14}，所選之 4 人均爲男生之法有 C_4^8，所選機率 $= \dfrac{C_4^8}{C_4^{14}} = \dfrac{8 \cdot 7 \cdot 6 \cdot 5}{14 \cdot 13 \cdot 12 \cdot 11} = \dfrac{10}{143} = 0.06993 \doteqdot 7 \times 10^{-2}$

$$\therefore \quad M = 7 \qquad N = 2$$

9. T 市的市民徹底實行家庭計劃：每個家庭假若第一胎生雙胞胎或三胞胎，就不再生了，否則一定要生第二胎，但一定不生第三胎。假設生雙胞胎的機率爲 α，生三胞胎的機率爲 α^2，生多於三胞胎的機率爲 0。問 T 市每個家庭平均有幾個小孩？（請將答案按 α 的升冪排列）

解：

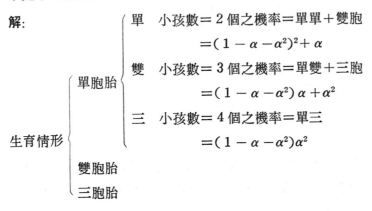

孩子數 x_i	2	3	4
機　率 p_i	$(1-\alpha-\alpha^2)^2 + \alpha$	$(1-\alpha-\alpha^2)\alpha + \alpha^2$	$(1-\alpha-\alpha^2)\alpha^2$

所求孩子平均數$=Ex=2\cdot[(1-\alpha-\alpha^2)^2+\alpha]+3[(1-\alpha-\alpha^2)\alpha$

$$+\alpha^2]+4(1-\alpha-\alpha^2)\alpha^2$$

$$=2+\alpha+2\alpha^2-3\alpha^3-2\alpha^4$$

10. (1) 連續拋擲銅板 4 次，出現偶數次（包括零次）正面的機率爲何？

(2) 連續拋擲銅板10次，如果已經知道前面的 4 次中出現了偶數次（包括零次）正面，那麼全部10次拋擲中出現 6 次正面的條件機率爲何？

解: (1) 偶數含 0 次， 2 次， 4 次，故其機率爲

$$(\frac{1}{2})^4+C_2^4\cdot(\frac{1}{2})^2\cdot(\frac{1}{2})^2+C_4^4\cdot(\frac{1}{2})^4=\frac{1}{2}$$

(2) 令 A 表在10次拋擲中有 6 次出現正面的事件

B 表在10次拋擲中前 4 次出現偶數次正面的事件

所求爲 $P(A|B)=\dfrac{P(A\cap B)}{P(B)}$

$$=\dfrac{(\frac{1}{2})^4\cdot C_6^6\cdot(\frac{1}{2})^6+C_2^4\cdot(\frac{1}{2})^2\cdot(\frac{1}{2})^2\cdot C_4^6\cdot(\frac{1}{2})^4\cdot(\frac{1}{2})^2}{\frac{1}{2}}$$

$$\dfrac{+C_4^4\cdot(\frac{1}{2})^4\cdot C_2^6\cdot(\frac{1}{2})^2\cdot(\frac{1}{2})^4}{\frac{1}{2}}$$

$$=\dfrac{\frac{1+90+15}{1024}}{\frac{1}{2}}=\frac{53}{256}$$

註: 在第 2 小題中不可以想前 4 次可能出現 0 次， 2 次， 4 次正面。而直接求算後 6 次有 6 次， 4 次及 2 次正面的機率，得其值爲

$$C_6^6(\frac{1}{2})^6+C_4^6\cdot(\frac{1}{2})^4\cdot(\frac{1}{2})^2+C_2^6\cdot(\frac{1}{2})^2\cdot(\frac{1}{2})^4=\frac{31}{64}$$

須注意到條件機率的觀念。

11. 有一人流浪於 A，B，C，D 4 鎮間，此 4 鎮相鄰關

係如右圖。假設每日清晨，此人決定當日夜晚繼續留

宿該鎮，或改而前往相鄰任一鎮之機率皆為 $\frac{1}{3}$。(a)

若此人第一夜宿於 A 鎮，則第三夜亦宿於 A 鎮之機率

為何？ (b)第五夜此人宿於 A 鎮之機率為何？ 宿於 B 鎮之機率為何？

解：(a) 利用樹形圖

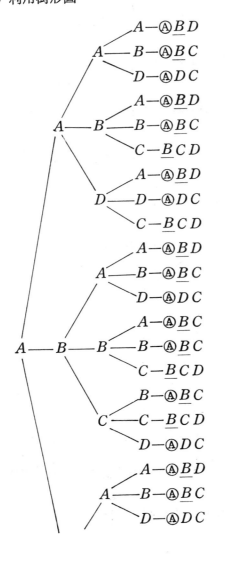

①第三夜宿於 A 鎮之機率

$$= 3\left(\frac{1}{3}\right)^2 = \frac{1}{3}$$

②第五夜宿於 A 鎮之機率

$$= 21\left(\frac{1}{3}\right)^4 = \frac{21}{81} = \frac{7}{27}$$

③第五夜宿於 B 鎮之機率

$$= 20\left(\frac{1}{3}\right)^4 = \frac{20}{81}$$

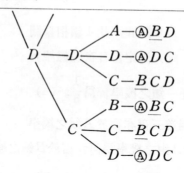

(b) $A\xrightarrow{\text{經過二夜}}A$ 之機率 $=3(\frac{1}{3})^2=\frac{1}{3}$

$A\xrightarrow{\text{經過二夜}}B$ 之機率 $=2(\frac{1}{3})^2=\frac{2}{9}$

$A\xrightarrow{\text{經過二夜}}C$ 之機率 $=2(\frac{1}{3})^2=\frac{2}{9}$

$A\xrightarrow{\text{經過二夜}}D$ 之機率 $=2(\frac{1}{3})^2=\frac{2}{9}$

第五夜宿於 A 鎮之機率 $=\frac{1}{3}\cdot\frac{1}{3}+3\cdot\frac{2}{9}\cdot\frac{2}{9}$

$$=\frac{1}{9}+\frac{12}{81}=\frac{21}{81}=\frac{7}{27}$$

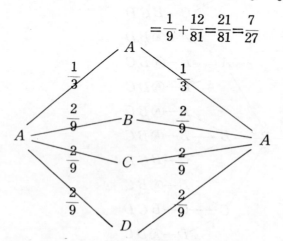

第五夜宿於 B 鎮之機率 $=\frac{1}{3}\cdot\frac{2}{9}+\frac{2}{9}\cdot\frac{1}{3}+2\cdot\frac{2}{9}\cdot\frac{2}{9}$

$$=\frac{12+8}{81}=\frac{20}{81}$$

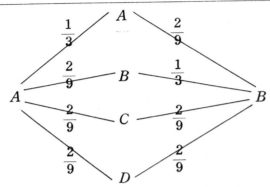

12. 有 8 位旅客，搭乘一列掛有 4 節車廂的火車，則

(1) 第一節車廂恰有其中 2 位旅客的機率為何？

(2) 每節車廂皆有其中 2 位旅客的機率為何？

解：第一節車廂恰有其中 2 位旅客之機率為 $= \dfrac{C_2^8 \cdot 3^6}{4^8} = \dfrac{7 \cdot 3^6}{2^{14}}$

每節車廂皆有其中 2 位旅客機率 $= \dfrac{C_2^8 C_2^6 C_2^4 C_2^2}{4^8} = \dfrac{3^2 \cdot 7 \cdot 5}{2^{13}}$

13. 擲 3 粒均勻骰子，計其點數總和，試求總和為 5 的倍數之機率。

解：和 5 點：$(1,1,3)$，$(1,2,2)$

和 10 點：$(1,3,6)$，$(1,4,5)$，$(2,2,6)$，$(2,3,5)$，$(2,4,4)$，

$(3,3,4)$

和 15 點：$(3,6,6)$，$(4,5,6)$，$(5,5,5)$

$$\therefore p = \dfrac{\dfrac{3!}{2!} + \dfrac{3!}{2!} + 3! + 3! + \dfrac{3!}{2!} + 3! + \dfrac{3!}{2!} + \dfrac{3!}{2!} + \dfrac{3!}{2!} + 3! + 1}{6^3}$$

$$= \dfrac{43}{216}$$

14. 右圖中，每一小格皆為正方形，P 為如圖所示
之一格子點。若在圖中任取其他二相異格子點，
則此 2 點與 P 3 點共線之機率為何？

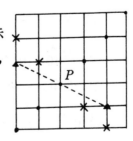

解：全部　$C_2^{35} = \dfrac{35 \cdot 34}{2} = 595$

$$C_2^5 \times 3 + C_2^4 + 1 \times 4 = 40$$

$$(\bigcirc) \qquad (\times) \quad (\triangle)$$

$$\Rightarrow \quad 機率 = \frac{40}{595} = \frac{8}{119}$$

15. 假設任意取得之統一發票，其號碼之個位數字爲 0，1，……，9 中任一數字，且這些數出現之機率均相等。今自三不同場所，各取得一張統一發票，則 3 張發票號碼個位數字中

(1) 至少有一個爲 0 之機率爲何?

(2) 至少有一個爲 0，且至少有一個爲 9 之機率爲何?

解: (1)至少有一個爲 0 之機率

$$有一個\ 0 \quad (\frac{1}{10} \times \frac{9}{10} \times \frac{9}{10}) \times 3$$

$$= \frac{243}{1000} = 0.243$$

$$有二個\ 0 \quad (\frac{1}{10} \times \frac{1}{10} \times \frac{9}{10}) \times 3$$

$$= \frac{27}{1000} = 0.027$$

$$有三個\ 0 \quad (\frac{1}{10} \times \frac{1}{10} \times \frac{1}{10}) \times 1$$

$$= \frac{1}{1000} = 0.001$$

$$0.243 + 0.027 + 0.001 = 0.054$$

(2)至少有一個爲 0，且至少有一個爲 9 的機率

有一個 0，一個 9

$$(\frac{1}{10} \times \frac{1}{10} \times \frac{8}{12}) \times 3 \times 2 = \frac{48}{1000} = 0.048$$

有二個 0，一個 9

$$(\frac{1}{10} \times \frac{1}{10} \times \frac{1}{10}) \times 3 = \frac{3}{1000} = 0.003$$

有一個 9，一個 0

$$(\frac{1}{10} \times \frac{1}{10} \times \frac{1}{10}) \times 3 = \frac{3}{1000} = 0.003$$

$$0.048 + 0.003 + 0.003 = 0.054$$

16. 有二自然數，已知其和爲100，試求其積大於1,000之機率。

    解：(1) x, $y \in N$, $x + y = 100$, $n(S) = 99$……樣本空間

        (2) $xy > 1,000$ ∴ $x(100 - x) > 1,000$

          $\Rightarrow x^2 - 100x + 1,000 < 0$

          ∴ $50 - 10\sqrt{15} < x < 50 + 10\sqrt{15}$

        即 $11.3 < x < 88.7$

        $x = 12$, 13……, 88共77組

        (3) $P(A) = \dfrac{n(A)}{n(S)} = \dfrac{77}{99} = \dfrac{7}{9}$

17. 某保險公司意外險部門將投保人分爲機車騎士和非機車騎士兩大類，根據統計，機車騎士在一年內發生意外的機率爲0.3，非機車騎士則爲0.1。若已知可能投保的人口中機車騎士佔40%，非機車騎士佔60%。現已知某甲投保意外險。

    （i）在未知他是否機車騎士時，問他在一年內發生意外的機率爲何?

    （ii）若某甲在一年內果然發生意外，問他是機車騎士的機率爲何?

    解：令 E 表某甲在一年內發生意外之事件，F 爲機車騎士之事件，F' 爲非機車騎士之事件。則

    （i）$P(E) = P(F)P(E|F) + P(F')P(E|F')$

            $= 0.4 \times 0.3 + 0.6 \times 0.1$

            $= 0.18$

    （ii）$P(F|E) = \dfrac{P(F)P(E|F)}{P(F)P(E|F) + P(F')P(E|F')}$

             $= \dfrac{0.12}{0.18} = \dfrac{2}{3}$

18. 12張分別標以1，2，……，12的卡片，任意分成兩疊，每疊各6張。

    (1) 若1，2，3三張在同一疊的機率爲 $\dfrac{l}{m}$，其中 l, m 爲互質的正整數，則 l 與 m 各爲何值?

(2) 若 1 , 2 , 3 , 4 四張中, 每疊各有兩張的機率為 $\dfrac{n}{m}$, 其中 n , m 為

互質的正整數, 則 $n=$?

解: (1) 機率為 $\dfrac{2 \cdot C_3^9 \cdot C_6^6}{C_6^{12} \cdot C_6^6} = \dfrac{2 \cdot \dfrac{9 \cdot 8 \cdot 7}{3 \cdot 2 \cdot 1}}{\dfrac{12 \cdot 11 \cdot 10 \cdot 9 \cdot 8 \cdot 7}{6 \cdot 5 \cdot 4 \cdot 3 \cdot 2 \cdot 1}}$

$= \dfrac{2 \cdot 6 \cdot 5 \cdot 4}{12 \cdot 11 \cdot 10} = \dfrac{2}{11}$

$\Rightarrow l=2 , \quad m=11$

(2) 機率為 $\dfrac{C_2^4 \cdot C_2^2 \cdot C_4^8 \cdot C_4^4}{C_6^{12} \cdot C_6^6} = \dfrac{\dfrac{4 \cdot 3}{2 \cdot 1} \cdot \dfrac{8 \cdot 7 \cdot 6 \cdot 5}{4 \cdot 3 \cdot 2 \cdot 1}}{\dfrac{12 \cdot 11 \cdot 10 \cdot 9 \cdot 8 \cdot 7}{6 \cdot 5 \cdot 4 \cdot 3 \cdot 2 \cdot 1}} = \dfrac{5}{11}$

$\Rightarrow n=5 , \quad m=11$

19. 某桌球選手對比賽對手贏球機率為 $\dfrac{2}{3}$。

(1) 若此選手在 5 場比賽中 3 勝 2 負的機率為 p, 則 $p=$?

(2) 若此選手在 7 場比賽中 4 勝 3 負的機率為 g, 則 $g=$?

解: (1) $p=C_3^5 (\dfrac{2}{3})^3 (\dfrac{1}{3})^2 = \dfrac{5 \cdot 4 \cdot 3}{3!} (\dfrac{2}{3})^3 (\dfrac{1}{3})^2$

$= \dfrac{80}{243} \doteqdot 0.329$

(2) $g=C_4^7 (\dfrac{2}{3})^4 (\dfrac{1}{3})^3 = \dfrac{7 \cdot 6 \cdot 5 \cdot 4}{4!} (\dfrac{2}{3})^4 (\dfrac{1}{3})^3$

$= \dfrac{560}{2187} \doteqdot 0.256$

20. 設 E, F 為二事件, 已知:

(a) $P(E)>0$, $P(F)>0$

(b) $P(E)+P(F)=\dfrac{3}{4}$

(c) $P(E|F)+P(F|E)=1$

試將 $P(E \cap F')$ 以 $P(E)$ 表之。

解： $\because \quad P(E) + P(F) = \dfrac{3}{4} \quad \therefore \quad P(F) = \dfrac{3}{4} - P(E)$

$\because \quad P(E|F) + P(F|E) = 1$

$\therefore \quad \dfrac{P(E \cap F)}{P(F)} + \dfrac{P(F \cap E)}{P(E)} = 1$

$\therefore \quad P(E \cap F) = \dfrac{4}{3} P(E)P(F) = \dfrac{4}{3} P(E)\left[\dfrac{3}{4} - P(E)\right]$

$$= P(E) - \dfrac{4}{3}[P(E)]^2$$

$$P(E \cap F') = P(E) - P(E \cap F)$$

$$= P(E) - P(E) + \dfrac{4}{3}[P(E)]^2$$

$$= \dfrac{4}{3}[P(E)]^2$$

21. 一機率分布 $P(D=d) = c \cdot \dfrac{2^d}{d!}$，$d = 1, 2, 3, 4$，$D$ 為每日需求量

   (a) 試求 c 值；

   (b) 試求每日期望需求量；

   (c) 假定生產者每日生產 k 件，每件售價 5 元，而該產品為易腐品，隔日即成廢物。當天生產而未售出的產品每件損失 3 元，試求 k 值，以期生產者能獲得最大的利潤。

   解： (a) $\sum p_i = 1 = c\left[\dfrac{2^1}{1!} + \dfrac{2^2}{2!} + \dfrac{2^3}{3!} + \dfrac{2^4}{4!}\right]$

   $$= c\left(2 + 2 + \dfrac{8}{6} + \dfrac{16}{24}\right) = 6c$$

   $$c = \dfrac{1}{6}$$

   (b) $P(1) = \dfrac{1}{3} \quad P(2) = \dfrac{1}{3} \quad P(3) = \dfrac{2}{9} \quad P(4) = \dfrac{1}{9}$

$$E(D)=\frac{1}{3}\times 1 +\frac{1}{3}\times 2 +\frac{2}{9}\times 3 +\frac{1}{9}\times 4 =\frac{19}{9}$$

(c) 每日利潤

$k=1$ 5元

$k=2$ $(2\times 3 + 6\times 10)\frac{1}{9}=\frac{22}{3}$元

$k=3$ $[18\times 5 -(2\times 3 + 1\times 3)\times 3]\times \frac{1}{9}=7$元

$k=4$ $(19\times 5 -17\times 3)\frac{1}{9}=\frac{44}{9}$元

所以生產 2 件，當能獲得最大利潤。

22. 老馬在華通大學附近擺了一座書報攤，他預期晴天時每天可以獲利600元，陰天可以獲利300元，雨天只有100元。假定晴天、陰天和雨天三個事件的機率分別爲0.6，0.3和0.1，試問 (a)老馬的預期利潤爲若干？ (b)如果老馬投保了400元的「雨天險」，保費爲90元，這種情況下他的預期利潤爲若干？

   解：(a) 預期利潤

   $600\times 0.6+300\times 0.3+100\times 0.1=460$ (元)

   (b) $510\times 0.6+210\times 0.3+310\times 0.1=400$ (元)

23. 華通保險公司深信駕駛人可分成有肇事傾向者和無肇事傾向者之兩大類，依據該公司的統計資料顯示，一有肇事傾向者在一年期內會肇事的機率爲0.4，而另一類人會肇事的機率則僅爲0.2，設若羣體中有30%的人爲屬於第一類。

   (a) 試求一新投保人於購買保險的一年內會肇事的機率爲若干？

   (b) 已知一新投保人於一年內肇事，試求其爲屬於肇事傾向者的機率？

   解：(a) $p=0.3\times 0.4+0.7\times 0.2=0.26$

   (b) P (有肇事傾向 | 一年內肇事)

   $$=\frac{0.3\times 0.4}{0.26}=\frac{0.12}{0.26}=0.46$$

24. 將劃有「＋」號的紙條給甲，甲可能將之改爲「－」然後再交給乙，乙也可能將符號改變然後再交給丙，丙又可能將符號改變然後把紙條交給丁，丁又同樣地可能把符號改變最後遞給戊，設若戊發現紙條上的符號爲「＋」號，設甲乙丙丁改變紙條上符號之機會相等，同時各人的決定爲獨立，試求甲未改變「＋」號的機率？

    解：各人決定爲獨立，所以甲未改變「＋」的機率爲 $\frac{1}{2}$。

25. 若有兩個大箱子，每箱有30個電子零件。已知第一箱中有26個良件及 4 個不良件，第二箱中有28個良件及 2 個不良件。

    （ⅰ）假設由兩箱中挑選零件的機率相等，現隨機選一零件而欲求其爲良件的機率。

    （ⅱ）若已知所選的零件爲良件，而欲求此零件係自 S_1 箱中選出的機率 $Pr(S_1|S*)$。

    解：（ⅰ）令 S_1 與 S_2 分別代表選第一箱及第二箱的事件，且令 $S*$ 爲所選爲良件的事件。則 $S*$ 可發生在 S_1 或 S_2 中，卽

    $$S* = (S_1 \cap S*) \cup (S_2 \cap S*)$$

    因 $S_1 \cap S*$ 與 $S_2 \cap S*$ 爲互斥事件，故，

    $$Pr(S*) = Pr(S_1 \cap S*) + Pr(S_2 \cap S*)$$

    或　$$Pr(S*) = Pr(S_1)Pr(S*|S_1) + Pr(S_2)Pr(S*|S_2)$$

    又因　$Pr(S_1) = Pr(S_2) = \frac{1}{2}$，$Pr(S*|S_1) = \frac{13}{15}$

    及　$Pr(S*|S_2) = \frac{14}{15}$

    因此所選爲良件的機率爲：

    $$Pr(S*) = \left(\frac{1}{2}\right)\left(\frac{26}{30}\right) + \left(\frac{1}{2}\right)\left(\frac{28}{30}\right) = .90$$

    （ⅱ）根據貝氏定理

$$Pr(S_1|S^*) = \frac{Pr(S_1)Pr(S^*|S_1)}{Pr(S_1)Pr(S^*|S_1)+Pr(S_2)Pr(S^*|S_2)}$$

$$= \frac{\left(\frac{1}{2}\right)\left(\frac{26}{30}\right)}{\left(\frac{1}{2}\right)\left(\frac{26}{30}\right)+\left(\frac{1}{2}\right)\left(\frac{28}{30}\right)} = \frac{26}{54} \approx .48$$

26. 有 3 種武器系統均射向同一靶子。就設計觀點論，每種武器系統中靶的機會相等；但在實際演習時發現這些武器系統準確性並不相同；亦卽，第一種武器在12發中通常有10發中靶；第二種有 9 發中靶；第三種有 8 發中靶。若已知靶被射中，現欲求其爲第三種武器射中的機率。

解：令 S_1, S_2, 及 S_3 分別代表第一，第二，及第三種武器系統中靶的事件，且令 S^* 爲中靶事件。根據貝氏定理，可得：

$$Pr(S_3|S^*) = \frac{Pr(S_3)Pr(S^*|S_3)}{Pr(S_1)Pr(S^*|S_1)+Pr(S_2)Pr(S^*|S_2)+Pr(S_3)Pr(S^*|S_3)}$$

$$= \frac{\left(\frac{1}{3}\right)\left(\frac{8}{12}\right)}{\left(\frac{1}{3}\right)\left(\frac{10}{12}\right)+\left(\frac{1}{3}\right)\left(\frac{9}{12}\right)+\left(\frac{1}{3}\right)\left(\frac{8}{12}\right)} = \frac{8}{27}$$

此表示第三種武器系統中靶的機率爲 $\frac{8}{27}$，當然在此，根據設計須假定 $Pr(S_1)=Pr(S_2)=Pr(S_3)=1/3$。

又可得：

$$Pr(S_2|S^*) = \frac{\left(\frac{1}{3}\right)\left(\frac{9}{12}\right)}{\left(\frac{1}{3}\right)\left(\frac{10}{12}\right)+\left(\frac{1}{3}\right)\left(\frac{9}{12}\right)+\left(\frac{1}{3}\right)\left(\frac{8}{12}\right)} = \frac{9}{27}$$

及 $$Pr(S_1|S^*) = \frac{\left(\frac{1}{3}\right)\left(\frac{10}{12}\right)}{\left(\frac{1}{3}\right)\left(\frac{10}{12}\right)+\left(\frac{1}{3}\right)\left(\frac{9}{12}\right)+\left(\frac{1}{3}\right)\left(\frac{8}{12}\right)} = \frac{10}{27}$$

27. 有兩支槍同射一靶。令 S_1 與 S_2 分別代表 1 號槍與 2 號槍中靶的事件。S_1 事件發生的機率顯然不受 S_2 發生與否的影響。已知 $Pr(S_1)=1/3$，

及 $Pr(S_2)=1/4$。試求兩槍均射中靶的機率。

解: $Pr(S_1 \cap S_2)=Pr(S_1)Pr(S_2)$

$$=\left(\frac{1}{3}\right)\left(\frac{1}{4}\right)=\frac{1}{12}$$

又，若欲求S_1或S_2的機率，則可利用定理得:

$$Pr(S_1 \cup S_2)=Pr(S_1)+Pr(S_2)-Pr(S_1 \cap S_2)$$

$$=Pr(S_1)+Pr(S_2)-Pr(S_1)Pr(S_2)$$

$$=\left(\frac{1}{3}\right)+\left(\frac{1}{4}\right)-\left(\frac{1}{12}\right)=\frac{1}{2}$$

28. 令 S_1 與 S_2 分別代表某日購買某件運動外套與一條長褲之事件。已知 $Pr(S_1)=Pr(S_2)=.46$，且$Pr(S_1 \cap S_2)=.23$。試決定條件機率 $Pr(S_1|S_2)$ 與 $Pr(S_2|S_1)$，以及總機率 $Pr(S_1 \cup S_2)$。事件 S_1 與 S_2 是否獨立？

解: 條件機率爲:

$$Pr(S_1|S_2)=\frac{Pr(S_1 \cap S_2)}{Pr(S_2)}=\frac{.23}{.46}=.5$$

及 $$Pr(S_2|S_1)=\frac{Pr(S_1 \cap S_2)}{Pr(S_1)}=\frac{.23}{.46}=.5$$

總機率爲:

$$Pr(S_1 \cup S_2)=Pr(S_1)+Pr(S_2)-Pr(S_1 \cap S_2)$$

$$=.46+.46-.23=.69$$

29. 華通化工廠於生產時需使用某項特殊原料，該原料的有效期間極短，僅可廠內儲存一個月，若需每月月初採購一次，該原料的耗用情形依過去資料如下:

可能使用數量（單位）	機 率
0	.05
1	.10
2	.40
3	.30
4	.15
合 計	1.00

由於該項特殊原料的性質，所以其採購成本也與一般情形相異。該料每單位單價爲 1,000 元，若每次購買不超過 5 個單位，則無論購買幾單位，其運費固定爲 5,000 元。但若月初購買不足，而於月中零星購買，則每單位連運費需費 4,000 元。試問該廠應於月初採購時每次購買若干單位爲有最低成本？

解：本問題重心是若於月初採購多單位，則可能於該月用不完而致失去時效形成浪費，但若於月初採購少，則可能於月中發生不敷使用情形，而需臨時作零星採購化費高成本。所以於月初究竟應採購若干單位，不但應考慮其月初所費的整批採購成本，也須考慮於月中可能發生臨時不足現象而需零星採購的成本。現列式計算於月初採購 4 、3 、2 、1 、0 單位的月初採購成本和月中零星採購成本期望值：

（ⅰ）　月初採購 4 單位，月中無需作零星採購：

$$(4 \times 1,000) + 5,000 = 9,000 元$$

（ⅱ）　月初採購 3 單位，月中可能發生零星採購 1 單位（卽耗用至 4 單位）：

$$[(3 \times 1,000) + 5,000] + (4,000 \times .15) = 8,600 元$$

（ⅲ）　月初採購 2 單位，月中可能發生需零星採購 2 單位（耗用 4 單位）或 1 單位（耗用 3 單位）：

$$[(2 \times 1,000) + 5,000] + (8,000 \times .15) + (4,000 \times .30)$$
$$= 9,400 元$$

（ⅳ）　月初採購 1 單位，月中可能需零星採購 3 單位、2 單位或 1 單位（卽該月實際耗用 4 、3 、2 單位）：

$$[(1 \times 1,000) + 5,000] + (12,000 \times .15) + (8,000 \times .30)$$
$$+ (4,000 \times .40)] = 11,800 元$$

（ⅴ）　月初不採購，月中將可能零星採購 4 單位、3 單位、2 單位或 1 單位（卽該月實際耗用 4 、3 、2 、1 單位）：

$$(16,000 \times .15) + (12,000 \times .30) + (8,000 \times .40)$$
$$+ (4,000 \times .10) = 9,600 元$$

月初採購單位數	成本期望值(元)
0	9,600
1	11,800
2	9,400
3	8,600
4	9,000

依上列計算可知，月初購買各單位的成本期望值如下：

以每月月初採購 3 單位有最低成本期望值 8,600 元，所以每次以採購 3 單位為宜。

30. 已知 X，Y 的聯合機率分布如下所示，試求相關係數 $\rho(X, Y)$。

X \ Y	0	1
0	$\frac{1}{3}$	$\frac{1}{3}$
1	0	$\frac{1}{3}$

解：

x \ y	0	1	$P(x)$
0	$\frac{1}{3}$	$\frac{1}{3}$	$\frac{2}{3}$
1	0	$\frac{1}{3}$	$\frac{1}{3}$
$P(y)$	$\frac{1}{3}$	$\frac{2}{3}$	1

$$E(X) = 0 \times \frac{2}{3} + 1 \times \frac{1}{3} = \frac{1}{3}$$

$$E(Y) = 0 \times \frac{1}{3} + 1 \times \frac{2}{3} = \frac{2}{3}$$

$$E(XY) = 0 \cdot 0 \cdot \frac{1}{3} + 0 \cdot 1 \cdot \frac{1}{3} + 1 \cdot 0 \cdot 0 + 1 \cdot 1 \cdot \frac{1}{3} = \frac{1}{3}$$

$$\text{Cov}(X, Y) = E(XY) \cdot E(X)E(Y)$$

$$= \frac{1}{3} - \frac{1}{3} \times \frac{2}{3} = \frac{1}{9}$$

$$V(X) = E(X^2) - [E(X)]^2 = \frac{1}{3} - (\frac{1}{3})^2 = \frac{2}{9}$$

$$V(Y) = E(Y^2) - [E(Y)]^2 = \frac{2}{3} - \frac{4}{9} = \frac{2}{9}$$

$$\therefore \quad \rho(X, Y) = \frac{\text{Cov}(X, Y)}{\sqrt{V(X)V(Y)}} = \frac{\frac{1}{9}}{\sqrt{\frac{2}{9} \cdot \frac{2}{9}}} = \frac{\frac{1}{9}}{\frac{2}{9}} = \frac{1}{2}$$

31. 建設大廈分成規劃和施工兩階段，已知規劃 X 和施工 Y 所需時間（以年爲單位）爲二獨立隨機變數，其機率函數分別爲

$$f(x) = \begin{cases} (0.8)(0.2)^{x-1} & x = 1, \ 2, \ 3, \ \cdots\cdots \\ 0 & \text{其他} \end{cases}$$

$$g(y) = \begin{cases} (0.5)(0.5)^{y-2} & y = 2, \ 3, \ \cdots\cdots \\ 0 & \text{其他} \end{cases}$$

大廈完工時間 $T = X + Y$，若 $T > 4$ 時，則承包商要受罰，試求其不受罰的機率。

解：

y \ x	1	2	3	$P(y)$
2	0.4	0.08	0.016	0.5
3	0.2	0.04	0.008	0.25
$P(x)$	0.8	0.16	0.032	

$$T = x + y \leq 4$$

$$P(T) = P(x=1, y=2) + P(x=1, y=3) + P(x=2, y=2)$$

$$= 0.4 + 0.2 + 0.08 = 0.68$$

32. 3 個人擲不偏硬幣爲戲，若某人硬幣出現面與其他 2 人不相同，則此人須

請客吃消夜，若 3 人硬幣均出現相同之面，再投之，試求須投次數少於 4 次的機率？

解: 重擲之機率

$$1 - 2\binom{3}{1} \times (\frac{1}{2})^1 (\frac{1}{2})^{3-1} = \frac{1}{4}$$

所以少於 4 次之機率

$$1 - \frac{1}{4} \times \frac{1}{4} \times \frac{1}{4} = 1 - \frac{1}{64} = \frac{63}{64}$$

33. 擲 5 枚錢幣試驗中，令隨機變數 X 代表出現正面數。因此，X 可能值為 0，1，2，3，4，或 5。現欲建立其機率密度函數。

(a) 試求擲 5 枚錢幣恰得 3 個正面的機率；

(b) 試求隨機變數 X 最多為 4 個正面的機率；

(c) 試求隨機變數 X 至少為 3 個正面的機率；

(d) 試求隨機變數 X 在閉區間〔2，4〕的機率；

(e) 試求已知 X 不大於 3 的條件下，X 等於 2 的機率；

(f) 已知正面數少於 4 時，X 小於或等於 2 的機率。

解: 因擲每一錢幣都有兩種結果，故樣本空間包含有 2^5 個 5 元組，而得 x 個正面之事件有 $\binom{5}{x}$ 種方法。因此

$$f(x) = \begin{cases} \dfrac{\binom{5}{x}}{2^5}, & x = 0, 1, \cdots\cdots, 5 \\ 0, & \text{其他} \end{cases}$$

欲證明 $f(x)$ 為隨機變數 X 的機率密度函數，則須證明其滿足條件 (1)及(2)即可。即

$$\sum_{\text{所有}x} f(x) = \sum_{x=0}^{5} \frac{\binom{5}{x}}{2^5} = 1 \ \text{及} \ f(x) \geq 0, \ \text{當} \ x = 0, 1, 2, \cdots\cdots, 5$$

(a) $Pr(X=3) = f(3) = \dfrac{\binom{5}{3}}{2^5} = \dfrac{5}{16}$

(b) $Pr(X \leq 4) = \sum_{x=0}^{4} \dfrac{\binom{5}{x}}{2^5}$

$\qquad = 1 - Pr(x > 4) = 1 - Pr(X=5)$

$\qquad = 1 - \dfrac{\binom{5}{5}}{2^5} = \dfrac{31}{32}$

(c) $Pr(X \geq 3) = \sum_{x=3}^{5} \dfrac{\binom{5}{x}}{2^5}$

$\qquad = 1 - Pr(x < 3) = 1 - \sum_{x=0}^{2} \dfrac{\binom{5}{x}}{2^5} = \dfrac{1}{2}$

(d) $Pr(2 \leq X \leq 4) = \sum_{x=2}^{4} \dfrac{\binom{5}{x}}{2^5} = \dfrac{25}{32}$

(e) $Pr(X=2 \mid X \leq 3) = \dfrac{\dfrac{\binom{5}{2}}{2^5}}{\sum_{x=0}^{3} \dfrac{\binom{5}{x}}{2^5}} = \dfrac{\binom{5}{2}}{\sum_{x=0}^{3} \binom{5}{x}} = \dfrac{5}{13}$

(f) $Pr(X \leq 2 \mid X < 4) = \dfrac{\sum_{x=0}^{2} \dfrac{\binom{5}{x}}{2^5}}{\sum_{x=0}^{3} \dfrac{\binom{5}{x}}{2^5}} = \dfrac{\sum_{x=0}^{2} \binom{5}{x}}{\sum_{x=0}^{3} \binom{5}{x}} = \dfrac{8}{13}$

34. 一橄欖球隊中，某四分衞之傳球成功率為 .62 。若在一球賽中，他企圖傳 16個球，試問 (a)12 球都傳成功之機率為何？ (b) 半數以上傳成功的機率 為何？

　　解：(a) $Pr(X=12) = \binom{16}{12}(.62)^{12}(.38)^4 = 0.1224$

　　　　(b) $Pr(X > 8) = \sum_{x=9}^{16} \binom{16}{x}(.62)^x(.38)^{16-x} = 0.7701$

35. 小王射靶 6 次，其中靶的機率為 .40 。試問 (a) 小王最少中靶一次的機率

為何？（b）他必須射靶幾次方可使其至少中靶一次的機率大於.77？

解：（a）$Pr(X \geq 1) = 1 - Pr(X=0) = 1 - \begin{pmatrix} 6 \\ 0 \end{pmatrix}(.4)^0(.6)^6$

$$= 1 - (.6)^6$$

（b）此處須求式中 n，而 $1 - (.6)^n > .77$

上述不等式可寫作 $(.6)^n < .23$，即

$$n \log.6 < \log.23 \text{ 或 } n > \frac{\log.23}{\log.6} = \frac{-.6383}{-.2219} = 2.9$$

因此，小王必須射靶 3 次或更多次以保持至少中靶一次的機率高於 .77。

36. 交清電料行收到兩批電子零件。已知第一批貨之不良零件比例為 $q_1 = 1 - p_1 = .01$；而第二批貨中 $q_2 = 1 - p_2 = .02$。現從每批貨中隨機取出一個零件，並令隨機變數 X_i，$i = 1, 2$，為 1 代表可用件，為 0 代表不良件。因此，隨機變數 $X = X_1 + X_2$ 的值可為 0，1，2，其分別代表沒有，一個，或兩個零件為可用件。同時知，

$$p_1 = Pr(X_1 = 1) = .99 \text{ 及 } p_2 = Pr(X_2 = 1) = .98$$

試求 X 的機率分配。

解：$Pr(X=0) = Pr(X_1 = 0)Pr(X_2 = 0) = q_1 \cdot q_2 = (.01)(.02) = .0002,$

$Pr(X=1) = Pr(X_1 = 1)Pr(X_2 = 0) + Pr(X_1 = 0)Pr(X_2 = 1)$

$$= p_1 \cdot q_2 + q_1 \cdot p_2 = (.99)(.02) + (.98)(.01)$$

$$= .0296$$

$Pr(X=2) = Pr(X_1 = 1)Pr(X_2 = 1) = p_1 \cdot p_2 = (.99)(.98) = .9702$

37. 華通電子公司生產一種特殊型態之真空管。已知平均 100 個真空管有 3 個不良品。該公司將 400 個真空管裝一箱內。試問 400 個真空管內包含 （a）r 個不良真空管；（b）至少 k 個不良品；及 （c）至多一個不良品的機率各為何？

解：因 n 很大而 p 很小，故這些機率均可以波氏分配 $\lambda = np = (400)(.03) = 12$ 來近似求之：

(a) $Pr(X=r)=\dfrac{e^{-12}(12)^r}{r!}$, $r\leq 400$

(b) $Pr(X\geq k)=\displaystyle\sum_{x=k}^{400}\dfrac{e^{-12}(12)^k}{k!}$

(c) $Pr(X\leq 1)=\displaystyle\sum_{x=0}^{1}\dfrac{e^{-12}(12)^x}{x!}=13e^{-12}$

38. 若已知某本數學教科書400頁中200個錯印處隨機分配於整本書中。試求下列各機率 (a) 某頁中無錯印處; (b) 某頁中有 3 處或更多處印錯。

　　解: 因已知某一頁上出現一錯印處的機率爲 $p=.0025$ 且 $n=200$, 故可以波氏分配當 $\lambda=0.5$ 以求所欲的機率。

(a) $Pr(X=0)=e^{-0.5}=.6065$

(b) $Pr(X\geq 3)=\displaystyle\sum_{x=3}^{200}\dfrac{e^{-0.5}(.5)^x}{x!}$

$\qquad\qquad\quad=1-\displaystyle\sum_{x=0}^{2}\dfrac{e^{-0.5}(.5)^x}{x!}=1-1.625e^{-.5}$

39. 已知 X 爲二項分布 $B(3,p)$, Y 爲一 $B(2,p)$, 若 $P(X\geq 1)=\dfrac{26}{27}$, 試求 $P(Y\leq 1)$ 之値。

　　解:

$$P(X=0)=1-\dfrac{26}{27}=\dfrac{1}{27}=\binom{3}{0}(1-p)^3 p^0$$

$$\therefore\ \dfrac{1}{27}=(1-p)^3 \qquad\qquad p=\dfrac{2}{3}$$

$$P(Y\leq 1)=P(Y=0)+P(Y=1)$$

$$=\binom{2}{0}(\dfrac{1}{3})^2+\binom{3}{1}(\dfrac{1}{3})(\dfrac{2}{3})$$

$$=\dfrac{1}{9}+\dfrac{4}{9}=\dfrac{5}{9}$$

$$\text{或 } P(Y\leq 1)=1-P(Y=2)=1-(\dfrac{2}{3})^2=\dfrac{5}{9}$$

40. 設從事重複隨機試驗 n 次, 其成功機率 $\dfrac{1}{4}$, 若以 X 表成功的次數, 試求

在 $P(X\geq1)\geq0.7$ 的情況下應試驗多少次?

解: $P(x\geq1)\geq0.7$

$\therefore$ $P(x=0)<1-0.7=0.3$

$\binom{n}{n}(\frac{3}{4})^n(\frac{1}{4})^0<0.3$ $(\frac{3}{4})^n<0.3$

$\therefore$ $n\geq5$ 即應試驗至少 5 次。

41. 某批商品中平均有 1 % 的不良品，這些商品分裝於若干個箱內，若希望每箱至少有100個良品的機率在95%以上，試問至少每箱需裝多少商品？

解:

$$p=\binom{x}{x-100}(\frac{1}{100})^{x-100}(\frac{99}{100})^{100}<0.05$$

$$p=\binom{x}{x-100}(\frac{1}{100})^{x-100}<0.1366$$

$x=100$ $p=1\times1=1>0.1366$

$x=101$ $p=1.01>0.1366$

$x=102$ $p=0.5151>0.1366$

$x=103$ $p=0.1768>0.1366$

$x=104$ $p=0.04598<0.1366$

所以每箱應裝 104 個商品。

42. 有10人在春江餐廳聚餐，餐後有兩種甜點可供選擇，一為布丁，一為冰淇淋。假定每人只可取一種甜點，且對這兩種甜點的選擇，人數也似無差異。今餐廳的布丁稍有不足，若餐廳主人至多願冒0.05的風險，試問布丁應準備多少份（冰淇淋除外）？

解: $\binom{10}{x}(\frac{1}{2})^x(\frac{1}{2})^{10-x}\leq0.05$

$\binom{10}{x}\leq51.2$

$\therefore$ $x=2$ 即應準備兩份布丁。

43. 設一公尺長的銅絲中恰好有一個瑕疵的機率大約為 0.001，有兩個或兩個以上瑕疵的機率，就實用目的言，可令其為 0 。試計算 3,000 公尺長的銅

絲中，恰好有 5 個瑕疵的機率。

解：$\lambda = np = 3,000 \times 0.001 = 3$

$$P(x=5) = \frac{e^{-3} \, 3^5}{5!} = 0.1008$$

44. 一個盒子裏有 100 顆珠子，其中 4 顆爲紅色。設 X 表示取出的 10 顆珠子中紅珠子的個數，

(a) 計算 $X = 2$ 的機率。

(b) 應用二項分布計算該機率的近似值。

(c) 應用波瓦松分布計算該機率的近似值。

解：(a) $P(x=2) = \dfrac{\dbinom{4}{2} \dbinom{100-4}{10-2}}{\dbinom{100}{10}} = 0.0919$

(b) $p = \dbinom{10}{2} \times (\dfrac{4}{100})^2 (\dfrac{96}{100})^8 = 0.0519$

(c) $\lambda = 10 \times \dfrac{4}{100} = 0.4$

$$P(x=2) = \frac{e^{-0.4} \, 0.4^2}{2!} = 0.0536$$

45. 如果 X 有一個波瓦松分布，使得 $3P(X=1) = P(X=2)$，試找出 $P(X=4)$。

解：$3P(x=1) = P(x=2)$

$$3 \cdot \frac{e^{-\lambda} \lambda^1}{1!} = \frac{e^{-\lambda} \lambda^2}{2!}$$

$\therefore \quad \lambda = 6$

$\therefore \quad P(x=4) = \dfrac{e^{-\lambda} \lambda^4}{4!} = \dfrac{e^{-6} \, 6^4}{4!} = 0.1339$

46. 交通汽車公司所生產的新車刹車器有缺點的機率約爲 0.002，試求在 1,000 輛新車中有 2 輛以上的刹車器有缺點的機率。

解：$\lambda = np = 1,000 \times 0.002 = 2$

$\therefore \quad P(x=2) = \dfrac{e^{-2} \, 2^2}{2!} = \dfrac{2}{e^2} = 0.2707$

47. 如果在一個非常熱的日子裏舉行遊行，根據經驗，得知一位參加遊行的人中暑暈倒的機率爲0.001。試問3,000名參加遊行的人當中，有8人中暑暈倒的機率爲若干？（用波瓦松分布解題）

解：$\lambda = 3,000 \times 0.001 = 3$

$$P(x=8) = \frac{e^{-3} \, 3^8}{8!} = 0.0081$$

48. 某人每天到工廠上班，他發現由家到工廠所需時間爲 $\mu = 35.5$ 分，$\sigma = 3.11$分，若他每天在 8：20離開家，而必須在 9：00到達工廠，設一年上班240天，試問平均他一年會遲到多少次？

解：$Z = \dfrac{40 - 35.5}{3.11} = 1.45$

查表得

$P[Z > 1.45] = 1 - 0.9265 = 0.0735$

∴ $240 \times 0.0735 = 17.64$

卽遲到 17～18 次。

49. 本校應屆畢業考試呈 $\mu = 500$分，$\sigma = 100$分的常態分布。今有 674 人參加考試，若希望有550人及格，則最低及格成績應爲幾分？

解：$\mu = 500 \qquad \sigma = 100$

不及格者比例 $\dfrac{674 - 550}{674} = 0.1840$

$Z(0.1840) = -Z(1 - 0.1840) = -0.9$

∴ $\dfrac{x - \mu}{\sigma} = -0.9 = \dfrac{x - 500}{100}$

∴ $x = 410$ 卽最低及格成績。

50. 假定一項測驗的成績近似常態分布，其平均數爲 $\mu = 70$，且變異數爲 $\sigma^2 = 64$。假定一位教授想按照下述的方式評定等級：

分　　　　　　　數	等　級
低於$70 - 1.5\sigma$	F
$71 - 1.5\sigma$ 到 $70 - 0.5\sigma$	D
$70 - 0.5\sigma$ 到 $70 + 0.5\sigma$	C
$70 + 0.5\sigma$ 到 $70 + 1.5\sigma$	B
$70 + 1.5\sigma$ 以上	A

試找出獲得各等級的學生所佔的比例。（實際運用上，我們常用全班學生成績的樣本平均數 $\bar{x}$ 和樣本標準差 s 代換 μ 和 σ。）

解：

F：$0.0668 \times 100\% = 6.68\%$

D：$(0.3085 - 0.0668) \times 100\% = 24.17\%$

C：$(0.6915 - 0.3085) \times 100\% = 38.30\%$

B：$(0.9332 - 0.6915) \times 100\% = 24.17\%$

A：$(1 - 0.9332) \times 100\% = 6.68\%$

51. 某飛行駕駛學校對於學員的一項智能測驗為要求他在短時間內完成一連串的操作程序（以分鐘為單位）。假設學員們完成所需動作的時間為常態分布 $N(90, (20)^2)$，

(a) 若在80分內完成測驗方屬及格，試問有多少百分比的學員可以通過測驗？

(b) 若僅有動作最快的 5 ％學員可獲頒結業證書，試問學員的動作應快到多少分鐘之內才可得到該張證書？

解：

(a) $Z = \dfrac{80 - 90}{20} = -0.5$

$P(Z \leq -0.5) = 1 - 0.6915 = 0.3085$

$0.3085 \times 100\% = 30.85\%$

即有 30.85％的人通過測驗。

(b) $P(Z \leq 1.645) = 0.95$ 即 $P(Z \leq -1.645) = 0.05$

$$Z = \frac{x - 90}{20} = -1.645 \qquad x = 57.1$$

即動作在 57.1 分內完成才可得到證書。

52. 一律師來往於市郊住處至市區事務所,平均單程需時24分鐘, 標準差為3.8
    分, 假設行走時間的分布為常態。

    (a) 求單程至少需費時半小時的機率?

    (b) 若辦公時間為上午 9 時正, 而他每日上午 8 時45分離家, 求遲到的機
        率?

    (c) 若他在上午 8 時 35 分離家, 而事務所於上午 8 時 50 分至 9 時提供咖
        啡, 求來不及趕上喝咖啡的機率?

    解:

    (a) $Z = \dfrac{30 - 24}{3.8} = 1.58$

    $P(Z \leq 1.58) = 0.9429$

    $\therefore \ p = 1 - 0.9429 = 0.0571$

    (b) $Z = \dfrac{15 - 24}{3.8} = -2.37$

    $P(Z \leq -2.37) = 1 - 0.9911 = 0.0089$

    $\therefore \ p = 1 - 0.0089 = 0.9911$

    (c) $Z = \dfrac{25 - 24}{3.8} = 0.26$

    $P(Z \leq 0.26) = 0.6026$

    $\therefore \ p = 1 - 0.6026 = 0.3974$

53. 假定光陽牌電動攪拌器的使用壽命是常態分布 $N(2,200,120^2)$, 以小時
    為單位, 試問某臺攪拌器使用壽命在 1,900 小時以下的機率?

    解:

    $$Z = \frac{1,900 - 2,200}{120} = -2.5$$

    $P(Z \leq -2.5) = 1 - 0.9938 = 0.0062$

54. 某次考試之成績 X，可假設爲一常態分配的連續隨機變數，而 $\mu=75$，$\sigma^2=64$。試求下列之機率:

(a) 隨機所選之成績介於80與85之間。

(b) 成績將高於85。

(c) 成績將低於90。

解:

(a) $P(80\leq X\leq 85)=P(\frac{80-75}{8}\leq Z\leq\frac{85-75}{8})$

$$=P(Z\leq\frac{85-75}{8})-P(Z\leq\frac{80-75}{8})$$

$$=\Phi(1.25)-\Phi(0.625)=0.8944-0.7340$$

$$=0.1604 \text{ 故成績在80至85之間的機率大約爲 } 16\%。$$

(b) $P(X>85)=1-P(X\leq 85)$

$$=1-P(Z\leq\frac{85-75}{8})=1-\Phi(1.25)$$

$$=1-.8944=.1056$$

(c) 同樣地也可計算:

$$P(X\leq 90)=P(Z\leq\frac{90-75}{8})$$

$$=\Phi(1.875)=.9696$$

55. 某公司所生產高爾夫球的直徑假設爲常態分布,且知 $\mu=1.96$ 吋, $\sigma=.04$ 吋,若一高爾夫球的直徑少於 1.9 吋或超過2.02吋均被視爲不良品, 試問此公司生產不良品所佔的比率爲若干?

解: 此題中

$$Pr[(X<1.90)\cup(X>2.02)]$$

$$=1-Pr(1.90\leq X\leq 2.02)$$

$$=1-\left[\Phi\left(\frac{2.02-1.96}{.04}\right)-\Phi\left(\frac{1.90-1.96}{.04}\right)\right]$$

$$=1-[\Phi(1.5)-\Phi(-1.5)]=1-\{\Phi(1.5)-[1-\Phi(1.5)]\}$$

$=1-[2\Phi(1.5)-1]=2\cdot[1-F(1.5)]$

$=2\cdot(1-.9332)=2\cdot(.0668)$

$=.1336$　　因此，本公司大約生產13.4%的不良高爾夫球。

第 II 篇
確定模式篇

第五章 線性規劃(Ⅰ)
——模式建構與圖解法

1. 中生公司生產3種型式的原子筆 —— A型、B型、C型。製造這些原子筆的成本包括 \$12,000 的固定成本加變動成本。每種型式產品的變動成本和貢獻如下:

型　式	變動成本(\$)	貢獻(\$)
A　型	8.00	1.50
B　型	6.00	1.20
C　型	2.00	1.00
(貢獻＝售價－變動成本)		

　　公司要知道不賺不虧情形下,每種型式產品應生產多少,使得在損益兩平點時總變動成本為最小。先前銷售委員會要求公司至少生產A型、B型、C型產品分別為250, 200, 600個。

解:

(1) 目標要使損益兩平點上變動成本總和為最小,此點總貢獻等於固定成本。

(2) 限制式

　① A型產品數量至少250

　② B型產品數量至少200

　③ C型產品數量至少600

　④ 在損益兩平點,總貢獻至少等於固定成本\$12,000

(3) 數學記號

設 x，y，z 分別表 A 型、B 型、C 型產品的生產數量。

最小總變動成本 Min $f=8x+6y+2z$

限制式　①$x \geq 250$

②$y \geq 200$

③$z \geq 600$

④$1.5x+1.2y+z \geq 12,000$

2. 人體每天必須滿足某些最低的營養要求，而食物中所含營養成分並不相同，試問每一種食物各應消費多少才能以最小成本滿足營養要求。假設有關資料列表如下：

		食	物		最低需求量
		牛奶（盒）	牛肉（磅）	鷄蛋（打）	
維	A	1	1	1	1
他	C	100	10	10	50
命	D	10	100	10	10
成 本（元）		40	50	25	

試列出線性規劃的數學型式。

解：設以 x_1 代表每天消費牛奶盒數

　　　　x_2 代表每天消費牛肉磅數

　　　　x_3 代表每天消費鷄蛋打數

則維他命 C 限制條件為

　　$100x_1+10x_2+10x_3 \geq 50$

同理維他命 A 及 D 的限制條件為

　　$x_1+x_2+x_3 \geq 1$

　　$10x_1+100x_2+10x_3 \geq 10$

目標則為 Min $f=40x_1+50x_2+25x_3$

3. 土生公司須生產含有成分 A 與 B 的混合飼料200磅。配料中，A 至多80磅，B 則至少要用達60磅。A 每磅 3 元，B 每磅 8 元。若公司要使成本降至最

小程度，則每種配料究應作如何的比例混合？

解：設　$x_1 = A$ 成分的比例

$x_2 = B$ 成分的比例

因公司必須生產混合飼料200磅，故

$x_1 + x_2 = 200$ 磅

A 至多80磅，卽可用 A 少於80磅，但不得超過80磅，這可用數學型式表示如下：

$x_1 \leq 80$ 磅

B 至少要用達 60 磅，也就是表示或可用 B 超過 60 磅，但不得少於60磅，數學方程式表示如下：

$x_2 \geq 60$ 磅

所以本問題應寫成下列數學型式：

在 $\begin{cases} x_1 + x_2 = 200 \\ x_1 \quad\ \leq 80 \\ \quad\ x_2 \geq 60 \end{cases}$ 的限制條件下

求 Min $f = 3x_1 + 8x_2$

4. 水生食品廠對某項水菓罐頭原料的採購問題，經研究分析後，其資料如下表所示：

產　　品	甲地產	乙地產	銷售潛能
整　　片	.2	.3	1.8
半　　片	.2	.1	1.2
碎　　片	.3	.3	2.4
廢　　品	.3	.3	
利　　潤	5	6	極大

其意義爲購自甲地出產原料，可有20％者製成整片；20％製成半片；30％製成碎片罐頭水菓，其餘 30％ 則爲廢品。產自乙地原料，則分別30％；10％；30％可製成整片、半片、碎片罐頭。銷售潛能係指各型罐頭可

以銷售之數量，其單位爲百萬箱或其他單位。利潤則爲每單位的獲利，其單位爲百萬元，或其他單位金額。試以線性規劃形式表示。

解：依上述題意，可列出線性規劃問題如下：

設 P_1 與 P_2 爲分別向甲地與乙地採購原料的數量（以製成百萬箱所需原料爲單位）。

Max $f=5P_1+6P_2$

限制式 $.2P_1+.3P_2\leq1.8$

$.2P_1+.1P_2\leq1.2$

$.3P_1+.3P_2\leq2.4$

$P_1\geq0$；$P_2\geq0$

5. 設平生企業生產甲、乙、丙三種產品，均須使用車床及鑽床兩種設備。而這兩種設備於計畫時間內的可供使用時間，最多各爲 100 小時。如果已知生產甲、乙、丙產品各一件所需的設備時間，如下表所列數值。生產甲一件可獲利 4 元，乙一件可獲利 3 元，丙一件可獲利 7 元：

設備	單位產品生產需用時間			可供使用時間
	甲	乙	丙	
鑽床	1	2	2	100
車床	3	1	3	100
利潤	4	3	7	極大

試列出線性規劃形式。

解：設 X_1、X_2、X_3 爲產品甲、乙、丙的生產數量，在計畫期間內的各項生產活動水準，則可列出線性規劃的目標函數及限制條件式如下：

Max $f=4X_1+3X_2+7X_3$

限制式 $X_1+2X_2+2X_3\leq100$

$3X_1+X_2+3X_3\leq100$

$X_1\geq0$；$X_2\geq0$；$X_3\geq0$

6. 合生工廠生產 A 與 B 兩種產品，共有 4 種作業方式，其生產方式的選擇，

如下列資料所示，試列出線性規劃的形式。

產品 資源	A產品		B產品		總 能 量
	作業甲	作業乙	作業丙	作業丁	
人工(時)	1	1	1	1	15
原 料 W	7	5	3	2	120
原 料 Y	3	5	10	15	100
單位利潤	4	5	9	11	極大
生 產 量	X_1	X_2	X_3	X_4	

解：

$$\text{Max } f = 4X_1 + 5X_2 + 9X_3 + 11X_4$$

限制式　$1X_1 + 1X_2 + 1X_3 + 1X_4 \leq 15$

$\qquad\quad 7X_1 + 5X_2 + 3X_3 + 2X_4 \leq 120$

$\qquad\quad 3X_1 + 5X_2 + 10X_3 + 15X_4 \leq 100$

$\qquad\quad X_i \geq 0, \quad i = 1, 2, 3, 4$

7. 臺生電子工廠生產兩種型式的計算器 —— 商業型和科學型。商業型計算器僅能執行基本的算術功能，而科學型產品附有額外功能，例如三角函數。兩種型式的產品須使用數字顯示器、電阻器及其他許多零件，但是數字顯示器和電阻器一週的供應量限制分別為1,000個和700個。

　　每一個商業型計算器須使用3個數字顯示器和2個電阻器，而每一個科學型計算器須使用2個數字顯示器和5個電阻器。每一個商業型計算器有利潤 $8，而每一個科學型計算器有利潤 $11。工廠想獲得總利潤為最大。

解：設 x 為商業型計算器生產量，y 為科學型計算器生產量。

$\quad$ $\text{Max } f = 8x + 11y$（目標函數）

$\quad$ 限制式 $3x + 2y \leq 1000$（數字顯示器限制）

$\qquad\quad 2x + 5y \leq 700$（電阻器限制）

$\qquad\quad x \geq 0, \quad y \geq 0$

8. 國生化工公司產銷 A、B 兩種產品，其製造過程須經過甲、乙兩種機器，A 產品一單位要用甲機器 2 小時，乙機器 3 小時。B 產品需甲 3 小時，乙 4 小時，甲、乙兩種機器可用時間分別是16及24小時。B 產品之製造過程中，可以不增加成本而獲副產品 C，雖然副產品可以售出而獲利，但若不能出售，則需另花成本予以銷毀。

A、B、C 3種產品單位利潤分別是 4、10及 3 元，C 產品單位銷毀成本爲 2 元，B 產品每單位可產生兩單位的副產品 C。據營業部門估計，副產品 C 最多只能售出 5 單位。試問在最大利潤目標下，每種產品應產銷若干？

解：設 x_1 爲 A 產品的數量。

x_2 爲 B 產品的數量。

x_3 爲 C 產品的銷售量。

x_4 爲 C 產品的銷毀量。

故 C 產品的總產量爲 x_3+x_4

$$\text{Max } f=4x_1+10x_2+3x_3-2x_4$$

限制式　$2x_1+3x_2 \leq 16$

$$3x_1+4x_2 \leq 24$$

$$2x_2 =x_3+x_4$$

$$x_3 \leq 5$$

本題中的 C 爲 B 的副產品，依題意知 C 的總產量應爲 $2x_2$，因此，銷毀量應爲 $2x_2-x_3$，代入上列模型中的 x_4，即可簡化而使變數減少。

9. 民生工廠製造三種產品，各產品的單位貢獻如下：

A 產品＝2 元/單位，B 產品＝4 元/單位，C 產品＝3 元/單位，每種產品需經過三個不同的機器生產過程，各產品經過每一過程所需時間，及每一機器下週可用時間如下：

機器中心	各產品所需時間（小時／單位）			每機器中心下週可用總時間（小時）
	A	B	C	
Ⅰ	3	4	2	60
Ⅱ	2	1	2	40
Ⅲ	1	3	2	80

試以線性規劃的數學形式表示下週生產計畫的最佳產品組合。

解：設 x_1, x_2, x_3 爲產品A、B、C下週應生產數量。則本題即在

$$\begin{cases} 3x_1+4x_2+2x_3 \leq 60 \\ 2x_1+\ x_2+2x_3 \leq 40 \\ \ x_1+3x_2+2x_3 \leq 80 \\ x_1,\ x_2,\ x_3 \geq 0\ \text{的限制下} \end{cases}$$

求目標函數 Max $f=2x_1+4x_2+3x_3$

10. 中生公司產製養牛飼料，每100公斤飼料至少應含有維他命A 3單位，蛋白質 5 單位，醣 8 單位，經過分析，三種主要配料所含的成分如下：

成分（單位：斗）

配料	重量（斤／斗）	維他命A	蛋 白 質	醣	成本($/斗)
玉米	70	2	1	6	125
燕麥	30	1	2	6	75
大豆	60	4	3	4	345

試以線性規劃的數學形式表示，在追求最低成本目標下，配料應如何組合？

解：現以調配100公斤飼料成品爲例來求取各種配料的比例，設

x_1 代表每100公斤飼料中所含玉米數（公斤）

x_2 代表每100公斤飼料中所含燕麥數（公斤）

x_3 代表每100公斤飼料中所含大豆數（公斤）

則 Min $f=\dfrac{125}{70}x_1+\dfrac{75}{30}x_2+\dfrac{346}{60}x_3$

限制式 $x_1+x_2+x_3=100$

$$\frac{1}{35}x_1+\frac{1}{30}x_2+\frac{1}{15}x_3\geq3$$

$$\frac{1}{70}x_1+\frac{1}{15}x_2+\frac{1}{20}x_3\geq5$$

$$\frac{3}{35}x_1+\frac{1}{5}x_2+\frac{1}{15}x_3\geq8$$

$$x_1\geq0,\ x_2\geq0,\ x_3\geq0$$

11. 華生塑膠公司可以生產普及型及豪華型兩種手提箱，其有關資料如下表所示：

機器（時）		產　　品		可供使用時間
		普 及 型	豪 華 型	
	切　　割	7/10	1	630
	縫　　合	1/2	5/6	600
	檢驗及包裝	1	2/3	708
利	潤（元）	10	9	

試建立線性規劃數學模式。

解: 設以 x_1 表示普及型手提箱生產數量

　　　　x_2 表示豪華型手提箱生產數量

則切割機產能限制爲

$$\frac{7}{10}x_1+x_2\leq630$$

同理可列出縫合機限制條件爲

$$\frac{1}{2}x_1+\frac{5}{6}x_2\leq600$$

檢驗及包裝機限制條件爲

$$x_1+\frac{2}{3}x_2\leq708$$

非負值限制條件爲

$$x_1\geq0\ 及\ x_2\geq0$$

至於目標函數則爲

$$\text{Max } f=10x_1+9x_2$$

即 Max $f = 10x_1 + 9x_2$

限制式 $\dfrac{7}{10}x_1 + x_2 \leq 630$

$\dfrac{1}{2}x_1 + \dfrac{5}{6}x_2 \leq 600$

$x_1 + \dfrac{2}{3}x_2 \leq 708$

$x_1 \geq 0, \quad x_2 \geq 0$

12. 美生工廠生產混合飼料，爲以穀類甲、乙、丙3項混合而成。每種穀類所含營養成分（單位重量）與該飼料所需的最低營養成分規定量、各穀類的單位成本等項資料如下：

	單位重量穀類所含營養成分量			單位重量飼料所需最低營養成分規定量
	甲穀類	乙穀類	丙穀類	單位重點
營養成分 A	2	3	7	1,250
營養成分 B	1	1	0	250
營養成分 C	5	3	0	900
營養成分 D	1.6	1.25	1	232.5
成　　本	41	35	96	極小
混合使用重量	X_1	X_2	X_3	

試依上述資料，列出求解混合飼料最低成本的原料使用量的線性規劃形式。

解：線性規劃問題如下：

Min $f = 41X_1 + 35X_2 + 96X_3$

限制式　$2X_1 + 3X_2 + 7X_3 \geq 1,250$

$X_1 + X_2 \geq 250$

$5X_1 + 3X_2 \geq 900$

$1.6X_1 + 1.25X_2 + X_3 \geq 232.5$

$X_i \geq 0 \,;\, i = 1, 2, 3$

13. 本生公司生產甲、乙、丙 3 種產品,均須經過加工、裝配、包裝 3 項程序。其中甲、乙兩種產品的加工程序,可以外包給其他工廠代為加工,惟費用較高,而且裝配和包裝兩項程序,仍須由本廠自製。丙產品則不能委由其他廠加工,必須全部自製。現將產品的單位售價及成本(直接成本),列表如下:

單位售價及成本	甲 產 品	乙 產 品	丙 產 品
售價	$1.50	$1.80	$1.97
成本:加工			
自製	.30	.50	.40
外包	.50	.60	—*
裝配	.20	.10	.27
包裝	.30	.20	.20

　* 丙產品加工不能外包

該公司製造三種產品,其使用加工、裝配、包裝各項設備的時間情形如下表(每件耗用時數):

設備＼產品	甲 產 品		乙 產 品		丙產品	可供使用時間
	自做	加工外包	自做	加工外包	自 做	
加工	6	0	10	0	8	8,000
裝配	6	6	3	3	8	12,000
包裝	3	3	2	2	2	10,000

試將上述情形以線性規劃形式表示。

解: 設 X_1 為加工自做的甲產品生產數量

　　　X_2 為加工外包的甲產品生產數量

　　　X_3 為加工自做的乙產品生產數量

　　　X_4 為加工外包的乙產品生產數量

X_5 爲丙產品的生產數量

則可依上述資料，列出線性規劃問題如下：

求Max $f=0.7X_1+0.5X_2+1.0X_3+0.9X_4+1.1X_5$

限制式　$6X_1\qquad+10X_3\qquad+8X_5\leq 8,000$

$\qquad\quad 6X_1+6X_2+3X_3+3X_4+8X_5\leq12,000$

$\qquad\quad 3X_1+3X_2+2X_3+2X_4+2X_5\leq10,000$

$\qquad\qquad X_i\geq0,\ i=1,2,\cdots\cdots,5$

14. 日生公司已經雇用交清廣告代理公司計畫一項活動以達成最高可能暴露率 (exposure rating)。暴露率是一種測量顯示每元花費在廣告上所產生的產品需求。公司準備花費$200,000，但每種廣告（雜誌、電視、報紙）不願花費超過$120,000。這項限制的目的是阻止過分暴露訊息於一種特定的觀衆，而沒有獲得其他的觀衆。

廣告成本和經由媒體的暴露率如下：

媒　體 （型式）	廣告每單位成本 （單位：千元）	暴　露　率 （每單位）
雜誌:		
文學性	8	120
專業性	15	180
報紙:		
日　報	24	300
晚　報	16	100
電視:		
晚　間	36	350
日　間	20	130

試問公司應採行多少每種型式媒體的廣告單位量。

解:

(1) 目標是使仰賴每種型式媒體的廣告單位數的暴露率爲最大。

(2) 限制式

①所有廣告總成本必須小於 $200,000

②雜誌廣告的總成本必須小於 $120,000

③報紙廣告的總成本必須小於 \$120,000

④電視廣告的總成本必須小於 \$120,000

(3) 數學記號

設 x_1 爲文學性雜誌的廣告單位數

x_2 爲專業性雜誌的廣告單位數

y_1 爲日報的廣告單位數

y_2 爲晚報的廣告單位數

z_1 爲晚間電視的廣告單位數

z_2 爲日間電視的廣告單位數

最大暴露率單位數

$$\text{Max } f=120x_1+180x_2+300y_1+100y_2+350z_1+130z_2$$

限制式

①$8x_1+15x_2+24y_1+16y_2+36z_1+20z_2\leq 200$

②$8x_1+15x_2\leq 120$

③$24y_1+16y_2\leq 120$

④$36z_1+20z_2\leq 120$

$x_1\geq 0,\ x_2\geq 0,\ y_1\geq 0,\ y_2\geq 0,\ z_1\geq 0,\ z_2\geq 0$

15. 鈺星原油提煉廠經由兩種種類的汽油混合生產兩種型式的汽油 — 飛行汽油，發動機汽油。混合汽油的兩種特性如下：

	蒸氣壓	碳化氫比率
A 型	5.5	105
B 型	8.5	95

最後產品 — 飛行和發動機汽油，可由混合操作中獲得，每種產品最小碳化氫比率分別爲102和98；可容許最大蒸氣壓分別爲 5 和 8 。

A型和B型汽油可用數量爲25,000和60,000桶。而任何數量的發動機汽油每桶可賣\$8.40，飛行汽油最大數量爲16,000桶，每桶價格爲\$11.50。

當A型和B型汽油混合，混合物中按每型汽油數量含有等比例的碳化氫和蒸氣壓。卽假如有100桶A型汽油和100桶B型汽油，混合物中碳化氫含量爲：

$$\frac{(100\times105)+(100\times95)}{200}=\frac{105+95}{2}=100$$

同理，混合物中蒸氣壓含量爲：

$$\frac{(100\times5.5)+(100\times8.5)}{200}=\frac{5.5+8.5}{2}=7$$

試決定飛行汽油和發動機汽油的生產量，使銷貨收入爲最大。

解：

(1) 目標爲從飛行和發動機汽油獲得最大銷貨收入。

(2) 限制式

　　①飛行汽油銷售量不能超過16,000桶

　　②A型汽油的供應量爲25,000桶

　　③B型汽油的供應量爲60,000桶

　　④飛行汽油中碳化氫比率至少102

　　⑤發動機汽油中碳化氫比率至少98

　　⑥飛行汽油中蒸氣壓不能超過 5

　　⑦發動機汽油中蒸氣壓不能超過 8

(3) 數學記號

　　設 x_1 表A型汽油使用在飛行汽油製造上的桶數

　　　 x_2 表B型汽油使用在飛行汽油製造上的桶數

　　　 y_1 表A型汽油使用在發動機汽油製造上的桶數

　　　 y_2 表B型汽油使用在發動機汽油製造上的桶數

最大化銷貨收入

　　Max $f=11.5x_1+11.5x_2+8.4y_1+8.4y_2$

　　限制式

　　　　①$x_1+y_2\leq16,000$

②$x_1 + y_1 \leq 25,000$

③$x_2 + y_2 \leq 60,000$

④$\dfrac{105x_1 + 95x_2}{x_1 + x_2} \geq 102$

∴ $105x_1 + 95x_2 \geq 102x_1 + 102x_2$ 或 $3x_1 - 7x_2 \geq 0$

⑤$\dfrac{105y_1 + 95y_2}{y_1 + y_2} \geq 98$

∴ $105y_1 + 95y_2 \geq 98y_1 + 98y_2$ 或 $7y_1 - 3y_2 \geq 0$

⑥$\dfrac{5.5x_1 + 8.5x_2}{x_1 + x_2} \leq 5$

∴ $5.5x_1 + 8.5x_2 \leq 5x_1 + 5x_2$ 或 $0.5x_1 + 3.5x_2 \leq 0$

⑦$\dfrac{5.5y_1 + 8.5y_2}{y_1 + y_2} \leq 8$

∴ $5.5y_1 + 8.5y_2 \leq 8y_1 + 8y_2$ 或 $-2.5y_1 + 0.5y_2 \leq 0$

$x_1 \geq 0,\ x_2 \geq 0,\ y_1 \geq 0,\ y_2 \geq 0$

16. 一個多國籍公司（MNC）已經同意分別在甲、乙、丙3國共建立3個工廠。該公司僅提供二千五百萬資金中的8百萬元來建立3個工廠。每個工廠的最小資本需求如下：

地　　　點	最小資本（百萬）
甲　　　國	10
乙　　　國	6
丙　　　國	9
總 資 本 額	25

　　多國籍公司已邀請A、B兩個投資公司提出參與投資計畫的報償，以獲得額外的一千七百萬的資本。兩個投資公司已經表明它們所能提供資金的最大數額，有興趣參與的最低資金以及資金的投資報酬率。這些彙總如下表：

投資公司	資金(百萬)		資金投資報酬率		
	最大	最小	甲　國	乙　國	丙　國
A	18	6	15%	20%	20%
B	25	15	18%	15%	20%

　　多國籍公司在評估政治穩定性、政府政策之後，決定不要為八百萬元資金如何分配給3個地區而困擾。MNC 想投入本身的八百萬資金，且因為所有剩餘的利潤（在投資公司獲得投資報酬之後）將歸於 MNC 所有，他們要以 A、B 兩個投資公司的報酬數額為最小的方式來獲得額外的一千七百萬元資金。

解:

(1) 限制式

　　①MNC 和兩個投資公司投資於甲國的數額不能小於一千萬

　　②MNC 和兩個投資公司投資於乙國的數額不能小於六百萬

　　③MNC 和兩個投資公司投資於丙國的數額不能小於九百萬

　　④MNC 投資於甲、乙、丙 3 國的數額等於八百萬

　　⑤A 公司投資於甲、乙、丙 3 國的數額不能超過一千八百萬

　　⑥A 公司投資於甲、乙、丙 3 國的數額至少六百萬

　　⑦B 公司投資於甲、乙、丙 3 國的數額不能超過二千五百萬

　　⑧B 公司投資於甲、乙、丙 3 國的數額至少一千五百萬

(2) 數學記號

　　設 x_1 表 MNC 投資於甲國的數額

　　　　x_2 表 MNC 投資於乙國的數額

　　　　x_3 表 MNC 投資於丙國的數額

　　　　y_1 表 A 公司投資於甲國的數額

　　　　y_2 表 A 公司投資於乙國的數額

　　　　y_3 表 A 公司投資於丙國的數額

z_1 表 B 公司投資於甲國的數額

z_2 表 B 公司投資於乙國的數額

z_3 表 B 公司投資於丙國的數額

最小總報酬

Min $f = y_1 + 0.15y_1 + y_2 + 0.2y_2 + y_3 + 0.2y_3$

$\qquad + z_1 + 0.18z_1 + z_2 + 0.15z_2 + z_3 + 0.2z_3$

$\qquad = 1.15y_1 + 1.2y_2 + 1.2y_3 + 1.18z_1 + 1.15z_2 + 1.2z_3$

限制式　① $x_1 + y_1 + z_1 \geq 10$

$\qquad$② $x_2 + y_2 + z_2 \geq 6$

$\qquad$③ $x_3 + y_3 + z_3 \geq 9$

$\qquad$④ $x_1 + x_2 + x_3 = 8$

$\qquad$⑤ $y_1 + y_2 + y_3 \leq 18$

$\qquad$⑥ $y_1 + y_2 + y_3 \geq 6$

$\qquad$⑦ $z_1 + z_2 + z_3 \leq 25$

$\qquad$⑧ $z_1 + z_2 + z_3 \geq 15$

$\qquad x_1 \geq 0, \ y_1 \geq 0, \ z_1 \geq 0$

$\qquad x_2 \geq 0, \ y_2 \geq 0, \ z_2 \geq 0$

$\qquad x_3 \geq 0, \ y_3 \geq 0, \ z_3 \geq 0$

17. 水生化粧品製造公司有 3 個工廠和 4 個倉庫位於市場中心附近。工廠產能和倉庫需求量如下表所示:

工廠	產能（單位：仟）	倉庫	需求量（單位：仟）
1	80	1	45
2	50	2	10
3	45	3	36
		4	24

從一個工廠運送產品到不同的倉庫，每 1,000 單位產品的運輸成本如下

表:

從工廠	運輸成本（$）到　倉　庫			
	1	2	3	4
1	90	120	60	180
2	140	180	130	100
3	100	130	120	140

試問應如何運送方能使總運輸成本爲最少?

解:

(1) 目標是使總運輸成本爲最少。

(2) 限制式

　①從工廠1運送至4個倉庫的總數量不能超過它的工廠產能 80
　　（單位: 仟）

　②從工廠2運送至4個倉庫的總數量不能超過50（單位: 仟）

　③從工廠3運送至4個倉庫的總數量不能超過45（單位: 仟）

　④倉庫1的需求量爲45（單位: 仟），從工廠1，2，3運送至此的
　　數量不能超過這個數

　⑤從工廠1，2，3運送至倉庫2的數量不能超過10（單位: 仟）

　⑥從工廠1，2，3運送至倉庫3的數量不能超過36（單位: 仟）

　⑦從工廠1，2，3運送至倉庫4的數量不能超過24（單位: 仟）

(3) 數學記號

　設 x_{11} 表從工廠1運送至倉庫1的數量

　　x_{12} 表從工廠1運送至倉庫2的數量

　　x_{13} 表從工廠1運送至倉庫3的數量

　　x_{14} 表從工廠1運送至倉庫4的數量

　　x_{21} 表從工廠2運送至倉庫1的數量

　　x_{22} 表從工廠2運送至倉庫2的數量

x_{23} 表從工廠 2 運送至倉庫 3 的數量

x_{24} 表從工廠 2 運送至倉庫 4 的數量

x_{31} 表從工廠 3 運送至倉庫 1 的數量

x_{32} 表從工廠 3 運送至倉庫 2 的數量

x_{33} 表從工廠 3 運送至倉庫 3 的數量

x_{34} 表從工廠 3 運送至倉庫 4 的數量

最小總成本

Min $f=90x_{11}+120x_{12}+60x_{13}+180x_{14}+140x_{21}$

$+180x_{22}+130x_{23}+100x_{24}+100x_{31}+130x_{32}$

$+120x_{33}+140x_{34}$

限制式　① $x_{11}+x_{12}+x_{13}+x_{14}\leq80$

② $x_{21}+x_{22}+x_{23}+x_{24}\leq50$

③ $x_{31}+x_{32}+x_{33}+x_{34}\leq45$

④ $x_{11}+x_{21}+x_{31}\leq45$

⑤ $x_{12}+x_{22}+x_{32}\leq10$

⑥ $x_{13}+x_{23}+x_{33}\leq36$

⑦ $x_{14}+x_{24}+x_{34}\leq24$

18. 金生公司需要50部新機器。機器有兩年的經濟壽命，能夠每部以\$4,500購得或者以每年支付\$2,800租得。已購買的機器在兩年後，沒有殘餘價值。公司有\$100,000的未動用基金可在第 1 年初用來購買或租借機器。公司每年可獲得利率10％的貸款額\$200,000，根據貸款規定金生公司每年年底必須償付借款額及利息。假設每部機器每年可獲利\$3,000，第 1 年盈餘可被用來做租借費用和第 2 年初償付債款。公司要使能用 2 年期間的50部機器的總成本爲最小。

解:

(1) 目標要使第 1 年和第 2 年期間購買或租借機器的成本最小，同時要使借入款的利息支出最小。

(2) 限制式

①第 1 年初: 購買和租借機器的總數大於或等於50

②第 1 年初: 購買和租借機器的費用必須小於或等於公司可用資金。公司有\$100,000未動用基金及可貸款

③第 1 年底: 第 1 年底貸款金額及利息的支出必須小於或等於從第 1 年盈餘而來的\$150,000

④第 2 年初: 第 2 年期間租借機器的費用必須小於或等於 (i) 第 1 年底剩餘資金及 (ii)第 2 年貸款額

⑤第 2 年底: 第 2 年到期貸款額及利息支付必須小於或等於 (i) 第 1 年底剩餘資金，減 (ii) 第 2 年租借機器費用，加 (iii) 第 2 年所得盈餘\$150,000

⑥第 1 年貸款額不能超過\$200,000

⑦第 2 年貸款額不能超過\$200,000

(3) 數學符號

設 x 表購買機器數量，y 表租借機器數量，第 1 年借款額 a_1，第 2 年借款額 a_2

最小總成本

Min $f=4,500x+(2,800+2,800)y+0.1a_1+0.1a_2$

限制式　① $x+y\geq50$

② $4,500x+2,800y\leq100,000+a_1$

③ $a_1+0.1a_1\leq150,000$

④ $2,800y\leq150,000-a_1-0.1a_1+a_2$

⑤ $a_2+0.1a_2\leq(150,000-a_1-0.1a_1)-2,800y+150,000$

⑥ $a_1\leq200,000$

⑦ $a_2\leq200,000$

上面的限制式表成簡明的形式（所有變數出現在左邊，常數出現在右邊）如下:

① $x+y\geq50$

② $4,500x+2,800y-a_1\leq100,000$

③ $1.1a_1 \leq 150,000$

④ $2,800y + 1.1a_1 - a_2 \leq 150,000$

⑤ $1.1a_1 + 1.1a_2 + 2,800y \leq 300,000$

⑥ $a_1 \leq 200,000$

⑦ $a_2 \leq 200,000$

$x \geq 0,\ y \geq 0$

19. 木生煉油廠欲將 4 種不同成分的原料拌入 A、B、C 三級汽油產品，則應採用何種組合才能使利潤獲得極大，其有關資料如下：

成　分	可供使用量（桶）	每桶成本
1	3000	3
2	2000	6
3	4000	4
4	1000	5

各級汽油成分規格及其售價如下：

汽　油	規　　　　　　格	每桶售價
A	成分 1 不得超過 30% 成分 2 不得少於 40% 成分 3 不得超過 50%	\$ 5.50
B	成分 1 不得超過 50% 成分 2 不得少於 10%	\$ 4.50
C	成分 1 不得超過 70%	\$ 3.50

試建立線性規劃數學模式。

解:

設 x_{A1} 為 A 級汽油所用之第 1 種成分原料的數量

x_{A2} 為 A 級汽油所用之第 2 種成分原料的數量

$\vdots$

x_{ij} 為 i 級汽油所用之第 j 種成分原料的數量

事實上，本問題包含了兩個決策層面，一爲各級成品汽油，另一爲各種成分的原料，如果列成下表的關係，更可明瞭上述方法。

成分別 汽油別	1	2	3	4
A	x_{A1}	x_{A2}	x_{A3}	x_{A4}
B	x_{B1}	x_{B2}	x_{B3}	x_{B4}
C	x_{C1}	x_{C2}	x_{C3}	x_{C4}

供應量限制條件爲

$$x_{A1}+x_{B1}+x_{C1}\leq 3,000$$

$$x_{A2}+x_{B2}+x_{C2}\leq 2,000$$

$$x_{A3}+x_{B3}+x_{C3}\leq 4,000$$

$$x_{A4}+x_{B4}+x_{C4}\leq 1,000$$

A 級汽油的規格要求爲

$$x_{A1}\leq 0.3(x_{A1}+x_{A2}+x_{A3}+x_{A4})$$

$$x_{A2}\geq 0.4(x_{A1}+x_{A2}+x_{A3}+x_{A4})$$

$$x_{A3}\leq 0.5(x_{A1}+x_{A2}+x_{A3}+x_{A4})$$

但一般慣例在線性規劃模型中，將決策變數列於等式左邊；故上面三式應重新組合如下：

$$0.7x_{A1}-0.3x_{A2}-0.3x_{A3}-0.3x_{A4}\leq 0$$

$$-0.4x_{A1}+0.6x_{A2}-0.4x_{A3}-0.4x_{A4}\geq 0$$

$$-0.5x_{A1}-0.5x_{A2}+0.5x_{A3}-0.5x_{A4}\leq 0$$

同理，B 級與 C 級汽油規格之限制條件爲

$$0.5x_{B1}-0.5x_{B2}-0.5x_{B3}-0.5x_{B4}\leq 0$$

$$-0.1x_{B1}+0.9x_{B2}-0.1x_{B3}-0.1x_{B4}\geq 0$$

$$0.3x_{C1}-0.7x_{C2}-0.7x_{C3}-0.7x_{C4}\leq 0$$

至於目標函數爲求利潤極大

$$\text{Max } f=5.5(x_{A1}+x_{A2}+x_{A3}+x_{A4})+4.5(x_{B1}+x_{B2}+x_{B3}+x_{B4})$$

$$+3.5(x_{c1}+x_{c2}+x_{c3}+x_{c4})-3(x_{A1}+x_{B1}+x_{c1})$$
$$-6(x_{A2}+x_{B2}+x_{c2})-4(x_{A3}+x_{B3}+x_{c3})-5(x_{A4}$$
$$+x_{B4}+x_{c4})$$

20. 木生化工廠用 2 種原料甲、乙溶液配成 2 種產品 A、B，其規格及利益如下：

   A 產品規格含甲成分不得大於全量的80%　　價格 5 元

   B 產品規格含甲成分不得大於全量的60%　　價格 6 元

   原料來源及成本各爲

原　料	來　　　　　源	成　　　本
甲	每天最多可供30公斤	2元／公斤
乙	每天最多可供40公斤	3元／公斤

   若其配合爲線性，則該工廠應如何分配生產，以得最大利益？

   解：設 x_{11} 爲原料甲使用於 A 產品之量

   x_{12} 爲原料甲使用於 B 產品之量

   x_{21} 爲原料乙使用於 A 產品之量

   x_{22} 爲原料乙使用於 B 產品之量

   則 A 產品的重量 $(x_{11}+x_{21})$

   B 產品的重量 $(x_{12}+x_{22})$

   利益函數 $=5(x_{11}+x_{21})+6(x_{12}+x_{22})-2(x_{11}+x_{21})-3(x_{21}+x_{22})$
   $$=3x_{11}+2x_{21}+4x_{12}+3x_{22}$$

   限制條件爲：

   $$x_{11}\leq0.8(x_{11}+x_{21})$$
   $$x_{12}\leq0.6(x_{12}+x_{22})$$
   $$x_{11}+x_{12}\leq30$$
   $$x_{21}+x_{22}\leq40$$

   化小數爲整數，得線性規劃問題如下：

求目標函數

Max $f=3x_{11}+2x_{21}+4x_{12}+3x_{22}$

限制式 $x_{11}-4x_{21}\leq0$

$2x_{12}-3x_{22}\leq0$

$x_{11}+x_{12}\leq30$

$x_{21}+x_{22}\leq40$

$x_{ij}\geq0\quad i=1,2$

$j=1,2,3$

21. 試以代數方法證明 $S=\{(x_1,x_2)\in R^2 | x_1+x_2\geq1\}$ 為一凸集合。

解: 依據凸集合的定義，在連接 S 內任意兩點的直線上的所有點仍在 S 內

設 $P=(p_1,p_2)$ 和 $Q=(q_1,q_2)$ 為在 S 內的任意兩點，因此 $p_1+p_2\geq1$

及 $q_1+q_2\geq1$ 取連接 P 與 Q 的直線上任意一點，令 $0\leq t\leq1$

則 $tP+(1-t)Q$

$=[tp_1+(1-t)q_1,\ tp_2+(1-t)q_2]$

$tp_1+(1-t)q_1+tp_2+(1-t)q_2$

$=t(p_1+p_2)+(1-t)(q_1+q_2)\geq t+(1-t)=1$

因此 $tP+(1-t)Q$ 仍在 S 內，因此 S 為凸集合。

22. 火生電子廠生產兩型計時器: 標準型和精準型，其淨利分別為10和15元。
該廠的生產能力每天總共至多生產50個，而且由於原料不足，4種零件的
庫存分別如下所示:

零　件	庫　　　　存	每個計時器所用零件數	
		標 準 型	精 準 型
a	220	4	2
b	160	2	4
c	370	2	10
d	300	5	6

試以繪圖法決定最佳淨利值，假若標準型計時器的淨利可變動，則在不改
變原最佳淨利值的條件下，最多可變動多少元?

解: 設 x 表每天的標準型計時器生產量

　　　 y 表每天的精準型計時器生產量

　　　 Max $f=10x+15y$

　　　 限制式　　　 $x+y\leq50$

　　　　　　　　 $4x+2y\leq220$

　　　　　　　　 $2x+4y\leq160$

　　　　　　　　 $2x+10y\leq370$

　　　　　　　　 $5x+6y\leq300$

　　　　　　　　 $x\geq0$, $y\geq0$

　　首先假若只考慮第一個限制條件，則由圖1得知可行域為 $x\geq0$，$y\geq0$ 及 $x+y\leq50$

　　設 $P=10x+15y$，$P(x,y)$ 為二變數的函數，必須以三度空間圖示，設 P 為常數 P_0，則

$$P_0=10x+15y \qquad\qquad (1)$$

為一直線　或　 $y=\dfrac{P_0}{15}-\dfrac{2}{3}x$

　　形式(1)的直線都是等值利潤直線，即所有在此直線上的利潤都相同，以各不同值代入 P_0，可獲得一連串平行的直線與 x 與 y 分別相交於 $\dfrac{P_0}{10}$ 和 $\dfrac{P_0}{15}$，斜率為 $-\dfrac{10}{15}=-\dfrac{2}{3}$，當該類直線離原點越遠，$P$ 值越大，若 $P=300$，所有 x 與 y 的組合都在可行域內。

　　這個現象暗示，P 應在可行域內增得越大越好，當 $P=750$，利潤直線與可行域相切於 $y=50$，因此當天生產 50 個精準型計時器的利潤為最大。現在加入其他限制條件，即得可行域為 $ABCDE$，在該可行域中，C 點仍為最佳點。

　　假設標準型的淨利可以改變，由圖2可見目標函數直線的斜率如果界於直線 DC 和 CB 之間，則該直線總是通過 C 點。假設目標直線的斜率與 DC 的斜率均為 $-\dfrac{1}{2}$，則目標函數成為 $P=7.5x+15y$，同時最佳解出

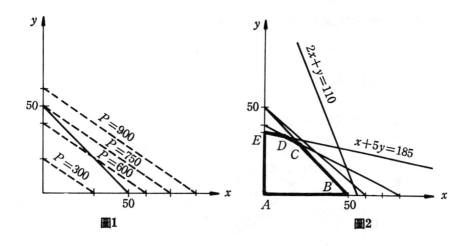

圖1   圖2

現於 DC 線上，因此 $x=20$, $y=30$ 和 $x=10$, $y=35$ 都可得P的最佳值 600。

假設讓標準型的利潤再次減低至 7 元，目標函數直線的斜率改變，$P=7x+15y$（斜率$-\dfrac{7}{15}$）則最佳值移至 D 點（$x=10$, $y=35$），其最大利潤為 595 元。

23. 丁老板的研究室有 5 個櫥櫃，12張辦公桌和12個壁架有待清理。他雇用了兩位工讀生小陳和小玉。假設小玉每天能清理 1 個櫥櫃， 3 張辦公桌和 3 個壁架。而小陳則能清理 1 個櫥櫃， 2 張辦公桌和 6 個壁架，小陳每天工資22元，小玉每天工資25元。在最節省經費的條件下 2 人各應雇用幾天？

解：設雇用小玉天數為 x

雇用小陳天數為 y

則成本

Min $f=25x+22y$

限制式　　$x+y \geq 5$　　　　櫥櫃

$3x+2y \geq 12$　　辦公桌

$3x+6y \geq 18$　　壁架

$$x \geq 0, \quad y \geq 0$$

由圖可知端點爲 A、B、C、D 4 點

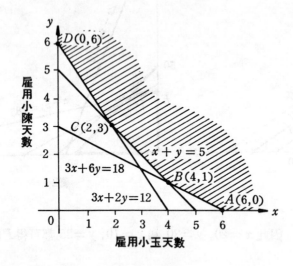

$A(6,0)$ $\$25(6)+\$22(0)=\$150$

$B(4,1)$ $\$25(4)+\$22(1)=\$122$

$C(2,3)$ $\$25(2)+\$22(3)=\$116$

$D(0,6)$ $\$25(0)+\$22(6)=\$132$

由上計算可知 $x=2$，$y=3$ 的成本最低，卽雇用小玉 2 天，小陳 3 天的成本爲 116 元是最佳解。

24. 鈤生機械廠生產兩類汽車零件。該廠主要加工作業爲車削、鑽孔，以及磨光，每小時的生產能力如下表所示：

	零件 A	零件 B
車削能力	25	40
鑽孔能力	28	35
磨光能力	35	25

已知加工成本零件 A 每個 2 元，零件 B 每個 3 元，售價則分別爲 5 元及 6

元。 3類機械的每小時營運成本分別爲20元、14元和17.5元。假設零件 A

和 B 的任何數量都可售出，試問應如何組合，方能使利潤爲最大?

解: 首先計算每個零件的利潤，如下表所示:

	零　　件　　A	零　　件　　B
車　削	20/25＝0.80	20/40＝0.50
鑽　孔	14/28＝0.50	14/35＝0.40
磨　光	17.50/35＝0.50	17.50/25＝0.70
採　購	2.00	3.00
總成本	3.80	4.60
售　價	5.00	6.00
利　潤	1.20	1.40

設 x 和 y 分別表每小時零件 A 與 B 的平均產量

則Max $f=1.2x+1.4y$

限制式　　$\dfrac{x}{25}+\dfrac{y}{40}\leq 1$　　　車削

$\dfrac{x}{28}+\dfrac{y}{35}\leq 1$　　　鑽孔

$\dfrac{x}{35}+\dfrac{y}{25}\leq 1$　　　磨光

每式乘以適當分母，得

$40x+25y\leq 1,000$

$35x+28y\leq 980$

$25x+35y\leq 875$

由圖可知其可行域爲 $OABC$,端點分別爲 $O(0,0),A(0,25),B(16.93,$ 12.90) 和 $C(25,0)$ 分別得目標函數值 $0,35,38.39$ 和 30,因此最佳解爲每小時平均零件 A 生產 16.93 件和零件 B 生產 12.90 件。

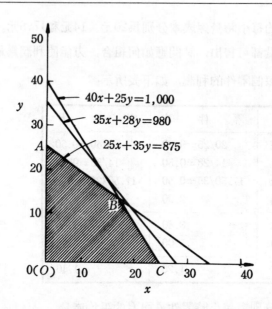

25. 小販喬治推一輛手推車做小生意，他賣熱狗和汽水，他的車子可支撐 210 磅的重量，已知熱狗每條重20兩，汽水每瓶重80兩，依據經驗，他每天至少必須賣60瓶汽水和80條熱狗。另一方面，他也知道每賣 2 條熱狗，至少會賣出 1 瓶汽水。假設每條熱狗的利潤為0.08元，汽水每瓶的利潤為0.04元，試問他應賣多少汽水和熱狗方能使利潤為極大？

解: 設 x 和 y 分別表售出的熱狗和汽水數量

$$\text{Max } f=0.08x+0.04y$$

限制條件 $1/2 \cdot y+1/8 \cdot x \leq 210$

$$y \geq 60$$

$$x \geq 80$$

$$2y-x \geq 0$$

$$x \geq 0 \text{ , } y \geq 0$$

可行域由圖可知為 $ABCD$，其中端點 A（80,60），B（120,60），C（560,280），D（80,420）

各點利潤分別為

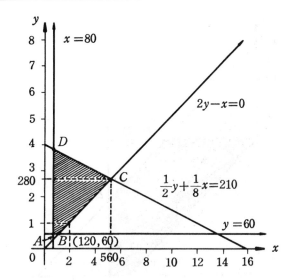

A 　$\$.08 \times 80 + \$.04 \times 60 = \$8.80$

B 　$\$.08 \times 120 + \$.04 \times 60 = \$12.00$

C 　$\$.08 \times 560 + \$.04 \times 280 = \$56.00$

D 　$\$.08 \times 80 + \$.04 \times 420 = \$18.40$

即熱狗560條和汽水280瓶的利潤為最佳。

26. 金生貿易公司有兩座倉庫 W_1，W_2 和三家門市部 O_1，O_2 和 O_3，由倉庫至門市部的單位運輸成本如下表所示:

表 1

至 由	O_1	O_2	O_3	供應量
W_1	3	5	3	12
W_2	2	7	1	8
需 求 量	8	7	5	

假若倉庫的每日供應量和需求量如表所示，試問應如何運送能使運輸成本為最低。（本題為運輸問題，有特殊解法，請參閱專章討論）

解: 設 x 為由 W_1 運送至 O_1 的個數

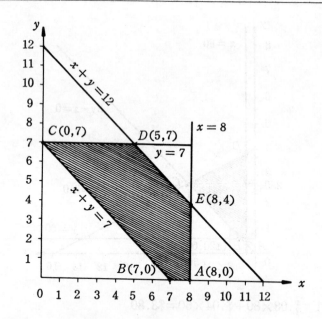

y 爲由 W_1 運送至 O_2 的個數

因此可得表 2

表 2

由＼至	O_1	O_2	O_3
W_1	x	y	$12-x-y$
W_2	$8-x$	$7-y$	$x+y-7$

因此得出如下限制式

$x \leq 8$，$y \leq 7$

$x + y \leq 12$，$x + y \geq 7$

$x \geq 0$，$y \geq 0$

目標函數 $f = 3x + 5y + 3(12-x-y) + 2(8-x)$

$$+ 7(7-y) + (1)(x+y-7)$$

$$= 94 - x - 4y$$

即 Max $f = 94 - x - 4y$

將以上限制條件繪圖即得可行域 $ABCDE$ 端點 $A(8,0)$，$B(7,0)$，$C(0,7)$，$D(5,7)$ 和 $E(8,4)$，其成本分別爲 $86,87,66,61$ 和 70，即當 $x=5$，$y=7$ 時運輸總成本爲最低，代入表 2 得表 3。

表 3

至 由	O_1	O_2	O_3	
W_1	5	7	0	12
W_2	3	0	5	8
	8	7	5	

27. 木生公司生產兩種吸塵器，標準型爲在新竹廠製造，每月產量 1,000 架，豪華型爲在臺北廠製造，每月產量 850 架，公司的零件庫存足夠供應生產標準型 1,175 架或豪華型 1,880 架。員工生產力可造 1,800 架標準型或 1,080 架豪華型。假若標準型每架可獲利 100 元，豪華型獲利 125 元，爲了獲得最大利潤，試問二者應各生產若干?

解: 設 $x=$ 豪華型的生產量

$\qquad y=$ 標準型的生產量

$\qquad$ Max $f=125x+100y$

$\quad$ 限制式 $\quad \dfrac{x}{1,880}+\dfrac{y}{1,175}\leq 1$

$$\dfrac{x}{1,080}+\dfrac{y}{1,800}\leq 1$$

$$y\leq 1,000, \quad y\geq 0$$

$$x\leq 850, \quad x\geq 0$$

$\qquad$ 由繪圖中可知其可行解爲 $ABCDEF$。在各端點的目標函數值分別如下所示:

$\quad A(0,0) \quad f=\$125(0)+\$100(0)$

$\qquad\qquad\quad =\$0.00$

$\quad B(850,0) \quad f=\$125(850)+\$100(0)$

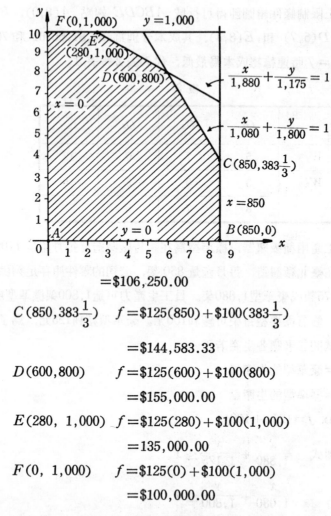

$$=\$106,250.00$$

$$C(850,383\tfrac{1}{3}) \quad f=\$125(850)+\$100(383\tfrac{1}{3})$$

$$=\$144,583.33$$

$$D(600,800) \qquad f=\$125(600)+\$100(800)$$

$$=\$155,000.00$$

$$E(280,\ 1,000) \quad f=\$125(280)+\$100(1,000)$$

$$=\$135,000.00$$

$$F(0,\ 1,000) \qquad f=\$125(0)+\$100(1,000)$$

$$=\$100,000.00$$

可知當 $x=600$ 和 $y=800$ 時爲最佳解，即豪華型生產 600 架和標準型生產 800 架，獲利最大。

28. 水生出版社最近將出版一本新書，該書可以精裝或平裝出版。已知每本精裝本的淨利爲 4 元， 平裝本的淨利爲 3 元。 另外又知精裝一本費時 3 分鐘，平裝 2 分鐘，總裝訂時數爲 800 小時。依據過去經驗得知需求量爲精裝本至少 10,000 本，平裝本至多 6,000 本，試問精裝與平裝各應多少本方能使利潤爲最大？

解　設 x 表精裝本裝訂本數

　　　y 表平裝本裝訂本數

　　目標函數為

　　　Max $f=4x+3y$

　　　限制式　$3x+4y\leq48,000$

　　　　　　$x\geq10,000,\quad y\leq6,000$

　　　　　　$x\geq0,\ y\geq0$

　　由圖可知可行域 $ABCD$ 各端點及目標函數分別為

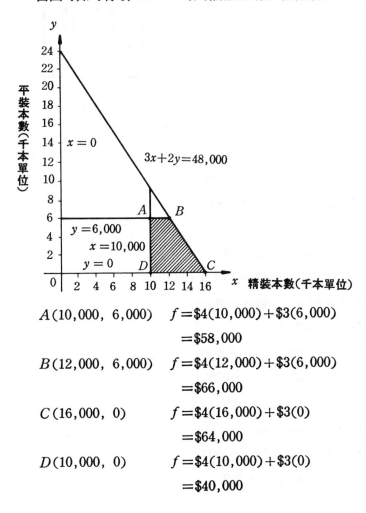

$A(10,000,\ 6,000)$　　$f=\$4(10,000)+\$3(6,000)$

　　　　　　　　　　　$=\$58,000$

$B(12,000,\ 6,000)$　　$f=\$4(12,000)+\$3(6,000)$

　　　　　　　　　　　$=\$66,000$

$C(16,000,\ 0)$　　　$f=\$4(16,000)+\$3(0)$

　　　　　　　　　　　$=\$64,000$

$D(10,000,\ 0)$　　　$f=\$4(10,000)+\$3(0)$

　　　　　　　　　　　$=\$40,000$

因此 $x=12,000$ 和 $y=6,000$ 爲最佳解，即應裝訂精裝本 12,000 本和平裝本 6,000 本，可獲利 66,000 元。

29. 嵐生公司生產 4 種產品，其中有 3 種資源的供應爲有限。每單位產品的相關資料如下表所示:

	產　　　　品				每月可用量
	A	B	C	D	
包裝人工（小時）	2	5	—	—	8,000 小時
機械時間（小時）	4	1	—	—	4,000 小時
專技人工（小時）	—	—	3	4	6,000 小時
售價（元）	25	27	25	24	
單位成本（元）	22	18	20	16	

試以圖解法決定各產品的產量，使利潤爲極大。

解: 設 x_1, x_2, x_3, x_4 分別爲產品 A, B, C, D 的產量

則 Max $f=(25-22)x_1+(27-18)x_2+(25-20)x_3+(24-16)x_4$
$$=3x_1+9x_2+5x_3+8x_4$$

限制式　$2x_1+5x_2\leq8,000$

$$4x_1+x_2\leq4,000$$

$$3x_3+4x_4\leq6,000$$

$$x_i\geq0, \ i=1,2,3,4$$

本題可分成如下二小題個別解決

(1) Max $f_1=3x_1+9x_2$

限制式　$2x_1+5x_2\leq8,000$

$$4x_1+x_2\leq4,000$$

$$x_1\geq0, \ x_2\geq0$$

(2) Max $f_2=5x_3+8x_4$

限制式　$3x_3+4x_4\leq6,000$

$$x_3\geq0, \ x_4\geq0$$

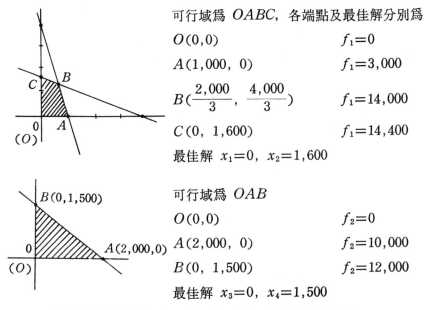

可行域爲 $OABC$, 各端點及最佳解分別爲

$O(0,0)$ $f_1=0$

$A(1,000,\ 0)$ $f_1=3,000$

$B(\dfrac{2,000}{3},\ \dfrac{4,000}{3})$ $f_1=14,000$

$C(0,\ 1,600)$ $f_1=14,400$

最佳解 $x_1=0,\ x_2=1,600$

可行域爲 OAB

$O(0,0)$ $f_2=0$

$A(2,000,\ 0)$ $f_2=10,000$

$B(0,\ 1,500)$ $f_2=12,000$

最佳解 $x_3=0,\ x_4=1,500$

因此最大利潤 $f=f_1+f_2=14,400+12,000=26,400$。

第六章 線性規劃(Ⅱ)

——單形法

1. 試將下列各題寫成其標準形式

(a) Max $f=4x_1+3x_2$

限制式
$$2x_1+3x_2\leq6$$
$$-3x_1+2x_2\leq3$$
$$2x_2\leq5$$
$$2x_1+x_2\leq4$$
$$x_1,\ x_2\geq0$$

(b) Min $f=x_1+x_2+\dfrac{1}{2}x_3-\dfrac{13}{3}x_4$

限制式
$$2x_1-\dfrac{1}{2}x_2+x_3+x_4\qquad\leq2$$
$$x_1+2x_2+2x_3-3x_4+x_5\geq3$$
$$x_1\qquad-x_3+x_4-x_5\geq\dfrac{2}{3}$$
$$3x_1-x_2\qquad+2x_4-\dfrac{3}{2}x_5=1$$
$$x_i\geq0,\quad i=1,2,\cdots\cdots,5$$

(c) Max $f=3x_1+x_2$

限制式
$$2x_1-x_2\leq-10$$
$$x_1+2x_2\leq14$$
$$x_1\qquad\leq12$$
$$x_1\geq0,\ x_2\geq0$$

解: (a) Max $f=4x_1+3x_2$

限制式　$2x_1+3x_2+x_3\qquad\qquad\quad=6$

$\qquad\qquad -3x_1+2x_2\quad +x_4\qquad\qquad=3$

$\qquad\qquad\qquad\quad 2x_2\qquad\quad +x_5\quad=5$

$\qquad\qquad\quad 2x_1+\ x_2\qquad\qquad +x_6=4$

$\qquad\qquad x_i\geq0,\ i=1,2,\cdots\cdots,6$

(b) Min $f=x_1+x_2+\dfrac{1}{2}x_3-\dfrac{13}{3}x_4$

限制式 $2x_1-\dfrac{1}{2}x_2+\ x_3+\ x_4\qquad +x_6\qquad\quad=2$

$\qquad\quad x_1+\ 2x_2+2x_3-3x_4+\ x_5\quad +x_7\quad=3$

$\qquad\quad x_1\qquad -\ x_3+\ x_4-\ x_5\qquad +x_8=\dfrac{2}{3}$

$\qquad\quad 3x_1-\quad x_2\qquad +2x_4-\dfrac{3}{2}x_5\qquad\qquad=1$

$\qquad\quad x_i\geq0,\ i=1,2,\cdots\cdots,8$

(c) Max $f=3x_1+x_2$

限制式 $-2x_1+\ x_2-x_3\qquad\quad=10$

$\qquad\quad x_1+2x_2\qquad +x_4\quad=14$

$\qquad\quad x_1\qquad\qquad\quad +x_5=12$

$\qquad\quad x_i\geq0,\ i=1,2,3,4,5$

2. 試求線性規劃問題的起始可行解

$\qquad$ Min $f=2x_1+x_2-x_3$

$\qquad$ 限制式 $x_1+x_2+x_3\leq3$

$\qquad\qquad\qquad x_2+x_3\geq2$

$\qquad\quad x_1\quad +x_3=1$

$\qquad\quad x_1,\ x_2,\ x_3\geq0$

解: Min $f=2x_1+x_2-x_3+Mx_6+Mx_7$

$\qquad$ 限制式 $x_1+x_2+x_3+x_4\qquad\qquad=3$

$\qquad\qquad\quad x_2+x_3\qquad -x_5+x_6\qquad =2$

$$x_1 \quad +x_3 \qquad\qquad +x_7=1$$

$$x_i \geq 0, \quad i=1,2,\cdots\cdots,7$$

			2	1	-1	0	0	M	M		
i	c_B	x_B	x_1	x_2	x_3	x_4	x_5	x_6	x_7	b_i	θ_i
1	0	x_4	1	1	1	1	0	0	0	3	3
2	M	x_6	0	1	1	0	-1	1	0	2	2
3	M	x_7	1	0	1	0	0	0	1	1	1 →
		f_j	M	M	$2M$	0	$-M$	M	M	$3M$	
		c_j-f_j	$2-M$	$1-M$	$-1-2M$	0	M	0	0		

↑

			2	1	-1	0	0	M	M		
i	c_B	x_B	x_1	x_2	x_3	x_4	x_5	x_6	x_7	b_i	θ_i
1	0	x_4	1	1	0	1	0	0	-1	2	
2	M	x_6	-1	1	0	0	-1	1	-1	1	
3	-1	x_3	1	0	1	0	0	0	1	1	
		f_j	$-M-1$	M	-1	0	$-M$	M	$-M-1$	$M-1$	
		c_j-f_j	$3-M$	$1-M$	0	0	M	0	$1+2M$		

			2	1	-1	0	0	M	M		
i	c_B	x_B	x_1	x_2	x_3	x_4	x_5	x_6	x_7	b_i	θ_i
1	0	x_4	1	0	0	1	1	-1	0	1	
2	1	x_2	-1	1	0	0	-1	1	-1	1	
3	-1	x_3	1	0	1	0	0	0	1	1	
		f_j	-2	1	-1	0	-1	1	-2	0	
		c_j-f_j	4	0	0	0	1	$M-1$	$M+2$		

在以上單形法表列中，由於人工變數均已不在可行解中，因此得起始可行解

$$x_1=0, \ x_2=1, \ x_3=1, \ x_4=1, \ x_5=0$$

3. 試求線性規劃問題

Max $f=5x+6y$

限制式 $3x+y\leq1$

$3x+4y\leq0$

x, y 都是未受限變數

解: 設 $x=x_1-x_2$, $y=y_1-y_2$

Max $f=5x_1-5x_2+6y_1-6y_2$

限制式 $3x_1-3x_2+y_1-y_2\leq1$

$3x_1-3x_2+4y_1-4y_2\leq0$

$x_1, \ x_2\geq0, \ y_1, \ y_2\geq0$

$3x_1-3x_2+y_1-y_2+u=1$

$3x_1-3x_2+4y_1-4y_2+v=0$

			5	−5	6	−6	0	0		
i	c_B	x_B	x_1	x_2	y_1	y_2	u	v	b_i	θ_i
1	0	u	3	−3	1	−1	1	0	1	1
2	0	v	3	−3	4	−4	0	1	0	0
		f_j	0	0	0	0	0	0	0	
		c_j-f_j	5	−5	6	−6	0	0		

			5	−5	6	−6	0	0		
i	c_B	x_B	x_1	x_2	y_1	y_2	u	v	b_i	θ_i
1	0	u	$\frac{9}{4}$	$-\frac{9}{4}$	0	0	1	$-\frac{1}{4}$	1	$\frac{4}{9}$
2	6	y_1	$\frac{3}{4}$	$-\frac{3}{4}$	1	−1	0	$\frac{1}{4}$	0	0
		f_j	$\frac{9}{2}$	$-\frac{9}{2}$	6	−6	0	$\frac{3}{2}$	0	
		c_j-f_j	$\frac{1}{2}$	$-\frac{1}{2}$	0	0	0	$-\frac{3}{2}$		

$\rightarrow$

			5	−5	6	−6	0	0		
i	c_B	x_B	x_1	x_2	y_1	y_2	u	v	b_i	θ_i
1	0	u	0	0	−3	3	1	−1	1	$\frac{1}{3}$
2	5	x_1	1	−1	$\frac{4}{3}$	$-\frac{4}{3}$	0	$\frac{1}{3}$	0	
		f_j	5	−5	$\frac{20}{3}$	$-\frac{20}{3}$	0	$\frac{5}{3}$	0	
		c_j-f_j	0	0	$-\frac{2}{3}$	$\frac{2}{3}$	0	$-\frac{5}{3}$		

$\rightarrow$

			5	−5	6	−6	0	0		
i	c_B	x_B	x_1	x_2	y_1	y_2	u	v	b_i	θ_i
1	−6	y_2	0	0	−1	1	$\frac{1}{3}$	$-\frac{1}{3}$	$\frac{1}{3}$	
2	5	x_1	1	−1	0	0	$\frac{4}{9}$	$-\frac{1}{9}$	$\frac{4}{9}$	
		f_j	5	−5	6	−6	$\frac{2}{9}$	$\frac{13}{9}$	$\frac{2}{9}$	
		c_j-f_j	0	0	0	0	$-\frac{2}{9}$	$-\frac{13}{9}$		

因此 $x_1=\dfrac{4}{9}$, $x_2=0$, $y_1=0$, $y_2=\dfrac{1}{3}$, 最佳值 $f=\dfrac{2}{9}$

卽 $x=x_1-x_2=\dfrac{4}{9}$

$$y=y_1-y_2=0-\dfrac{1}{3}=-\dfrac{1}{3}$$

4. 試解線性規劃問題

Max $f=3x_1+2x_2+x_3$

限制式 $2x_1+5x_2+x_3\leq12$

$\qquad 6x_1+8x_2\qquad\leq22$

$\qquad x_2$, $x_3\geq0$, x_1 未受限

解: 因 x_1 未受限, 令 x_1', $x_2''\geq0$, $x_1=x_1'-x_2''$

本題可改寫爲

Max $f=3x_1'-3x_2''+2x_2+x_3$

限制式 $2x_1'-2x_1''+5x_2+x_3\leq12$

$\qquad 6x_1'-6x_1''+8x_2\qquad\leq22$

$\qquad x_1'$, x_1'', x_2, $x_3\geq0$

改成標準形式

$2x_1'-2x_1''+5x_2+x_3+x_4=12$

$6x_1'-6x_1''+8x_2\qquad+x_5=22$

x_1', x_1'', x_2,……, $x_5\geq0$

			3	−3	2	1	0	0		
i	c_B	x_B	x_1'	x_1''	x_2	x_3	x_4	x_5	b_i	θ_i
1	0	x_4	2	−2	5	1	1	0	12	6
2	0	x_5	6	−6	8	0	0	1	22	$\dfrac{22}{6}$
		f_j	0	0	0	0	0	0	0	
		c_j-f_j	3	−3	2	1	0	0		

			3	-3	2	1	0	0		
i	c_B	x_B	x_1'	x_1''	x_2	x_3	x_4	x_5	b_i	θ_i
1	0	x_4	0	0	$\frac{7}{3}$	1	1	$-\frac{1}{3}$	$\frac{14}{3}$	
2	3	x_1'	1	-1	$\frac{4}{3}$	0	0	$\frac{1}{6}$	$\frac{11}{3}$	
		f_J	3	-3	4	0	0	$\frac{1}{2}$	11	
		$c_J - f_J$	0	0	-2	1	0	$-\frac{1}{2}$		

↑

			3	-3	2	1	0	0		
i	c_B	x_B	x_1'	x_1''	x_2	x_3	x_4	x_5	b_i	θ_i
1	1	x_3	0	0	$\frac{7}{3}$	1	1	$-\frac{1}{3}$	$\frac{41}{3}$	
2	3	x_1'	1	-1	$\frac{4}{3}$	0	0	$\frac{1}{5}$	$\frac{11}{3}$	
		f_J	3	-3	$\frac{19}{3}$	1	1	$\frac{1}{6}$	$\frac{47}{3}$	
		$c_J - f_J$	0	0	$-\frac{13}{3}$	0	-1	$-\frac{1}{6}$		

因此最佳解 $f = \frac{47}{3}$,

$$x_1' = \frac{11}{3}, \quad x_3 = \frac{14}{3}, \quad x_1'' = 0, \quad x_2 = 0$$

即 $x_1 = x_1' - x_1'' = \frac{11}{3}, \quad x_2 = 0, \quad x_3 = \frac{14}{3}$

5. 宜生公司生產兩類油漆，塑膠漆 x_1 每百加侖的淨利爲 6（千元），而水泥漆 x_2 每百加侖的淨利爲 8（千元）。這兩類油漆的產量都受限於原料的庫存量和人工小時，假設每百加侖 x_1 需要 4 單位原料，但每百加侖 x_2 卻

只需要 1 單位原料。然而在人工小時方面，每百侖 x_1 費 1 人工小時，而每百侖 x_2 則費 4 人工小時，最後，已知每週該公司只有20單位原料和40人工小時，試問應生產多少 x_1 和 x_2 使獲利爲最大？

解：

Max $f = 6x_1 + 8x_2$

限制式　$4x_1 + x_2 \leq 20$

$x_1 + 4x_2 \leq 40$

$x_1 \geq 0, \ x_2 \geq 0$

利用單形法，首先將限制式改爲標準式

$4x_1 + x_2 + x_3 \quad = 20$

$x_1 + 4x_2 \quad + x_4 = 40$

$x_3 \geq 0, \ x_4 \geq 0$

			6	8	0	0		
i	c_B	x_B	x_1	x_2	x_3	x_4	b_i	θ_i
1	0	x_3	4	1	1	0	20	20
2	0	x_4	1	4	0	1	40	10 →
		f_i	0	0	0	0	0	
		$c_i - f_i$	6	8 ↑	0	0		

			6	8	0	0		
i	c_B	x_B	x_1	x_2	x_3	x_4	b_i	θ_i
1	0	x_3	$\frac{15}{4}$	0	1	$-\frac{1}{4}$	10	$\frac{8}{3}$ →
2	8	x_2	$\frac{1}{4}$	1	0	$\frac{1}{4}$	10	40
		f_i	2	8	0	2	80	
		$c_i - f_i$	4 ↑	0	0	-2		

			6	8	0	0		
i	c_B	x_B	x_1	x_2	x_3	x_4	b_i	θ_i
1	6	x_1	1	0	$\dfrac{4}{15}$	$-\dfrac{1}{15}$	$\dfrac{8}{3}$	
2	8	x_2	0	1	$-\dfrac{1}{15}$	$\dfrac{16}{60}$	$\dfrac{28}{3}$	
		f_j	6	8	$\dfrac{16}{15}$	$\dfrac{26}{15}$	$\dfrac{272}{3}$	
		c_j-f_j	0	0	$-\dfrac{16}{15}$	$-\dfrac{26}{15}$		

最佳解 $f=\dfrac{272}{3}$，$x_1=\dfrac{8}{3}$，$x_2=\dfrac{28}{3}$

即平均每週生產 x_1 為 $\dfrac{8}{3}$ 百加侖，x_2 為 $\dfrac{28}{3}$ 百加侖，最大獲利 $\dfrac{272}{3}$ 千元。

6. 蘭生公司生產兩種產品，相關資料如下表所示：

	A	B	最 大 供 應 量
物料（公斤／單位）	4	1	800 公斤／日
人工小時（單位）	2	3	900（小時／日）
單位變動成本（元）	18	11	
售價	24	16	
最大銷售量	180	320	

試問公司應如何決定 A，B 的生產量，以使獲利為最大？（試以單形法解之）

解：設 x_1，x_2 分別為 A，B 的每日生產量

$$\text{Max } f=(24-18)x_1+(16-11)x_2$$
$$=6x_1+5x_2$$

限制式 $4x_1+\ x_2\leqq800$

$\qquad\ \ 2x_1+3x_2\leqq900$

$\qquad\quad x_1\qquad\ \ \leqq180$

$\qquad\qquad\quad x_2\leqq320$

$$x_1,\ x_2 \geq 0$$

			6	5	0	0	0	0		
i	c_B	x_B	x_1	x_2	x_3	x_4	x_5	x_6	b_i	θ_i
1	0	x_3	4	1	1	0	0	0	800	200
2	0	x_4	2	3	0	1	0	0	900	450
3	0	x_5	1	0	0	0	1	0	180	180 →
4	0	x_6	0	1	0	0	0	1	320	
		f_j	0	0	0	0	0	0	0	
		c_j-f_j	6	5	0	0	0	0		

↑

			6	5	0	0	0	0		
i	c_B	x_B	x_1	x_2	x_3	x_4	x_5	x_6	b_i	θ_i
1	0	x_3	0	1	1	0	−4	0	80	80 →
2	0	x_4	0	3	0	1	−2	0	540	180
3	6	x_1	1	0	0	0	1	0	180	180
4	0	x_6	0	1	0	0	0	1	320	
		f_j	6	0	0	0	6	0	1,080	
		c_j-f_j	0	5	0	0	−6	0		

↑

			6	5	0	0	0	0		
i	c_B	x_B	x_1	x_2	x_3	x_4	x_5	x_6	b_i	θ_i
1	5	x_2	0	1	1	0	− 4	0	80	
2	0	x_4	0	0	−3	1	10	0	300	30 →
3	6	x_1	1	0	0	0	1	0	180	180
4	0	x_6	0	0	−1	0	4	1	240	60
		f_j	6	5	5	0	−14	0	1,480	
		c_j-f_j	0	0	−5	0	14	0		

↑

			6	5	0	0	0	0		
i	c_B	x_B	x_1	x_2	x_3	x_4	x_5	x_6	b_i	θ_i
1	5	x_2	0	1	−0.2	0.4	0	0	200	
2	0	x_5	0	0	−0.3	0.1	1	0	30	
3	6	x_1	1	0	0.3	−0.1	0	0	150	
4	0	x_6	0	0	0.2	0.4	0	1	120	
		f_j	6	5	0.8	1.4	0	0	1,900	
		c_j-f_j	0	0	−0.8	−1.4	0	0		

因此, 最佳解 $f=1,900, x_1=150, x_2=200, x_3=0, x_4=0, x_5=0, x_6=0$
卽產品A生產150單位, B生產200單位。

7. 試以大M法求解線性規劃問題

　　　　Max $f=2x_1+3x_2$

　　限制式 $x_1+\ x_2\geq3$

　　　　　$x_1-2x_2\leq4$

　　　　　$x_1,\ x_2\geq0$

解:

　　　　Max $f=2x_1+3x_2-Mx_5$

　　　　　　$x_1+\ x_2-x_3\ \ \ \ +x_5=3$

　　　　　　$x_1-2x_2\ \ \ \ +x_4\ \ \ =4$

　　　　　　$x_i\geq0,\ i=1,2,\cdots\cdots,5$

			2	3	0	0	−M		
i	c_B	x_B	x_1	x_2	x_3	x_4	x_5	b_i	θ_i
1	−M	x_5	1	1	−1	0	1	3	3 →
2	0	x_4	1	−2	0	1	0	4	—
		f_j	−M	−M	M	0	−M	−3M	
		c_j-f_j	2+M	3+M	−M	0	0		

↑

			2	3	0	0	$-M$		
i	c_B	x_B	x_1	x_2	x_3	x_4	x_5	b_i	θ_i
1	3	x_2	1	1	-1	0	1	3	
2	0	x_4	3	0	-2	1	2	10	
		f_j	-3	3	-3	0	3	9	
		c_j-f_j	-1	0	3	0	$-M-3$		

在上表列中可見 x_3 應進入可行解，但因 a_{13}，a_{23} 都是負值，因此無變數退出可行解。即

$$x_1+x_2-x_3=3$$

或 $x_2=3+x_3-x_1$

和

$$3x_1-2x_3+x_4=10$$

或 $x_4=10+2x_3-3x_1$

由於 x_1 爲非基本變數，$x_1=0$，因此

$$x_2=3+x_3, \quad x_4=10+x_3$$

當 x_3 增大，x_2，x_4 也隨之增大，因此本題的限制條件或許不足。

8. 試解線性規劃問題

(a) Max $f=4x_1+3x_2+7x_3$

限制式 $2x_1+ x_2+3x_3\leq120$

$\qquad x_1+3x_2+2x_3=120$

$\qquad x_1,\ x_2,\ x_3\geq0$

(b) Max $f=19x_1+6x_2$

限制式 $3x_1+ x_2\leq48$

$\qquad 3x_1+4x_2\geq120$

$$x_1,\ x_2 \geq 0$$

(c) Max $f = 2x_1 + 3x_2$

限制式　$x_1 + x_2 \leq 10$

$x_1 + x_2 \geq 20$

$x_1,\ x_2 \geq 0$

解: (a) 首先改寫成標準式

Max $f = 4x_1 + 3x_2 + 7x_3 - MA$

$2x_1 + x_2 + 3x_3 + S\ \ \ \ = 120$

$x_1 + 3x_2 + 2x_3\ \ \ \ + A = 120$

$x_1,\ x_2,\ x_3 \geq 0,\ S \geq 0,\ A \geq 0$

			4	3	7	0	$-M$		
i	c_B	x_B	x_1	x_2	x_3	S	A	b_i	θ_i
1	0	S	2	1	3	1	0	120	120
2	$-M$	A	1	3	2	0	1	120	40 →
		f_j	$-M$	$-3M$	$-2M$	0	$-M$	$-120M$	
		$c_j - f_j$	$4+M$	$3+3M$	$7+2M$	0	0		

			4	3	7	0	$-M$		
i	c_B	x_B	x_1	x_2	x_3	S	A	b_i	θ_i
1	0	S	$\dfrac{5}{3}$	0	$\dfrac{7}{3}$	1	$-\dfrac{1}{3}$	80	$\dfrac{240}{7}$ →
2	3	x_2	$\dfrac{1}{3}$	1	$\dfrac{2}{3}$	0	$\dfrac{1}{3}$	40	60
		f_j	1	3	2	0	1	120	
		$c_j - f_j$	3	0	5	0	$-1-M$		

			4	3	7	0		
i	c_B	x_B	x_1	x_2	x_3	S	b_i	θ_i
1	7	x_3	$\dfrac{5}{7}$	0	1	$\dfrac{3}{7}$	$\dfrac{240}{7}$	
2	3	x_2	$-\dfrac{1}{7}$	1	0	$\dfrac{2}{7}$	$\dfrac{120}{7}$	
		f_i	$\dfrac{32}{7}$	3	7	$\dfrac{27}{7}$	$\dfrac{2040}{7}$	
		c_i-f_i	$-\dfrac{4}{7}$	0	0	$-\dfrac{27}{7}$		

最佳解 $x_2 = \dfrac{120}{7}$, $x_3 = \dfrac{240}{7}$, $f = \dfrac{2,040}{7}$

(b) Max $f = 19x_1 + 6x_2 - MA$

限制式 $3x_1 + x_2 + S_1 = 48$

$3x_1 + 4x_2 - S_2 + A = 120$

$x_1,\ x_2 \geq 0,\ S_1,\ S_2 \geq 0,\ A \geq 0$

			19	6	0	0	$-M$		
i	c_B	x_B	x_1	x_2	S_1	S_2	A	b_i	θ_i
1	0	S_1	3	1	1	0	0	48	48
2	$-M$	A	3	4	0	-1	1	120	30 →
		f_i	$-3M$	$-4M$	0	M	$-M$	$-120M$	
		c_i-f_i	$19+3M$	$6+4M$	0	$-M$	0		

↑

			19	6	0	0		
i	c_B	x_B	x_1	x_2	S_1	S_2	b_i	θ_i
1	0	S_1	$\frac{9}{4}$	0	1	$\frac{1}{4}$	18	8 →
2	6	x_2	$\frac{3}{4}$	1	0	$-\frac{1}{4}$	30	40
		f_j	$\frac{9}{2}$	6	0	$-\frac{3}{2}$	180	
		c_j-f_j	$\frac{29}{2}$	0	0	$\frac{3}{2}$		

↑

			19	6	0	0		
i	c_B	x_B	x_1	x_2	S_1	S_2	b_i	θ_i
1	19	x_1	1	0	$\frac{4}{9}$	$\frac{1}{9}$	8	
2	6	x_2	0	1	$-\frac{1}{3}$	$-\frac{1}{3}$	24	
		f_j	19	6	$\frac{58}{9}$	$\frac{1}{9}$	296	
		c_j-f_j	0	0	$-\frac{58}{9}$	$-\frac{1}{9}$		

最佳解 $x_1=8$, $x_2=24$, $f=296$

(c) Max $f=2x_1+3x_2+MA$

$$x_1+x_2+S_1 \qquad =10$$
$$x_1+x_2-S_2+A=20$$

			2	3	0	0	$-M$		
i	c_B	x_B	x_1	x_2	S_1	S_2	A	b_i	θ_i
1	0	S_1	1	1	1	0	0	10	10 $\rightarrow$
2	$-M$	A	1	1	0	-1	1	20	20
		f_j	$-M$	$-M$	0	M	$-M$	$-20M$	
		c_j-f_j	$2+M$	$3+M$	0	$-M$	0		

$\uparrow$

			2	3	0	0	$-M$		
i	c_B	x_B	x_1	x_2	S_1	S_2	A	b_i	θ_i
1	3	x_2	1	1	1	0	0	10	
2	$-M$	A	0	0	-1	-1	1	10	
		f_j	3	3	$3+M$	M	$-M$	$30-10M$	
		c_j-f_j	-1	0	$-3-M$	$-M$	0		

由於在可行解中含人工變數A，因此表本題無可行解。

9. 試用二階段法求解

　(a) Min $f=x_1-2x_2$

　　　限制式　$x_1+x_2\geq2$

　　　　　　　$-x_1+x_2\geq1$

　　　　　　　　　　$x_2\leq3$

　　　　　　$x_1,\ x_2\geq0$

　(b) Min $f=-x_1+2x_2-3x_3$

限制式 $\quad x_1+ x_2+ x_3= 6$

$$-x_1+ x_2+2x_3= 4$$

$$2x_2+3x_3=10$$

$$x_3\leq 2$$

$$x_1,\ x_2,\ x_3\geq0$$

(c) Max $f=x_1+x_2$

限制式 $\quad 3x_1+2x_2\leq20$

$$2x_1+3x_2\leq20$$

$$x_1+2x_2\geq 2$$

$$x_1,\ x_2\geq 0$$

解: (a) 階段 I: 首先將題目改寫為

限制式 $\quad x_1+x_2-x_3 \qquad -A_1=2$

$$-x_1+x_2 \qquad -x_4 \qquad =1$$

$$x_2 \qquad +x_5-A_2=3$$

$$x_i\geq0,\ i=1,2,3,4,5$$

			0	0	0	0	0	-1	-1		
i	c_B	x_B	x_1	x_2	x_3	x_4	x_5	A_1	A_2	b_i	θ_i
1	-1	A_1	1	1	-1	0	0	1	0	2	2
2	-1	A_2	-1	1	0	-1	0	0	1	1	1
3	0	x_5	0	1	0	0	1	0	0	3	
		f_j	0	-2	1	1	0	-1	-1	-3	
		c_j-f_j	0	2	-1	-1	0	0	0		

			0	0	0	0	0	−1	−1		
i	c_B	x_B	x_1	x_2	x_3	x_4	x_5	A_1	A_2	b_i	θ_i
1	−1	A_1	2	0	−1	1	0	1	−1	1	$\frac{1}{2}$ →
2	0	x_2	−1	1	0	−1	0	0	1	1	
3	0	x_5	1	0	0	0	1	0	−1	2	2
		f_j	−2	0	1	−1	0	−1	1	−1	
		c_j-f_j	2	0	−1	1	0	0	−2		
			↑								

			0	0	0	0	0	−1	−1		
i	c_B	x_B	x_1	x_2	x_3	x_4	x_5	A_1	A_2	b_i	θ_i
1	0	x_1	1	0	$-\frac{1}{2}$	$\frac{1}{2}$	0	$\frac{1}{2}$	$-\frac{1}{2}$	$\frac{1}{2}$	
2	0	x_2	0	1	$-\frac{1}{2}$	$-\frac{1}{2}$	0	$\frac{1}{2}$	$\frac{1}{2}$	$\frac{3}{2}$	
3	0	x_5	0	0	$\frac{1}{2}$	$\frac{1}{2}$	1	$-\frac{1}{2}$	$-\frac{1}{2}$	$\frac{3}{2}$	
		f_j	0	0	0	0	0	0	0	0	
		c_j-f_j	0	0	0	0	0	−1	−1		

階段 II

			1	−2	0	0	0		
i	c_B	x_B	x_1	x_2	x_3	x_4	x_5	b_i	θ_i
1	1	x_1	1	0	$-\frac{1}{2}$	$\frac{1}{2}$	0	$\frac{1}{2}$	1 →
2	−2	x_2	0	1	$-\frac{1}{2}$	$-\frac{1}{2}$	0	$\frac{3}{2}$	
3	0	x_5	0	0	$\frac{1}{2}$	$\frac{1}{2}$	1	$\frac{3}{2}$	3
		f_j	1	−2	$\frac{1}{2}$	$\frac{3}{2}$	0	$-\frac{5}{2}$	
		c_j-f_j	0	0	$-\frac{1}{2}$	$-\frac{3}{2}$	0		
						↑			

			1	-2	0	0	0		
i	c_B	x_B	x_1	x_2	x_3	x_4	x_5	b_i	θ_i
1	0	x_4	2	0	-1	1	0	1	
2	-2	x_2	1	1	-1	0	0	2	
3	0	x_5	1	0	1	0	1	1	1 →
		f_j	-2	-2	2	0	0	-4	
		c_j-f_j	3	0	-2	0	0		

↑ (下 x_3)

			1	-2	0	0	0		
i	c_B	x_B	x_1	x_2	x_3	x_4	x_5	b_i	θ_i
1	0	x_4	1	0	0	1	1	2	
2	-2	x_2	0	1	0	0	1	3	
3	0	x_3	-1	0	1	0	1	1	
		f_j	0	-2	0	0	-2	-6	
		c_j-f_j	1	0	0	0	2		

最佳解 $x_1=0$, $x_2=3$, $x_3=1$, $x_4=2$, $x_5=0$, $f=-6$

(b) 階段 I

(Minimize)　(-1　2　-3　0)

Minimize			0	0	0	0	1	1	1		
i	c_B	x_B	x_1	x_2	x_3	x_4	A_1	A_2	A_3	b_i	θ_i
1	1	A_1	1	1	1	0	1	0	0	6	6
2	1	A_2	-1	1	2	0	0	1	0	4	2
3	1	A_3	0	2	3	0	0	0	1	10	$\frac{10}{3}$
4	0	x_4	0	0	①	1	0	0	0	2	2 →
		f'_j	0	4	6	0	1	1	1	20	
		$c'_j-f'_j$	0	-4	-6	0	0	0	0		

↑ (下 x_3)

(Minimize)　　(− 1　　2　　− 3　　0)

Minimize			0	0	0	0	1	1	1	
i	c_B	x_B	x_1	x_2	x_3	x_4	A_1	A_2	A_3	b_i	θ_i
1	1	A_1	1	1	0	− 1	1	0	0	4	4
2	1	A_2	− 1	①	0	− 2	0	1	0	0	0
3	1	A_3	0	2	0	− 3	0	0	1	4	2
4	0	x_3	0	0	1	1	0	0	0	2	—
		f_j'	0	4	0	− 6	1	1	1	8	
		$c_j' - f_j'$	0	− 4	0	6	0	0	0		

(Minimize)　　(− 1　　2　　− 3　　0)

Minimize			0	0	0	0	1	1	1	
i	c_B	x_B	x_1	x_2	x_3	x_4	A_1	A_2	A_3	b_i	θ_i
1	1	A_1	②	0	0	1	1	− 1	0	4	2
2	0	x_2	− 1	1	0	− 2	0	1	0	0	—
3	1	A_3	2	0	0	1	0	− 2	1	4	2
4	0	x_3	0	0	1	1	0	0	0	2	—
		f_j'	4	0	0	2	1	− 3	1	8	
		$c_j' - f_j'$	− 4	0	0	− 2	0	4	0		

(Minimize)　　(− 1　　2　　− 3　　0)

i	c_B	x_B	x_1	x_2	x_3	x_4	A_1	A_2	A_3	b_i
Minimize			0	0	0	0	1	1	1	
1	0	x_1	1	0	0	$\frac{1}{2}$	$\frac{1}{3}$	$-\frac{1}{2}$	0	2
2	0	x_2	0	1	0	$-\frac{3}{2}$	$\frac{1}{2}$	$\frac{1}{2}$	0	2
3	1	A_3	0	0	0	0	− 1	− 1	1	0
4	0	x_3	0	0	1	1	0	0	0	2
		f_j'	0	0	0	0	− 1	− 1	1	0
		$c_j' - f_j'$	0	0	0	0	2	2	0	

階段 Ⅱ

Minimize

			-1	2	-3	0	
i	c_B	x_B	x_1	x_2	x_3	x_4	b_i
1	-1	x_1	1	0	0	$\frac{1}{2}$	2
2	2	x_2	0	1	0	$-\frac{3}{2}$	2
3	-3	x_3	0	0	1	1	2
		f_j	-1	2	-3	$-\frac{13}{2}$	-4
		c_j-f_j	0	0	0	$\frac{13}{2}$	

最佳解 $x_1=2$, $x_2=2$, $x_3=2$, $f=-4$

(c) 階段 I　Max $f_1=\qquad -A$

　　　　Ⅱ　Max $f_2=x_1+x_2$

　　　　限制式 $3x_1+2x_2+x_3 \qquad\qquad =20$

　　　　　　　　$2x_1+3x_2 \quad +x_4 \qquad\quad =20$

　　　　　　　　$x_1+2x_2 \qquad\quad -x_5+A= 2$

階段 I

			(1	1	0	0	0)			
			0	0	0	0	0	1		
i	c_B	x_B	x_1	x_2	x_3	x_4	x_5	A	b_i	θ_i
1	0	x_3	3	2	1	0	0	0	20	10
2	0	x_4	2	3	0	1	0	0	20	$\frac{20}{3}$
3	1	A	1	2	0	0	-1	1	2	1
		f_j	1	2	0	0	-1	1	2	
		c_j-f_j	-1	-2	0	0	1	0		

			(1	1	0	0	0)		
			0	0	0	0	0		
i	c_B	x_B	x_1	x_2	x_3	x_4	x_5	b_i	θ_i
1	0	x_3	2	0	1	0	1	18	
2	0	x_4	$\frac{1}{2}$	0	0	1	$\frac{3}{2}$	17	
3	0	x_2	$\frac{1}{2}$	1	0	0	$-\frac{1}{2}$	1	
		f_j	0	0	0	0	0	0	
		c_j-f_j	0	0	0	0	0		

階段 II

			1	1	0	0	0		
i	c_B	x_B	x_1	x_2	x_3	x_4	x_5	b_i	θ_i
1	0	x_3	$\frac{5}{3}$	0	1	$-\frac{2}{3}$	0	$\frac{20}{3}$	4 →
2	0	x_5	$\frac{1}{3}$	0	0	$\frac{2}{3}$	1	$\frac{34}{3}$	34
3	1	x_2	$\frac{2}{3}$	1	0	$\frac{1}{3}$	0	$\frac{20}{3}$	10
		f_j	$\frac{2}{3}$	1	0	$\frac{1}{3}$	0	$\frac{20}{3}$	
		c_j-f_j	$\frac{1}{3}$	0	0	$-\frac{1}{3}$	0		

			1	1	0	0	0		
i	c_B	x_B	x_1	x_2	x_3	x_4	x_5	b_i	θ_i
1	1	x_1	1	0	$\frac{3}{5}$	$-\frac{2}{5}$	0	4	
2	0	x_5	0	0	$-\frac{1}{5}$	$\frac{4}{5}$	1	10	
3	1	x_2	0	1	$-\frac{2}{5}$	$\frac{3}{5}$	0	4	
		f_j	1	1	$\frac{1}{5}$	$\frac{1}{5}$	0	8	
		c_j-f_j	0	0	$-\frac{1}{5}$	$-\frac{1}{5}$	0		

最佳解 $x_1=4$, $x_2=4$, $f=8$

10. 試分別利用大M法及二階段法求解線性規劃

$$\text{Min } f=0.4x_1+0.5x_2$$

限制式 $0.3x_1+0.1x_2 \leq 2.7$

$$0.5x_1+0.5x_2=6$$

$$0.6x_1+0.4x_2 \geq 6$$

$$x_1, \ x_2 \ \geq 0$$

解: (1) **大M法**: 首先將本題改寫成標準式

$$\text{Min } f=0.4x_1+0.5x_2+MA_1+MA_2$$

$$0.3x_1+0.1x_2+S_1 \qquad =2.7$$

$$0.5x_1+0.5x_2 \qquad +A_1=6$$

$$0.6x_1+0.4x_2-S_2+A_2=6$$

			0.4	0.5	0	0	M	M		
i	c_B	x_B	x_1	x_2	S_1	S_2	A_1	A_2	b_i	θ_i
1	0	S_1	0.3	0.1	1	0	0	0	2.7	9
2	M	A_1	0.5	0.5	0	0	1	0	6	12
3	M	A_2	0.6	0.4	0	-1	0	1	6	10
		f_j	$1.1M$	$0.9M$	0	$-M$	M	M	$-12M$	
		c_j-f_j	$0.4-1.1M$	$0.5-0.9M$	0	M	0	0		

			0.4	0.5	0	0	M	M		
i	c_B	x_B	x_1	x_2	S_1	S_2	A_1	A_2	b_i	θ_i
1	0.4	x_1	1	$\frac{1}{3}$	$\frac{10}{3}$	0	0	0	9	27
2	M	A_1	0	$\frac{1}{3}$	$-\frac{5}{3}$	0	0	0	1.5	4.5
3	M	A_2	0	0.2	-2	-1	1	1	0.6	3 →
		f_j	0.4	$\frac{1}{13}+\frac{16}{30}M$	$\frac{4}{3}-\frac{11}{3}M$	$-M$	M	M	$-2.1M-3.6$	
		c_j-f_j	0	$\frac{11}{30}-\frac{16}{30}M$	$\frac{11}{3}M-\frac{4}{3}$	M	0	0		

↑

			0.4	0.5	0	0	M		
i	c_B	x_B	x_1	x_2	S_1	S_2	A_1	b_i	θ_i
1	0.4	x_1	1	0	$\frac{20}{3}$	$\frac{5}{3}$	0	8	$\frac{24}{5}$
2	M	A_1	0	0	$\frac{5}{3}$	$\frac{5}{3}$	1	0.5	$\frac{3}{10}$
3	0.5	x_2	0	1	-10	-5	0	3	$-\frac{3}{5}$
		f_j	0.4	0.5	$-\frac{7}{3}+\frac{5}{3}M$	$-\frac{11}{6}+\frac{5}{3}M$	M	$-\frac{1}{2}M-4.7$	
		c_j-f_j	0	0	$\frac{7}{3}-\frac{5}{3}M$	$\frac{11}{6}-\frac{5}{3}M$	0		

↑

			0.4	0.5	0	0		
i	c_B	x_B	x_1	x_2	S_1	S_2	b_i	θ_i
1	0.4	x_1	1	0	5	0	7.5	
2	0	S_2	0	0	1	1	0.3	
3	0.5	x_2	0	1	-5	0	4.5	
		f_j	0.4	0.5	-0.5	0	5.25	
		c_j-f_j	0	0	0.5	0		

因此可得最佳解 $x_1=7.5$, $x_2=4.5$, $f=5.25$

(2) 二階段法

階段 I

(0.4　0.5　0　0)

			0	0	0	0	-1	-1		
i	c_B	x_B	x_1	x_2	S_1	S_2	A_1	A_2	b_i	θ_i
1	0	S_1	0.3	0.1	1	0	0	0	2.7	9 →
2	-1	A_1	0.5	0.5	0	0	1	0	6	12
3	-1	A_2	0.6	0.4	0	-1	0	1	6	10
		f_j	-1.1	-0.9	0	1	-1	-1		
		c_j-f_j	1.1	0.9	0	-1	0	0		

（↑ 於 x_1）

(0.4　0.5　0　0)

			0	0	0	0	-1	-1		
i	c_B	x_B	x_1	x_2	S_1	S_2	A_1	A_2	b_i	θ_i
1	0	x_1	1	$-\dfrac{16}{30}$	$\dfrac{10}{3}$	0	0	0	9	
2	-1	A_1	0	$\dfrac{1}{3}$	$-\dfrac{5}{3}$	0	1	0	1.5	4.5
3	-1	A_2	0	0.2	-2	-1	0	1	0.6	0.6 →
		f_j	0	$-\dfrac{8}{15}$	$\dfrac{11}{3}$	1	-1	-1	-2.1	
		c_j-f_j	0	$\dfrac{8}{15}$	$-\dfrac{11}{3}$	-1	0	0		

（↑ 於 x_2）

(0.4　0.5　0　0)

			0	0	0	0	-1		
i	c_B	x_B	x_1	x_2	x_3	S_2	A_1	b_i	θ_i
1	0	x_1	1	0	$\dfrac{20}{3}$	$\dfrac{5}{3}$	0	8	1.2
2	-1	A_1	0	0	$\dfrac{5}{3}$	$\dfrac{5}{3}$	1	0.5	0.3 →
3	0	x_2	0	1	-10	-5	0	3	-0.3
		f_j	0	0	$-\dfrac{5}{3}$	$-\dfrac{5}{3}$	-1	-0.5	
		c_j-f_j	0	0	$\dfrac{5}{3}$	$\dfrac{5}{3}$	0		

（↑ 於 x_3）

			(0.4	0.5	0	0)		
			0	0	0	0		
i	c_B	x_B	x_1	x_2	S_1	S_2	b_i	θ_i
1	0	x_1	1	0	0	-5	6	
2	0	S_1	0	0	1	1	0.3	
3	0	x_2	0	1	0	5	6	
		f_j	0	0	0	0	0	
		c_j-f_j	0	0	0	0		

階段 II

			0.4	0.5	0	0		
i	c_B	x_B	x_1	x_2	S_1	S_2	b_i	θ_i
1	0.4	x_1	1	0	0	-5	6	
2	0	S_1	0	0	1	1	0.3	0.3 →
3	0.5	x_2	0	1	0	5	6	1.2
		f_j	0.4	0.5		0.5	5.4	
		c_j-f_j	0	0	0	-0.5		

↑

			0.4	0.5	0	0		
i	c_B	x_B	x_1	x_2	S_1	S_2	b_i	θ_i
1	0.4	x_1	1	0	5	0	7.5	
2	0	S_2	0	0	1	1	0.3	
3	0.5	x_2	0	1	-5	0	4.5	
		f_j	0.4	0.5	-0.5	0	5.25	
		c_j-f_j	0	0	0.5	0		

得最佳解 $x_1=7.5$, $x_2=4.5$, $f=5.25$

11. 水生公司以滲合蘋果西打和蘋果汁的方式製造一種新飲料命名爲蘋香。已
知每 1 喃的蘋果西打含 0.5 喃的糖分和 1 克的維生素C。每 1 喃的原汁含

0.25喱的糖分和 3 克的維生素 C。公司製造 1 喱的蘋果西打和原汁的成本分別爲0.02元和0.03元。公司的行銷部門決定每瓶10喱的蘋香必須至少含20克維生素 C 和至多 4 喱的糖分。試以線性規劃決定如何以最低成本滿足行銷部門的要求。

解: 設　$x_1 = $ 在一瓶蘋香中蘋果西打的喱數

　　　　$x_2 = $ 在一瓶蘋香中的蘋果原汁喱數

　　Min $f = 2x_1 + 3x_2$

　　限制式　$\dfrac{1}{2}x_1 + \dfrac{1}{4}x_2 \leq 4$

　　　　　　$x_1 + 3x_2 \geq 20$

　　　　　　$x_1 + x_2 = 10$

　　　　　　$x_1,\ x_2 \geq 0$

　　首先改寫成標準式

　　Min $f = 2x_1 + 3x_2 + MA_1 + MA_2$

　　　　　$\dfrac{1}{2}x_1 + \dfrac{1}{4}x_2 + S_1 \qquad = 4$

　　　　　$x_1 + 3x_2 - S_2 + A_1 = 20$

　　　　　$x_1 + x_2 \qquad + A_2 = 10$

			2	3	0	0	M	M		
i	c_B	x_B	x_1	x_2	S_1	S_2	A_1	A_2	b_t	θ_t
1	0	S_1	$\dfrac{1}{2}$	$\dfrac{1}{4}$	1	0	0	0	4	16
2	M	A_1	1	3	0	-1	1	0	20	$\dfrac{20}{3}$ →
3	M	A_2	1	1	0	0	0	1	10	10
		f_j	$2M$	$4M$	0	$-M$	M	M	$30M$	
		$c_j - f_j$	$2 - 2M$	$3 - 4M$	0	M	0	0		

↑

			2	3	0	0	M		
i	c_B	x_B	x_1	x_2	S_1	S_2	A_2	b_i	θ_i
1	0	S_1	$\frac{5}{12}$	0	1	$\frac{1}{12}$	0	$\frac{7}{3}$	$\frac{15}{84}$
2	3	x_2	$\frac{1}{3}$	1	0	$-\frac{1}{3}$	0	$\frac{20}{3}$	$\frac{60}{3}$
3	M	A_2	$\frac{2}{3}$	0	0	$\frac{1}{3}$	1	$\frac{10}{3}$	5	$\rightarrow$
		f_j	$\frac{3+2M}{3}$	3	0	$\frac{-3+M}{3}$	M	$\frac{60+10M}{3}$	
		c_j-f_j	$\frac{3-2M}{3}$	0	0	$\frac{3-M}{3}$	0		

$\uparrow$

			2	3	0	0		
i	c_B	x_B	x_1	x_2	S_1	S_2	b_i	θ_i
1	0	S_1	0	0	1	$-\frac{1}{8}$	$\frac{1}{4}$	
2	3	x_2	0	1	0	$-\frac{1}{2}$	5	
3	2	x_1	1	0	0	$\frac{1}{2}$	5	
		f_j	2	3	0	$-\frac{1}{2}$	25	
		c_j-f_j	0	0	0	$\frac{1}{2}$		

最佳解 $x_1=x_2=5$, $S_1=\frac{1}{4}$, $S_2=0$, $f=25$

卽在一瓶蘋香中含蘋果西打和蘋果原汁各為 5 嗰。

試用 LINDO 求解下列各題

12. 蓮生公司接到 1,000 輛貨車的訂單，公司有 4 個工廠，各廠生產一輛貨車

的成本以及其他相關資料如下表所示

工　廠	成本 (千元)	人工 (小時)	原料 (單位)
甲	15	2	3
乙	10	3	4
丙	9	4	5
丁	7	5	6

汽車工人工會要求至少有 400 輛必須在丙廠製造。已知公司有 3,300 小時人工及 4,000 單位原料可配置給各工廠，試構建一線性規劃模式使公司產製 1,000 輛貨車的成本爲最低。

解: 設 x_1 表甲廠產量

x_2 表乙廠產量

x_3 表丙廠產量

x_4 表丁廠產量

則 Min $f = 15x_1 + 10x_2 + 9x_3 + 7x_4$

限制式　　$x_1 + x_2 + x_3 + x_4 = 1{,}000$

$$x_3 \geq 400$$

$$2x_1 + 3x_2 + 4x_3 + 5x_4 \leq 3{,}300$$

$$3x_1 + 4x_2 + 5x_3 + 6x_4 \leq 4{,}000$$

$$x_1,\ x_2,\ x_3 \geq 0$$

```
MIN        15 x₁ + 10 x₂ + 9 x₃ + 7 x₄
SUBJECT TO
       2)      x₁ +   x₂ +   x₃ +   x₄ =1000
       3)                          x₃>=400
       4)    2 x₁ + 3 x₂ + 4 x₃ + 5 x₄<=3300
       5)    3 x₁ + 4 x₂ + 5 x₃ + 6 x₄<=4000
END
LP OPTIMUM FOUND AT STEP      3
        OBJECTIVE FUNCTION VALUE
```

1)   11600.0000

VARIABLE	VALUE	REDUCED COST
x_1	400.000000	.000000
x_2	200.000000	.000000
x_3	400.000000	.000000
x_4	.000000	7.000000

ROW	SLACK OR SURPLUS	DUAL PRICES
2)	.000000	−30.000000
3)	.000000	−4.000000
4)	300.000000	.000000
5)	.000000	5.000000

NO. ITERATIONS=3

RANGES IN WHICH THE BASIS IS UNCHANGED:

OBJ COEFFICIENT RANGES

VARIABLE	CURRENT COEF	ALLOWABLE INCREASE	ALLOWABLE DECREASE
x_1	15.000000	INFINITY	3.500000
x_2	10.000000	2.000000	INFINITY
x_3	9.000000	INFINITY	4.000000
x_4	7.000000	INFINITY	7.000000

RIGHTHAND SIDE RANGES

ROW	CURRENT RHS	ALLOWABLE INCREASE	ALLOWABLE DECREASE
2	1000.000000	66.666660	100.000000
3	400.000000	100.000000	400.000000
4	3300.000000	INFINITY	300.000000
5	4000.000000	300.000000	200.000000

13. 農夫老丁在他的 45 英畝農地上種小麥和玉米兩種作物。他至多可售出140 蒲耳（bushel）的小麥和 120 蒲耳的玉米。已知每一英畝可生產 5 蒲耳的小麥或 4 蒲耳的玉米，小麥和玉米一蒲耳的價格分別爲30元及50元，爲了收成一英畝的小麥，需 6 小時人工，而一英畝玉米則費時爲10小時人工。共有350小時人工可以每小時 10 元的工資得到。試問老丁應如何決定方能使其利潤爲極大？

解：設 $A_1 =$ 種麥的英畝數

A_2＝種玉米的英畝數

L＝人工小時

則 $\text{Max } f = 150A_1 + 200A_2 - 10L$

限制式

$$A_1 + A_2 \leq 45$$

$$6A_1 + 10A_2 - L \leq 0$$

$$L \leq 350$$

$$5A_1 \leq 140$$

$$4A_2 \leq 120$$

$$A_1, \ A_2, \ L \geq 0$$

```
MAX       150 A₁ + 200 A₂ − 10 L
SUBJECT TO
      2)      A₁ + A₂ <=45
      3)      6 A₁ + 10 A₂ − L <=0
      4)      L <=350
      5)      5 A₁ <=140
      6)      4 A₂ <=120
END
```

LP OPTIMUM FOUND AT STEP 　1

OBJECTIVE FUNCTION VALUE

1)	4250.00000

VARIABLE	VALUE	REDUCED COST
A₁	25.000000	0.000000
A₂	20.000000	0.000000
L	350.000000	0.000000

ROW	SLACK OR SURPLUS	DUAL PRICES
2)	0.000000	75.000000
3)	0.000000	12.500000
4)	0.000000	2.500000
5)	15.000002	0.000000
6)	40.000000	0.000000

NO. ITERATIONS=1

RANGES IN WHICH THE BASIS IS UNCHANGED

OBJ COEFFICIENT RANGES

VARIABLE	CURRENT COEF	ALLOWABLE INCREASE	ALLOWABLE DECREASE
A_1	150.000000	10.000000	30.000000
A_2	200.000000	50.000000	10.000000
L	−10.000000	INFINITY	2.500000

RIGHTHAND SIDE RANGES

ROW	CURRENT RHS	ALLOWABLE INCREASE	ALLOWABLE DECREASE
2	45.000000	1.200000	6.666667
3	0.000000	40.000000	12.000002
4	350.000000	40.000000	12.000002
5	140.000000	INFINITY	15.000002
6	120.000000	INFINITY	40.000000

14. 金生公司有 2 座工廠，該公司產製 3 種產品。各廠生產 1 單位產品的相關成本如表所示:

	產 品 1	產 品 2	產 品 3
1 廠	5元	6元	8元
2 廠	8元	7元	10元

各廠可生產總量為 10,000 單位。已知公司必須至少生產產品 1 為6,000單位，產品 2 為8,000單位和產品 3 為5,000單位，試問公司應如何決定，以使在最低成本滿足產量的要求?

解: 設 x_{ij}＝在工廠 i 所製產品 j 的產量

$$i=1,2, \quad j=1,2,3$$

$$\text{Min } f=5x_{11}+6x_{12}+8x_{13}+8x_{21}+7x_{22}+10x_{23}$$

限制式
$$x_{11}+ x_{12}+ x_{13} \qquad\qquad\qquad \leq 10{,}000$$
$$x_{21}+ x_{22}+ x_{23}\leq 10{,}000$$
$$x_{11} \qquad + x_{21} \qquad\qquad \geq 6{,}000$$
$$x_{12} \qquad + x_{22} \qquad \geq 8{,}000$$
$$x_{13} \qquad + x_{23}\geq 5{,}000$$
$$x_{ij}\geq 0$$

MIN　　　$5 x_{11} + 6 x_{12} + 8 x_{13} + 8 x_{21} + 7 x_{22} + 10 x_{23}$

SUBJECT TO

　　2)　　$x_{11} + x_{12} + x_{13} <= 10000$
　　3)　　$x_{21} + x_{22} + x_{23} <= 10000$
　　4)　　$x_{11} + x_{21} >= 6000$
　　5)　　$x_{12} + x_{22} >= 8000$
　　6)　　$x_{13} + x_{23} >= 5000$

END

LP OPTIMUM FOUND AT STEP　　　5

OBJECTIVE FUNCTION VALUE

　　1)　　　128000.000

VARIABLE	VALUE	REDUCED COST
x_{11}	6000.000000	.000000
x_{12}	.000000	1.000000
x_{13}	4000.000000	.000000
x_{21}	.000000	1.000000
x_{22}	8000.000000	.000000
x_{23}	1000.000000	.000000

ROW	SLACK OR SURPLUS	DUAL PRICES
2)	.000000	2.000000
3)	1000.000000	.000000
4)	.000000	−7.000000
5)	.000000	−7.000000
6)	.000000	−10.000000

NO. ITERATIONS=5

RANGES IN WHICH THE BASIS IS UNCHANGED:

OBJ COEFFICIENT RANGES

VARIABLE	CURRENT COEF	ALLOWABLE INCREASE	ALLOWABLE DECREASE
x_{11}	5.000000	1.000000	7.000000
x_{12}	6.000000	INFINITY	1.000000
x_{13}	8.000000	1.000000	1.000000
x_{21}	8.000000	INFINITY	1.000000
x_{22}	7.000000	1.000000	7.000000
x_{23}	10.000000	1.000000	1.000000

RIGHTHAND SIDE RANGES

ROW	CURRENT RHS	ALLOWABLE INCREASE	ALLOWABLE DECREASE
2	10000.000000	1000.000000	1000.000000
3	10000.000000	INFINITY	1000.000000
4	6000.000000	1000.000000	1000.000000
5	8000.000000	1000.000000	8000.000000
6	5000.000000	1000.000000	1000.000000

15. 宏生電腦公司生產兩類電腦：PC 和 VAX，該公司有2座工廠，分別在 N, L 兩地，若N廠的產能爲800架電腦，L廠產能爲1,000架。每架電腦的相關資料如下：

	N 廠		L 廠	
	PC	VAX	PC	VAX
淨 利 (元)	600	800	1,000	1,300
人工 (小時)	2小時	2	3	4

已知公司共有4,000小時人工可用，及公司至多可售出900架 PC 和900架 VAX。

設　　　$VNP=$在N地廠的 PC 產量

　　　　$XLP=$在L地廠的 PC 產量

　　　　$XNV=$在N地廠的 VAX 產量

　　　　$XLV=$在L地廠的 VAX 產量

試求應如何配置產量組合，以使獲利爲最大？

解:

```
MAX      600 XNP + 1000 XLP + 800 XNV + 1300 XLV − 20 L
SUBJECT TO
      2)     2 XNP + 3 XLP − 2 XNV + 4 XLV − L<=0
      3)     XNP − XNV <=800
      4)     XLP + XLV <=1000
      5)     XNP + XLP <=900
      6)     XNV + XLV <=900
      7)     L <=4000
END
```

LP OPTIMUM FOUND AT STEP   3

　　　　　OBJECTIVE FUNCTION VALUE

　　　1)　　　1360000.00

VARIABLE	VALUE	REDUCED COST
XNP	.000000	200.000000
XLP	800.000000	.000000

XNV	800.000000	.000000
XLV	.000000	33.333370
L	4000.000000	.000000

ROW	SLACK OR SURPLUS	DUAL PRICES
2)	.000000	333.333300
3)	.000000	133.333300
4)	200.000000	.000000
5)	100.000000	.000000
6)	100.000000	.000000
7)	.000000	313.333300

NO. ITERATIONS=3

RANGES IN WHICH THE BASIS IS UNCHANGED:

OBJ COEFFICIENT RANGES

VARIABLE	CURRENT COEF	ALLOWABLE INCREASE	ALLOWABLE DECREASE
XNP	600.000000	200.000000	INFINITY
XLP	1000.000000	200.000000	25.000030
XNV	800.000000	INFINITY	133.333300
XLV	1300.000000	33.333370	INFINITY
L	−20.000000	INFINITY	313.333300

RIGHTHAND SIDE RANGES

ROW	CURRENT RHS	ALLOWABLE INCREASE	ALLOWABLE DECREASE
2	.000000	300.000000	2400.000000
3	800.000000	100.000000	150.000000
4	1000.000000	INFINITY	200.000000
5	900.000000	INFINITY	100.000000
6	900.000000	INFINITY	100.000000
7	4000.000000	300.000000	2400.000000

16. 福生公司製造汽車與貨車。每輛汽車的淨利為 300 元， 而貨車的淨利為 400 元，每生產一輛車的相關資料如下：

	使用型1機械的天數	使用型2機械的天數	用鋼量（噸）
汽　車	0.8	0.6	2
貨　車	1	0.7	3

已知每天公司可租用至多98架型1機械（每架50元）。目前，公司本身有 73架型2機械和260噸鋼料。行銷部門指出訂單至少有88輛汽車和至少26

輔貨車。試問公司應如何決定各類車的產量和型 1 機械的租用量，以使獲
利爲最大?

解:

```
MAX        300 x₁ + 400 x₂ - 50 M₁
SUBJECT TO
    2)     0.8 x₁ + x₂ - M₁ <=0
    3)        M₁ <=98
    4)     0.6 x₁ + 0.7 x₂ <=73
    5)     2 x₁ + 3   x₂ <=260
    6)        x₁        >=88
    7)        x₂        >=26
END
```

LP OPTIMUM FOUND AT STEP   1
     OBJECTIVE FUNCTION VALUE

   1)   32540.0000

VARIABLE	VALUE	REDUCED COST
x_1	88.000000	0.000000
x_2	27.599998	0.000000
M_1	98.000000	0.000000

ROW	SLACK OR SURPLUS	DUAL PRICES
2)	0.000000	400.000000
3)	0.000000	350.000000
4)	0.879999	0.000000
5)	1.200003	0.000000
6)	0.000000	-20.000000
7)	1.599999	0.000000

NO. ITERATIONS=1
     RANGES IN WHICH THE BASIS IS UNCHANGED
          OBJ COEFFICIENT RANGES

VARIABLE	CURRENT COEF	ALLOWABLE INCREASE	ALLOWABLE DECREASE
x_1	300.000000	20.000000	INFINITY
x_2	400.000000	INFINITY	25.000000
M_1	-50.000000	INFINITY	350.000000

RIGHTHAND SIDE RANGES

ROW	CURRENT RHS	ALLOWABLE INCREASE	ALLOWABLE DECREASE
2	0.000000	0.400001	1.599999

3	98.000000	0.400001	1.599999
4	73.000000	INFINITY	0.879999
5	260.000000	INFINITY	1.200003
6	88.000000	1.999999	3.000008
7	26.000000	1.599999	INFINITY

第七章 線性規劃(III)

——對偶性與敏感度分析

1. 試將下題改寫成規範形式

(a) Min $f=2x_1+4x_2$

限制式　　$x_1+5x_2\leq80$

$\qquad\qquad 4x_1+2x_2\geq20$

$\qquad\qquad x_1+x_2=10$

$\qquad\qquad x_1,\ x_2\geq0$

(b) Min $f=4x_1+4x_2+x_3$

限制式　　$x_1+x_2+x_3\geq10$

$\qquad\qquad x_1+x_2+2x_3\geq6$

$\qquad\qquad x_1,\ x_2,\ x_3\geq0$

解: (a) Max $f=-2x_1-4x_2$

限制式　　　$x_1+5x_2\leq\ \ 80$

$\qquad\qquad -4x_1-2x_2\leq-20$

$\qquad\qquad\ \ x_1+\ x_2\leq\ \ 10$

$\qquad\qquad -\ x_1-\ x_2\leq-10$

$\qquad\qquad\ \ x_1,\ x_2\geq0$

(b) Max $f=-4x_1-4x_2-x_3$

限制式　　$-x_1-x_2-\ x_3\leq-10$

$\qquad\qquad -x_1-x_2-2x_3\leq-\ 6$

$\qquad\qquad\ \ x_1,\ x_2,\ x_3\geq0$

2. 試求下列各題的對偶及其最佳解

(1) Max $f=4x_1+3x_2$

限制式　　$2x_1+\ x_2\geq4$

$\qquad\qquad 2x_1-2x_2\leq5$

$\qquad\qquad\ \ x_1,\ x_2\geq0$

(2) Max $f=3x_1+5x_2$

限制式　$x_1-x_2\le-2$

$\qquad\quad x_1-x_2\ge\ 2$

$\qquad\quad x_1,\ x_2\ge0$

解: (1) 首先改寫成

$\qquad$ Max $f=4x_1+3x_2$

$\qquad$ 限制式　$-2x_1-\ x_2\le-4$

$\qquad\qquad\qquad 2x_1-2x_2\le\ \ 5$

$\qquad\qquad\qquad\quad x_1,\ x_2\ge0$

對偶題爲

$\quad$ Min $g=-4y_1+5y_2$

$\quad$ 限制式　$-2y_1+2y_2\ge4$

$\qquad\qquad\quad -\ y_1-2y_2\ge3$

$\qquad\qquad\qquad\ y_1,\ y_2\ge0$

其中第二限制式 $y_1+2y_2\le-3$ 不成立, 因此對偶題無解。

(2) 首先改寫成

$\qquad$ Max $f=3x_1+5x_2$

$\qquad$ 限制式　$\ \ x_1-x_2\le-2$

$\qquad\qquad\qquad -x_1+x_2\le-2$

$\qquad\qquad\qquad\ \ x_1,\ x_2\ge0$

對偶題爲

$\quad$ Min $g=-2y_1-2y_2$

$\quad$ 限制式　$\ \ y_1-y_2\ge3$

$\qquad\qquad\quad -y_1+y_2\ge5$

$\qquad\qquad\qquad\ y_1,\ y_2\ge0$

第二限制式 $y_1-y_2\le-5$, 不可能有 $y_1,\ y_2$ 能同時滿足二限制式, 因此無解。

3. 試求下列各題的對偶

(a) Max $f = x_1 + 1.5x_2$

限制式　$2x_1 + 3x_2 \leq 25$

$x_1 + x_2 \geq 1$

$x_1 - 2x_2 = 1$

$x_1, x_2 \geq 0$

(b) Max $f = 2x_1 + x_2 + x_3 - x_4$

限制式　$x_1 - x_2 + 2x_3 + 2x_4 \leq 3$

$2x_1 + 2x_2 - x_3 \qquad = 4$

$x_1 - 2x_2 + 3x_3 + 4x_4 \geq 5$

$x_1, x_2, x_3 \geq 0, x_4$ 未限制

(c) Max $f = x_1 + 2x_2$

限制式　$x_1 + 2x_2 \leq 10$

$x_1 + x_2 \geq 30$

$x_1 \geq 0$

$x_2 \geq 0$

(d) Max $f = x + 3y$

限制式　$6x + 19y \leq 100$

$3x + 5y \leq 40$

$x - 3y \leq 33$

$y \leq 25$

$x \leq 42$

$x, y \geq 0$

解:　(a) 首先將題目改寫成規範形式

Max $f = x_1 + 1.5x_2$

限制式　$2x_1 + 3x_2 \leq 25$

$$-x_1- \ x_2 \leq - \ 1$$
$$x_1-2x_2 \leq \quad 1$$
$$-x_1+2x_2 \leq - \ 1$$
$$x_1, \ x_2 \geq 0$$

對偶題

Min $g=25y_1-y_2+y_3-y_4$

限制式 $2y_1-y_2+ \ y_3- \ y_4 \geq 1$

$3y_1-y_2-2y_3+2y_4 \geq 1.5$

$y_1, \ y_2, \ y_3, \ y_4 \geq 0$

由於 y_3-y_4 同時出現在目標函數和二限制式,因此可設一未限制變數 $y_5=y_3-y_4$,則

Min $g=25y_1-y_2+y_5$

限制式 $2y_1-y_2+ \ y_5 \geq 1$

$3y_1-y_2-2y_5 \geq 1.5$

$y_1, \ y_2 \geq 0, \ y_5$ 未限制

(b) Min $g=3y_1+4y_2+5y_3$

限制式 $y_1+2y_2+ \ y_3 \geq \quad 2$

$-y_1+2y_2-2y_3 \geq \quad 1$

$2y_1- \ y_2+3y_3 \geq \quad 1$

$2y_1 \qquad +4y_3=-1$

$y_1 \geq 0, \ y_2$ 未限制, $y_3 \leq 0$

(c) 首先將上題改寫成規範形式

Max $f=x_1+2x_2$

限制式 $x_1+2x_2 \leq \quad 10$

$-x_1- \ x_2 \leq -30$

$x_1 \geq 0$

$x_2 \geq 0$

對偶題如下

$$\text{Min } g=10y_1-30y_2$$
$$y_1-y_2\geq 1$$
$$2y_1-y_2\geq 2$$
$$y_1\geq 0$$
$$y_2\geq 0$$

在對偶中，y_2 無上限，因此 f 值可變得非常小。

(d) 設 u,v,w,s,t 為相對應於第一至第五限制式的對偶變數，對偶問題為

$$\text{Min } g=100u+40v+33w+25s+42t$$

限制式　　$6u+3v+\ w\ \ \ \ +t\geq 1$
$$19u+5v-3w+s\ \ \ \ \geq 3$$
$$u,v,w,s,t\geq 0$$

4. 試以矩陣形式寫出下題的對偶形式

(a) $\text{Min } f=4x+8y$

限制式　$2x+\ y\geq 3$
$$4y\geq 8$$
$$x+6y\geq 5$$
$$x\geq 0,\ y\geq 0$$

(b) $\text{Min } f=16x+24y+20z$

限制式　$4x+3y+2z\geq 72$
$$x+2y+2z\geq 36$$
$$5y+4z\geq 68$$
$$x\geq 0,\ y\geq 0,\ z\geq 0$$

解: (a) $A=\begin{bmatrix}2 & 1 \\ 0 & 4 \\ 1 & 6\end{bmatrix}$, $B=\begin{bmatrix}3 \\ 8 \\ 5\end{bmatrix}$, $C=\begin{bmatrix}4 \\ 8\end{bmatrix}$, $X=\begin{bmatrix}x \\ y\end{bmatrix}$, $Y=\begin{bmatrix}u \\ v \\ w\end{bmatrix}$

$$A^T=\begin{bmatrix}2 & 0 & 1 \\ 1 & 4 & 6\end{bmatrix}$$

原題的對偶形式如下

$$\text{Max } g=Y^TB=3u+8v+5w$$

限制式 $\begin{bmatrix}2 & 0 & 1 \\ 1 & 4 & 6\end{bmatrix}\begin{bmatrix}u \\ v \\ w\end{bmatrix}\leq\begin{bmatrix}4 \\ 8\end{bmatrix}$

$$Y\geq 0$$

即 $2u \qquad + \quad w \le 4$

$\quad u + 4v + 6w \le 8$

$\quad u \ge 0, \ v \ge 0, \ w \ge 0$

(b) $X = \begin{bmatrix} x \\ y \\ z \end{bmatrix}, Y = \begin{bmatrix} u \\ v \\ w \end{bmatrix}, \ A = \begin{bmatrix} 4 & 3 & 2 \\ 1 & 2 & 2 \\ 0 & 5 & 4 \end{bmatrix}, \ B = \begin{bmatrix} 72 \\ 36 \\ 68 \end{bmatrix}$

$C = \begin{bmatrix} 16 \\ 24 \\ 20 \end{bmatrix}$

$A^\tau = \begin{bmatrix} 4 & 1 & 0 \\ 3 & 2 & 5 \\ 2 & 2 & 4 \end{bmatrix}$

原題的對偶形式如下

$\quad$ Max $g = Y^\tau B$, 限制式 $A^\tau Y \le C$ 和 $Y \ge 0$

即 Max $g = 72u + 36v + 68w$

$\quad$ 限制式 $\quad 4u + \ v \qquad \le 16$

$\qquad\qquad\qquad 3u + 2v + 5w \le 24$

$\qquad\qquad\qquad 2u + 2v + 4w \le 20$

5. 試解線性規劃問題

$\quad$ Max $f = 3x_1 + 8x_2 + 6x_3$

$\quad$ 限制式 $\quad 20x_1 + 4x_2 + 4x_3 \le \ 6,000$

$\qquad\qquad\quad 8x_1 + 8x_2 + 4x_3 \le 10,000$

$\qquad\qquad\quad 8x_1 + 4x_2 + 2x_3 \le \ 4,000$

$\qquad\qquad\qquad x_i \ge 0, \ i = 1, 2, 3$

以求解其對偶題。

解:

Max			3	8	6	0	0	0		
i	c_B	x_B	x_1	x_2	x_3	x_4	x_5	x_6	b_i	θ_i
1	0	x_4	20	4	4	1	0	0	6,000	1,200
2	0	x_5	8	8	4	0	1	0	10,000	1,250
3	0	x_6	8	4	2	0	0	1	4,000	1,000 →
		f_j	0	0	0	0	0	0	**0**	
		c_j-f_j	3	8	6	0	0	0		

↑

Max			3	8	6	0	0	0		
i	c_B	x_B	x_1	x_2	x_3	x_4	x_5	x_6	b_i	θ_i
1	0	x_4	12	0	2	1	0	-1	2,000	1,000 →
2	0	x_5	-8	0	0	0	1	-2	2,000	
3	8	x_2	2	1	$\frac{1}{2}$	0	0	$\frac{1}{4}$	1,000	2,000
		f_j	16	8	4	0	0	2	8,000	
		c_j-f_j	-13	0	2	0	0	-2		

↑

Max			3	8	6	0	0	0		
i	c_B	x_B	x_1	x_2	x_3	x_4	x_5	x_6	b_i	θ_i
1	6	x_3	6	0	1	$\frac{1}{2}$	0	$-\frac{1}{2}$	1,000	
2	0	x_5	-8	0	0	0	1	-2	2,000	
3	8	x_2	-1	1	0	$-\frac{1}{4}$	0	$\frac{1}{2}$	500	
		f_j	28	8	6	1	0	1	10,000	
		c_j-f_j	-25	0	0	-1	0	-1		

由於所有非基本變數的 $c_j-f_j < 0$，因此已達最佳解，即 $x_2=5,000, x_3$ $=1,000$和$x_5=2,000$， 極大值 $f=10,000$

本題的對偶題為 Min $g=Y^TB$，限制式 $Y^TA \geq C$ 及 $Y \geq 0$

即 Min $g=6,000y_1+10,000y_2+4,000y_3$

限制式 $20y_1+8y_2+8y_3\geq3$

$4y_1+8y_2+4y_3\geq8$

$4y_1+4y_2+2y_3\geq6$

$y_1\geq0,\ y_2\geq0,\ y_3\geq0$

依據對偶線性規劃的性質，可知對偶題的最小值爲 10,000，解爲 $y_1=1$，$y_2=0,\ y_3=1$

6. 設線性規劃問題

Max $f=C^TX$，限制式 $AX\leq B$ 及 $X\geq0$ 中

$$A=\begin{bmatrix}1 & 3\\ 6 & 2\end{bmatrix},\ B=\begin{bmatrix}6\\ 12\end{bmatrix} 和 C=\begin{bmatrix}18\\ 18\end{bmatrix}$$

試求其最佳解以及其對偶題。

解: 利用單形法

Max			18	18	0	0		
i	c_B	x_B	x	y	u	v	b_i	θ_i
1	0	u	1	3	1	0	6	6
2	0	v	6	2	0	1	12	2 →
		f_j	0	0	0	0	0	
		c_j-f_j	18	18	0	0		

Max			18	18	0	0		
i	c_B	x_B	x	y	u	v	b_i	θ_i
1	0	u	0	$\frac{8}{3}$	1	$-\frac{1}{6}$	4	$\frac{3}{2}$ →
2	18	x	1	$\frac{1}{3}$	0	$\frac{1}{6}$	2	6
		f_j	18	6	0	3	36	
		c_j-f_j	0	12	0	-3		

Max	18	18	0	0		
i	c_B	x_B	x	y	u	v	b_i	θ_i
1	18	y	0	1	$\dfrac{3}{8}$	$-\dfrac{1}{10}$	$\dfrac{3}{2}$	
2	18	x	1	0	$-\dfrac{1}{8}$	$\dfrac{3}{16}$	$\dfrac{3}{2}$	
		f_j	18	18	$\dfrac{9}{2}$	$\dfrac{9}{4}$	54	
		c_j-f_j	0	0	$-\dfrac{9}{2}$	$-\dfrac{9}{4}$		

最佳解為 $x=\dfrac{3}{2}$ 和 $y=\dfrac{3}{2}$，極大值為54

原題的對偶題為

Min $g=Y^TB$，限制式 $Y^TA\geq C$ 和 $Y\geq 0$

若令 $Y=\begin{bmatrix} y_1 \\ y_2 \end{bmatrix}$ 則對偶題為

Min $g=6y_1+12y_2$

限制式　　$y_1+6y_2\geq 18$

$3y_1+2y_2\geq 18$

$y_1,\ y_2\geq\ 0$

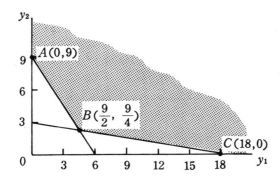

利用圖解法，可知端點分別 $A(0,9), B(\frac{9}{2}, \frac{9}{4})$ 和 $C(18,0)$，極小值54發生於 B 點。

7. 試解線性規劃問題

(1) Min $f = x_1 + x_2 + x_3$

限制式　$2x_1 + 3x_2 - x_3 \geq 5$

$x_1 + \frac{3}{2}x_2 - 2x_3 \geq 12$

$x_1 \geq 0, \ x_2 \geq 0, \ x_3 \geq 0$

(2) Min $f = 3x_1 + x_2$

限制式　$-2x_1 + x_2 \geq -2$

$-x_1 - x_2 \geq 2$

$x_1 \geq 0, \ x_2 \geq 0$

解: (1) 通常 Max 形式較易解決

Max $g = 5y_1 + 12y_2$

限制式　$2y_1 + y_2 \leq 1$

$3y_1 + \frac{3}{2}y_2 \leq 1$

$-y_1 - 2y_2 \leq 1$

$y_1 \geq 0, \ y_2 \geq 0$

			5	12	0	0	0		
i	c_B	y_B	y_1	y_2	y_3	y_4	y_5	b_i	θ_i
1	0	y_3	2	1	1	0	0	1	1
2	0	y_4	3	$\frac{3}{2}$	0	1	0	1	$\frac{2}{3}$ →
3	0	y_5	-1	-2	0	0	1	1	
		f_i	0	0	0	0	0	0	
		$c_i - f_i$	5	12	0	0	0		

↑

			5	12	0	0	0		
i	c_B	y_B	y_1	y_2	y_3	y_4	y_5	b_i	θ_i
1	0	y_3	0	0	1	$-\dfrac{2}{3}$	0	$\dfrac{1}{3}$	
2	12	y_2	2	1	0	$\dfrac{2}{3}$	0	$\dfrac{2}{3}$	
3	0	y_5	1	0	0	$\dfrac{4}{3}$	1	$\dfrac{7}{3}$	
		f_j	24	12	0	8	0	8	
		c_j-f_j	-19	0	0	-8	0		

最佳解為8，原題的最佳解為8，解為 $x_1=0, x_2=8, x_3=0$

(2) 本題的對偶形式為

$$\text{Max } g=-2y_1+2y_2$$

限制式　$-2y_1-y_2\leq3$

$$y_1-y_2\leq1$$

$$y_1\geq0, \ y_2\geq0$$

			-2	2	0	0		
i	c_B	y_B	y_1	y_2	y_3	y_4	b_i	θ_i
1	0	y_3	-2	-1	1	0	3	
2	0	y_4	1	-1	0	1	1	
		f_j	0	0	0	0	0	
		c_j-f_j	-2	2	0	0		

↑

由 y_2 行立卽可判斷本對偶題爲無界，因此原題爲無解。

原題的限制式

$$-2x_1+x_2\geq-2 \qquad 卽 \qquad 2x_1-x_2\leq 2$$
$$-x_1-x_2\geq 2 \qquad\qquad x_1+x_2\leq-2$$

由圖可知可行解不存在

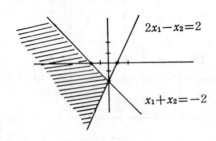

8. 試以解線性規劃問題的對偶形式的方式求解

$$\text{Min } f=32x_1+48x_2+11x_3$$

限制式
$$x_1+4x_2 \geq1$$
$$4x_1+2x_2+x_3\geq2$$
$$2x_1 +x_3\geq6$$
$$x_1\geq0,\ x_2\geq0,\ x_3\geq0$$

解: 原題的對偶形式爲

$$\text{Max } g=y_1+2y_2+6y_3$$

限制式
$$y_1+4y_2+2y_3\leq32$$
$$4y_1+2y_2 \leq48$$
$$y_2+y_3\leq11$$
$$y_1\geq0,\ y_2\geq0,\ y_3\geq0$$

			1	2	6	0	0	0		
i	c_B	y_B	y_1	y_2	y_3	y_4	y_5	y_6	b_t	θ_t
1	0	y_4	1	4	2	1	0	0	32	16
2	0	y_5	4	2	1	0	1	0	48	48
3	0	y_6	0	1	1	0	0	1	11	11 →
		f_j	0	0	0	0	0	0	0	
		$c_j - f_j$	1	2	6	0	0	0		

↑

			1	2	6	0	0	0		
i	c_B	y_B	y_1	y_2	y_3	y_4	y_5	y_6	b_t	θ_t
1	0	y_4	1	2	0	1	0	-2	10	10 →
2	0	y_5	4	2	0	0	1	0	48	12
3	6	y_3	0	1	1	0	0	1	11	
		f_j	0	6	6	0	0	6	66	
		$c_j - f_j$	1	-4	0	0	0	-6		

↑

			1	2	6	0	0	0		
i	c_B	y_B	y_1	y_2	y_3	y_4	y_5	y_6	b_t	θ_t
1	1	y_1	1	2	0	1	0	-2	10	
2	0	y_5	0	-6	0	-4	1	8	8	
3	6	y_3	0	1	1	0	0	1	11	
		f_j	1	8	6	1	0	4	76	
		$c_j - f_j$	0	-6	0	-1	0	-4		

本題的最佳解爲 76, $y_1 = 10, y_3 = 11, y_5 = 8,$ 因此原題的最佳解爲 76,
$x_1 = 1, x_2 = 0, x_3 = 4$

9. 試解線性規劃問題

$$\text{Max } f = 3x_1 + 8x_2 + 5x_3$$

限制式　　$2x_1 \qquad + x_3 \leq 4$

$$x_1 + 4x_2 + 6x_3 \leq 8$$

$$x_1 \geq 0, \ x_2 \geq 0, \ x_3 \geq 0$$

以求解其對偶。

解: 將題目改寫成單形法表列形式

			3	8	5	0	0		
i	c_B	x_B	x_1	x_2	x_3	x_4	x_5	b_i	θ_i
1	0	x_4	2	0	1	1	0	4	
2	0	x_5	1	4	6	0	1	8	2 →
		f_j	0	0	0	0	0	0	
		$c_j - f_j$	3	8	5	0	0		

↑

			3	8	5	0	0		
i	c_B	x_B	x_1	x_2	x_3	x_4	x_5	b_i	θ_i
1	0	x_4	2	0	1	1	0	4	2 →
2	8	x_2	$\frac{1}{4}$	1	$\frac{3}{2}$	0	$\frac{1}{4}$	2	8
		f_j	2	8	12	0	2	16	
		$c_j - f_j$	1	0	-7	0	-2		

↑

			3	8	5	0	0		
i	c_B	x_B	x_1	x_2	x_3	x_4	x_5	b_i	θ_i
1	3	x_1	1	0	$\frac{1}{2}$	$\frac{1}{2}$	0	2	
2	8	x_2	0	1	$\frac{11}{8}$	$-\frac{1}{8}$	$\frac{1}{4}$	$\frac{3}{2}$	
		f_j	3	8	$\frac{25}{2}$	$\frac{1}{2}$	2	18	
		c_j-f_j	0	0	$-\frac{15}{2}$	$-\frac{1}{2}$	-2		

本題的最佳值為18，解為 $x_1=3$, $x_2=8$

原題的對偶形式為

Min $g=4y_1+8y_2$

限制式　$2y_1+ y_2 \geq 3$

$4y_2 \geq 8$

$y_1+6y_2 \geq 5$

$y_1 \geq 0$, $y_2 \geq 0$

依據對偶線性規劃的定理可知本對偶題的極小值為18，

$y_1=\frac{1}{2}$, $y_2=2$

10. 東生公司為明年的生產計畫進行規劃，相關資料如下

產　　　　　品	1	2	3	4
每單位 售價	55元	53元	97元	86元
原料成本	17元	25元	19元	11元
人工小時: 甲級	10	6	—	—
乙級	—	—	10	20
丙級	—	—	12	6
其他變動成本	6	7	5	6

已知公司每年固定間接成本為 35,500 元，每級勞工每小時為1.5元，但一

級人工不得做另一級的工作。每年每級勞力的限制爲甲級9,000小時，乙級14,500小時，丙級12,000小時，公司的目標在於使利潤爲極大。

(a) 試問各類產品各應生產若干方使利潤爲最大？

(b) 試決定產品1仍值得生產的最低售價。

(c) 若甲級勞工時間增加1小時，可增多的利潤金額。

(d) 公司可能會生產第5種產品，其售價爲116元，若物料成本爲29元，勞工時間爲任一級勞工8小時，以及其他變動成本9元，試問是否應生產該產品？

解: (a) 設 x_1, x_2, x_3, x_4 分別表產品 1,2,3,4 的產量，每單位各產品的淨利計算如下

單位產品 1 的淨利 $=55-(17+1.5\times10+6)=17$

單位產品 2 的淨利 $=53-(25+1.5\times6+7)=12$

單位產品 3 的淨利 $=97-(19+1.5\times10+1.5\times12+5)=40$

單位產品 4 的淨利 $=86-(11+1.5\times20+1.5\times6+6)=30$

Max $f=17x_1+12x_2+40x_3+30x_4$

限制式
$$10x_1+6x_2 \leq 9,000$$
$$10x_3+20x_4 \leq 14,500$$
$$12x_3+6x_4 \leq 12,000$$
$$x_1, \ x_2, \ x_3, \ x_4 \geq 0$$

由於限制式的因素，本題實可分割成二小題

(1) Max $f_1=12x_1+12x_2$

限制式
$$10x_1+6x_2 \leq 9,000$$
$$x_1, \ x_2 \geq 0$$

(2) Max $f_2=40x_3+30x_4$

限制式
$$10x_3+20x_4 \leq 14,500$$
$$12x_3+6x_4 \leq 12,000$$
$$x_3, \ x_4 \geq 0$$

第(1)小題可用圖解法表示如下

可行域為 OAB, 其中 A 點為最佳

解

即 $x_1=0$, $x_2=1,500$, $f_1=18,000$

換句話說, 產品 1 暫不生產, 而將

甲級勞力全用以生產產品 2, 以獲

取最大利潤。

其次再看第 (2) 小題。目標函數的

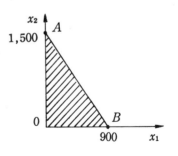

斜率 $\dfrac{40}{30}$ 介於二限制式的斜率 ($\dfrac{10}{20}$ 和 $\dfrac{12}{6}$) 之間, 因此二限制式的交點為最

佳解。

將二限制式列為等式求解得 $x_3=850$ 和 $x_4=300$

因此 $f_2=40\times850+30\times300=43,000$

總利潤 $f=18,000+43,000-35,500=25,500$

(b) 產品 1 值得生產如果其獲利至少與產品 2 的利潤相同,即 18,000。

　　這表示目標函數的斜率與限制式相平行。即 900 單位的產品 1 應

　　能得出 18,000 元。即單位利潤為 20 元, 也就是比目前淨利 17 元提

　　高 3 元, 因此售價應提高為 58 元。

(c) 本小題必須決定甲級勞工的對偶值。若在現行每小時 1.5 元的工

　　資下, 增多 1 小時可用, 則可製造 $\dfrac{1}{6}$ 個產品 2, 因而增多 $12\times\dfrac{1}{6}=$

　　2 元。換句話說, 如果在低於 $1.5+2=3.5$ 元的代價下可獲增

　　1 小時, 則為有利可圖, 也就是說, 最高加班費每小時不得高於

　　3.5 元。(乙級和甲級的最高加班費分別為 2.16 元和 4.27 元)

(d) 考慮可能列入生產的產品 5 , 單位淨利為

　　$116-(29+8\times1.5+8\times1.5+8\times1.5+9)=42$

　　然而, 考慮生產 1 單位產品 5 的資源的對偶價值

　　$8\times2+8\times\dfrac{2}{3}+8\times\dfrac{25}{9}=43.56$

　　因此不合算。

11. 試分別用圖解法和單形法求解下題

$$\text{Max } f = 35x_1 + 25x_2$$

限制式　$4x_1 + 3x_2 \leq 92$

$\qquad x_1 + x_2 \leq 38$

$\qquad x_1 \qquad \leq 20$

$\qquad\qquad x_2 \leq 20$

$\qquad x_1 \geq 0, \ x_2 \geq 0$

解:

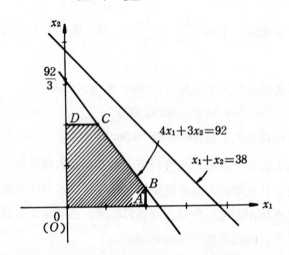

由圖解法可知 $x_1 + x_2 \leq 38$ 爲多餘的限制條件, 可行解爲 $OABCD$, 各端點及其目標函數值分別爲

$\qquad O(\ 0,\ 0) \qquad\qquad f = \quad 0$

$\qquad A(20,\ 0) \qquad\qquad f = \quad 70$

$\qquad B(20,\ 4) \qquad\qquad f = 800$

$\qquad C(\ 8, 20) \qquad\qquad f = 640$

$\qquad D(\ 0, 20) \qquad\qquad f = 500$

可知最佳解 $x_1 = 20, \ x_2 = 4, \ f = 800$

其次改用單形法表列

			35	25	0	0	0	0		
i	c_B	x_B	x_1	x_2	x_3	x_4	x_5	x_6	b_i	θ_i
1	0	x_3	4	3	1	0	0	0	92	23
2	0	x_4	1	1	0	1	0	0	38	38
3	0	x_5	1	0	0	0	1	0	20	20 $\rightarrow$
4	0	x_6	0	1	0	0	0	1	20	
		f_j	0	0	0	0	0	0	0	
		c_j-f_j	35	25	0	0	0	0		

$\uparrow$

			35	25	0	0	0	0		
i	c_B	x_B	x_1	x_2	x_3	x_4	x_5	x_6	b_i	θ_i
1	0	x_3	0	3	1	0	-4	0	12	4
2	0	x_4	0	1	0	1	-1	0	18	18
3	35	x_1	1	0	0	0	1	0	20	
4	0	x_6	0	1	0	0	0	1	20	20
		f_j	35	0	0	0	35	0	700	
		c_j-f_j	0	25	0	0	-35	0		

$\uparrow$

			35	25	0	0	0	0		
i	c_B	x_B	x_1	x_2	x_3	x_4	x_5	x_6	b_i	θ_i
1	25	x_2	0	1	$\frac{1}{3}$	0	$-\frac{4}{3}$	0	4	
2	0	x_4	0	0	$-\frac{1}{3}$	1	$\frac{1}{3}$	0	6	
3	35	x_1	1	0	0	0	1	0	20	
4	0	x_6	0	0	$-\frac{1}{3}$	0	$\frac{7}{3}$	1	8	
		f_j	35	25	$\frac{25}{3}$	0	$\frac{5}{3}$	0	800	
		c_j-f_j	0	0	$-\frac{35}{3}$	0	$-\frac{5}{3}$	0		

12. 誠生製造兩型產品，每型產品都必須經過切割及磨光二程序。有關每單位產品的相關資料如下表所示

	產 品	
	豪 華 型	標 準 型
切割時間（小時）	2	1
磨光時間（小時）	3	3
單位成本（元）	28	25
單位售價（元）	34	29
最大銷售量（每週）	200	200

已知可用切割時間和磨光時間分別爲每週 390 小時及 810 小時，其他資源未限制。

(a) 爲了使獲利爲最大，試問二型產品各應生產多少個？

(b) 試求在最佳解之下，稀有資源的對偶價值（影子價格）。

(c) 公司可能會生產第三型產品，該產品需要切割及磨光各 2 小時，單位利潤爲 5 元，試問是否值得生產？

(d) 在最佳解保持不變的狀況下，試問豪華型的最大單位利潤變動範圍如何？

解: (a) 豪華型的單位淨利 $=34-28=6$

標準型的單位淨利 $=29-25=4$

設 x_1 和 x_2 分別表豪華型和標準型的每週產量

Max $f=6x_1+4x_2$

限制式　$2x_1+\ x_2 \leq 390$

$$3x_1+3x_2 \leq 810$$

$$x_1 \leq 200$$

$$x_2 \leq 200$$

$$x_1,\ x_2 \geq 0$$

改寫成標準型式

Max $f=6x_1+4x_2$

限制式　$2x_1+\ x_2+x_3\qquad\qquad\ =390$

$\qquad\qquad 3x_1+3x_2\qquad +x_4\qquad\quad =810$

$\qquad\qquad\ x_1\qquad\qquad\quad +x_5\quad =200$

$\qquad\qquad\qquad x_2\qquad\qquad\quad +x_6=200$

$\qquad\qquad x_i\geq0,\ \ i=1,2,\cdots\cdots,6$

			6	4	0	0	0	0		
i	c_B	x_B	x_1	x_2	x_3	x_4	x_5	x_6	b_i	θ_i
1	0	x_3	2	1	1	0	0	0	390	195 →
2	0	x_4	3	3	0	1	0	0	810	270
3	0	x_5	1	0	0	0	1	0	200	200
4	0	x_6	0	1	0	0	0	1	200	
		f_j	0	0	0	0	0	0	0	
		c_j-f_j	6	4	0	0	0	0		

			6	4	0	0	0	0		
i	c_B	x_B	x_1	x_2	x_3	x_4	x_5	x_6	b_i	θ_i
1	6	x_1	1	$\frac{1}{2}$	$\frac{1}{2}$	0	0	0	195	390
2	0	x_4	0	$\frac{3}{2}$	$-\frac{3}{2}$	1	0	0	225	150 →
3	0	x_5	0	$-\frac{1}{2}$	$-\frac{1}{2}$	0	1	0	5	—
4	0	x_6	0	1	0	0	0	1	200	200
		f_j	6	3	3	0	0	0	1,170	
		c_j-f_j	0	1	-3	0	0	0		

			6	4	0	0	0	0		
i	c_B	x_B	x_1	x_2	x_3	x_4	x_5	x_6	b_i	θ_i
1	6	x_1	1	0	1	$-\dfrac{1}{3}$	0	0	120	
2	4	x_2	0	1	-1	$\dfrac{2}{3}$	0	0	150	
3	0	x_5	0	0	-1	$\dfrac{1}{3}$	1	0	80	
4	0	x_6	0	0	1	$-\dfrac{2}{3}$	0	1	50	
		f_j	6	4	2	$\dfrac{2}{3}$	0	0	1,320	
		c_j-f_j	0	0	-2	$-\dfrac{2}{3}$	0	0		

因此最佳解 $f=1,320$, $x_1=120$, $x_2=150$

(b) 對偶值爲切割時間 2 小時, 磨光時間 $\dfrac{2}{3}$ 小時。

(c) 第三型產品的機會損失爲

$$2\times2+2\times\frac{2}{3}-5=\frac{1}{3}$$

因此不宜生產。

(d) 設豪華型產品的利潤爲 f_1, 範圍 $4\leq f_1\leq8$。

13. 錦生公司製造兩型產品: 精美型與豪華型。每單位產品相關資料如下所示

	精　美　型	豪　華　型
機械時間（小時）	1	2.5
人工時間（小時）	4	3
售價（元）	30	39
單位成本（元）	26	27
最大銷售量（單位／日）	40	30

每日可用的機械時間爲85小時, 人工200小時, 公司的目標爲使利潤爲最大。

(a) 試問各型應生產多少單位才能達成公司目標?

(b) 若機械時間以比現值高 5 元的代價每天增多 1 小時, 試問是否值得增加?

(c) 在原本最佳解保持不變的條件之下，試問精美型產品的單位利潤的最大範圍爲何?

解: (a) 設精美型和豪華型的產量分別爲 x_1 和 x_2

則 $\text{Max } f = (30-26)x_1 + (39-27)x_2$

$$= 4x_1 + 12x_2$$

限制式　$x_1 + 2.5x_2 \leq 85$

$$4x_1 + 3x_2 \leq 200$$

$$x_1 \qquad \leq 40$$

$$x_2 \leq 30$$

$$x_1 \geq 0, \quad x_2 \geq 0$$

			4	12	0	0	0	0		
i	c_B	x_B	x_1	x_2	x_3	x_4	x_5	x_6	b_i	θ_i
1	0	x_3	1	2.5	1	0	0	0	85	34
2	0	x_4	4	3	0	1	0	0	200	66.6
3	0	x_5	1	0	0	0	1	0	40	—
4	0	x_6	0	1	0	0	0	1	30	30 →
		f_j	0	0	0	0	0	0	0	
		$c_j - f_j$	4	12	0	0	0	0		

↑

			4	12	0	0	0	0		
i	c_B	x_B	x_1	x_2	x_3	x_4	x_5	x_6	b_i	θ_i
1	0	x_3	1	0	1	0	0	-2.5	10	10
2	0	x_4	4	0	0	1	0	-3	110	27.5
3	0	x_5	1	0	0	0	1	0	40	40
4	12	x_2	0	1	0	0	0	1	30	
		f_j	0	12	0	0	0	12	360	
		$c_j - f_j$	4	0	0	0	0	-12		

↑

			4	12	0	0	0	0		
i	c_B	x_B	x_1	x_2	x_3	x_4	x_5	x_6	b_i	θ_i
1	4	x_1	1	0	1	0	0	-2.5	10	
2	0	x_4	0	0	-4	1	0	7	70	
3	0	x_5	0	0	-1	0	1	2.5	30	
4	12	x_2	0	1	0	0	0	1	30	
		f_j	4	12	4	0	0	2	400	
		c_j-f_j	0	0	-4	0	0	-2		

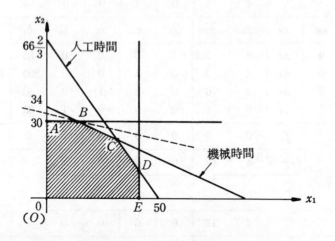

最佳解 $x_1=10$ 和 $x_2=30$, $f=400$

(b) 不值得，因為其對偶值只有 4 元。

(c) 設 f_1 表精美型的單位利潤，則 $0 \le f_1 \le 4.8$。

14. 嵐生公司生產 4 種產品，其中有 3 種資源的供應為有限。每單位產品的相關資料如下表所示

	產		品		每月可用量
	A	B	C	D	
包裝人工（小時）	2	5	—	—	8,000 小時
機械時間（小時）	4	1	—	—	4,000 小時
專技人工（小時）	—	—	3	4	6,000 小時
售價（元）	25	27	25	24	
單位成本（元）	22	18	20	16	

(a) 試以單形法決定各產品的產量，使利潤爲極大。

(b) 如果專技人工每小時工資爲 3 元，試問加班費至多爲若干，方値得雇用？

解：(a) 設 x_1, x_2, x_3, x_4 分別爲產品 A, B, C, D 的產量

則 Max $f = (25-22)x_1 + (27-18)x_2 + (25-20)x_3 + (24-16)x_4$

$\quad = 3x_1 + 9x_2 + 5x_3 + 8x_4$

限制式　$2x_1 + 5x_2 \leq 8,000$

$\qquad 4x_1 + x_2 \leq 4,000$

$\qquad 3x_3 + 4x_4 \leq 6,000$

$\qquad x_i \geq 0, \ i = 1, 2, 3, 4$

本題可分成如下二小題個別解決

(1) Max $f_1 = 3x_1 + 9x_2$

限制式　$2x_1 + 5x_2 \leq 8,000$

$\qquad 4x_1 + x_2 \leq 4,000$

$\qquad x_1 \geq 0, \ x_2 \geq 0$

(2) Max $f_2 = 5x_3 + 8x_4$

限制式　$3x_3 + 4x_4 \leq 6,000$

$\qquad x_3 \geq 0, \ x_4 \geq 0$

			3	9	5	8	0	0	0		
i	c_B	x_B	x_1	x_2	x_3	x_4	x_5	x_6	x_7	b_i	θ_i
1	0	x_5	2	5	0	0	1	0	0	8,000	1,600 →
2	0	x_6	4	1	0	0	0	1	0	4,000	4,000
3	0	x_7	0	0	3	4	0	0	1	6,000	
		f_j	0	0	0	0	0	0	0	0	
		c_j-f_j	3	9	5	8	0	0	0		

↑

			3	9	5	8	0	0	0		
i	c_B	x_B	x_1	x_2	x_3	x_4	x_5	x_6	x_7	b_i	θ_i
1	9	x_2	0.4	1	0	0	0.2	0	0	1,600	
2	0	x_6	3.6	0	0	0	−0.2	1	0	2,400	
3	0	x_7	0	0	3	4	0	0	1	6,000	1,500 →
		f_j	3.6	9	0	0	1.8	0	0	14,400	
		c_j-f_j	−0.6	0	5	8	−1.8	0	0		

↑

			3	9	5	8	0	0	0		
i	c_B	x_B	x_1	x_2	x_3	x_4	x_5	x_6	x_7	b_i	θ_i
1	9	x_2	0.4	1	0	0	0.2	0	0	1,600	
2	0	x_6	3.6	0	0	0	−0.2	1	0	2,400	
3	8	x_4	0	0	0.75	1	0	0	0.25	1,500	
		f_j	3.6	9	6	8	0	0	2	26,400	
		c_j-f_j	−0.6	0	−1	0	0	0	−2		

因此最大利潤 $f=26,400$ 元，最佳解為 $x_2=1,600$，$x_4=1,500$

(b) 由於專技人工的對偶值爲 2 ， 因此加班費不宜高於 $2+3=5$（元）。

15. 雲生公司目前製造 4 種產品，相關資料如下表所示

	產		品	
	A	B	C	D
目前產量	1,000	900	750	250
單位售價	40	38	53	32
單位成本	26	14	20	12
機械小時（一單位產品）	1	1	1.5	0.5
物料（一單位產品）	1.5	2.5	1	2

已知機械時間和物料爲目前有限且完全利用的物料，線性規劃研究顯現這兩者的對偶值分別爲 4 元和 9 元。

(a) 試決定產量最高時的利潤爲若干，並指出目前狀況下的機會損失，並決定新生產水準。

(b) 在其他資料不變的狀況下，不賺錢的產品的售價訂爲若干才會成爲值得生產?

解： (a) 現存計畫的機會損失的計算方式爲首先求出各產品的單位機會損失，然後乘以目前產量再加總。各產品的單位機會損失爲

產品 A：$1\times4+1.5\times9-(40-26)=3.5$

產品 B：$1\times4+2.5\times9-(38-14)=2.5$

產品 C：$1.5\times4+1\times9-(35-20)=0$

產品 D：$0.5\times4+2\times9-(32-12)=0$

因此總機會損失 $=3.5(1,000)+2.5(900)=5,750$，顯然，產品 A 與 B 應停產，而產品 C 與 D 繼續生產。爲了決定 C 與 D 的新生產水準，首先應得知機械與人工時間，由題意知這二項資源已完全利用。由此，機械時間爲

$$1(1,000)+1(900)+1.5(750)+0.5(250)=3,150$$

物料為

$$1.5(1,000)+2.5(900)+1(750)+2(250)=5,000$$

若 x_1, x_2 分別為 C 與 D 的產量

$$1.5\,x_1+0.5x_2=3,150$$

$$x_1+\quad 2x_2=5,000$$

解得 $x_1=1,520$, $x_2=1,740$

(b) 為了使不賺錢的產品值得生產，應使其機會損失為 0。因此 A 與 B 的售價應分別提高 3.5 元及 2.5 元。換句話說， A 與 B 的售價應分別為 43.5 元及 40.5 元。

16. 依據線性規劃基本定理，若一線性規劃或其對偶無可行點，則另一方必無解，試舉一例說明之。

解: 設一線性規劃問題

$$\text{Max } f=x_1+x_2 \qquad (1)$$

限制式 $\quad x_1-x_2\leq 1 \qquad (2)$

$$x_1+x_2\geq 4 \qquad (3)$$

$$x_1\geq 0, \ x_2\geq 0 \qquad (4)$$

首先將該問題改寫成其標準形式，(3) 式必須改寫

$$-x_1-x_2\leq -4 \qquad (5)$$

因此其對偶為

$$\text{Min } g=y_1-4y_2 \qquad (6)$$

$$y_1-y_2\geq 1$$

$$-y_1-y_2\geq 1 \qquad (7)$$

$$y_1\geq 0, \ y_2\geq 0y$$

然而對於非負 y_1, y_2,(7) 式不可能成立，因此極小化問題無可行解。因而極大化問題無最佳可行解。由右圖可知可行域無上界，意卽在滿足限制

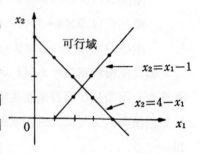

式時可不斷增大目標函數值。即無極大存在。

17. 德生公司製造 A 產品可採經由製程 1 或製程 2 方式,該產品需用兩種資源,
當製造一單位產品 A 時，經過單製程或二製程所需資源用量如下所示

製程 1	製程 2	
3	2	資源 Ⅰ
2	3	資源 Ⅱ

已知公司至多可以每單位 2 元的價格購買資源 Ⅰ 26 單位，以及至多用每單位 1 元的價格購買資源 Ⅱ 30 單位，所有其他的成本都固定不變。公司接到訂單訂貨11單位

(a) 試問應如何製造以使成本爲最低?

(b) 若資源 Ⅱ 的價格上昇至每單位 3 元，則應如何調整，以使成本爲最低?

(c) 若售價不變的狀況下，二資源都有28單位可用，則應如何配置生產，以使成本爲最低?

解: (a) 設 x_1, x_2 分別表製程 1 和 2 的產量

在製程 1 方面，生產 1 個產品的單位變動成本爲

$c_1 = 3 \times 2 + 2 \times 1 = 8$

在製程 2　$c_2 = 2 \times 2 + 3 \times 1 = 7$

Min $f_1 = 8x_1 + 7x_2$

$$3x_1 + 2x_2 \leq 26 \qquad (1)$$
$$2x_1 + 3x_2 \leq 30 \qquad (2)$$
$$x_1 + x_2 \geq 11 \qquad (3)$$
$$x_1, \ x_2 \geq 0$$

可行域爲 $\triangle ABC$，因爲本題爲求極小值，點離原點越近越好，因此只有 A 與 C 爲可能。

$A\ (3,8)$　$f_1 = 8(3) + 7(8) = 80$

$C\ (4,7)$　$f_1 = 8(4) + 7(7) = 81$

因此 $x_1 = 3$, $x_2 = 8$ 爲最佳解，成本爲80元。

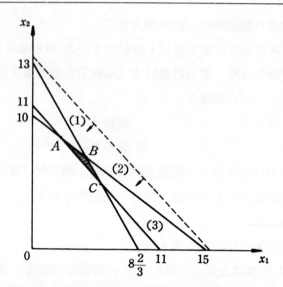

(b) 當資源 Ⅱ 的售價改變，則會影響單位成本

$c_1 = 3 \times 2 + 2 \times 3 = 12$

$c_2 = 2 \times 2 + 3 \times 3 = 13$

$\text{Min } f_2 = 12x_1 + 13x_2$

$$3x_1 + 2x_2 \leq 26$$

$$2x_1 + 3x_2 \leq 30$$

$$x_1 + x_2 \geq 11$$

$$x_1,\ x_2 \geq 0$$

$A\ (3,8)\quad f_2 = 12(3) + 13(8) = 36 + 104 = 140$

$C\ (4,7)\quad f_2 = 12(4) + 13(7) = 48 + 91 = 139$

因此 $x_1 = 4$，$x_2 = 7$ 為最佳解，成本為 139 元。

(c) 當二資源的供應量都改變，限制式為

$$3x_1 + 2x_2 \leq 28 \qquad (1)$$

$$2x_1 + 3x_2 \leq 28 \qquad (2)$$

$$x_1 + x_2 \geq 11 \qquad (3)$$

這時，顯然(3)式必須為等式，$x_2 = 11 - x_1$，代入(1)

$$3x_1 + 2(11 - x_1) \leq 28$$

即 $x_1 \leq 6$ 和 $x_2 \geq 5$

若代入(2),

$2x_1 + 3(11 - x_1) \leq 28$, 得 $x_1 \geq 5$ 和 $x_2 \leq 6$

由於想使$8x_1 + 7x_2$為極小, 因此應使x_2越大越好, 因此 $x_1 = 5, x_2 = 6$。

18. 丁一仁經營一家小規模的工程公司, 以1,500元的代價買了350個電路器。他想將這些用於獲利最大的應用上。他能製造的計有車用小型吸塵器(A), 豪華型家用吸塵器(C)以及標準型家用吸塵器(B)(都是每具用一個電路器)。

	產		品
	A	B	C
零件 (元)	15	60	80
裝配時間 (小時)	1	3	2
售價 (元)	45	110	120
最大需求	350	20	10

已知人工每小時 1 元, 固定可用裝備時間380小時

(a) 試構建線性規劃模式, 以協助丁先生獲至最高利潤。

(b) 若線性規劃的單形法表列最後結果如下所示

			30	50	40	0	0	0	0		
i	c_B	x_B	x_1	x_2	x_3	S_1	S_2	S_3	S_4	b_i	θ_i
1	30	x_1	1	0	$\frac{1}{2}$	$1\frac{1}{2}$	$-\frac{1}{2}$	0	0	335	
2	50	x_2	0	1	$\frac{1}{2}$	$-\frac{1}{2}$	$\frac{1}{2}$	0	0	15	
3	0	S_3	0	0	$-\frac{1}{2}$	$\frac{1}{2}$	$-\frac{1}{2}$	1	0	5	
4	0	S_4	0	0	1	0	0	0	1	10	
		f_j	30	50	40	20	10	0	0	10,800	
		$c_j - f_j$	0	0	0	-20	-10	0	0		

　　　　其中　x_1＝車用吸塵器的產量

　　　　　　　x_2＝標準型家用吸塵器的產量

　　　　　　　x_3＝豪華型家用吸塵器的產量

　　　　　　　S_1＝電路器未用個數

　　　　　　　S_2＝裝配時間未用小時數

　　　　　　　S_3＝標準型吸塵器未製數

　　　　　　　S_4＝豪華型吸塵器未製數

依據該表列，問丁先生該表列的意義？

(c) 若裝配工人願以加班費每小時 3 元的工資工作，試問是否值得雇用，以及最大可獲得利潤爲若干？

(d) 若有可能以每個電路器爲28元售出全部或部分電路器，以取代用來製造吸塵器，則線性規劃模式應如何決定？

解: (a) 設 x_1, x_2, x_3 分別表吸塵器 A, B, C 的產量

　　　　　　對 A 而言，單位淨利＝$45-15=30$

　　　　　　B 而言，單位淨利＝$110-60=50$

　　　　　　C 而言，單位淨利＝$120-80=40$

　　　因此線性規劃模式爲

　　　Max $f=30x_1+50x_2+40x_3$

　　　限制式　$x_1+\ x_2+\ x_3 \leq 350$ （電路器）

　　　　　　　$x_1+3x_2+2x_3 \leq 380$ （裝配時間）

　　　　　　　　　　　$x_2 \leq\ 20$ （銷售量）

　　　　　　　　　　　$x_3 \leq\ 10$ （銷售量）

　　　　　　　$x_1 \geq 0,\ x_2 \geq 0,\ x_3 \geq 0$

　　　標準型式爲

　　　Max $f=30x_1+50x_2+40x_3$

　　　　　　　$x_1+\ x_2+\ x_3+S_1=350$

　　　　　　　$x_1+3x_2+2x_3+S_2=380$

　　　　　　　$x_2\ \ \ \ \ +S_3=\ 20$

$$x_3 + S_4 = 10$$

$$x_1 \geq 0, \ x_2 \geq 0, \ x_3 \geq 0$$

$$S_1 \geq 0, \ S_2 \geq 0, \ S_3 \geq 0, \ S_4 \geq 0$$

(b) 由該最後表列可知該解並非唯一解，因為

$$x_1 = 335, \ x_2 = 15 \ 而 \ x_3 = 0$$

另解為讓 x_3 進入可行解，如下所示

			30	50	40	0	0	0	0		
i	c_B	x_B	x_1	x_2	x_3	S_1	S_2	S_3	S_4	b_i	θ_i
1	30	x_1	1	0	0	$1\frac{1}{2}$	$\frac{1}{2}$	0	$\frac{1}{2}$	330	
2	50	x_2	0	1	0	$\frac{1}{2}$	$\frac{1}{2}$	0	$\frac{1}{2}$	10	
3	0	S_3	0	0	0	$\frac{1}{2}$	$\frac{1}{2}$	1	$\frac{1}{2}$	10	
4	40	x_3	0	0	1	0	0	0	1	10	
		f_j	30	50	40	20	10	0	0	10,800	
		$c_j - f_j$	0	0	0	-20	-10	0	0		

$x_1 = 330, \ x_2 = 10, \ x_3 = 10$ 也是最佳解。

(c) 裝配時間的對偶值為 $S_2 = 10$，即有 10 小時可用，由於裝配人工的工資為固定，因此代表至多付加班費10元，其極端情形為 1 小時10元，由於工人所提為加班費 3 元，因此值得雇用。這時應將這項條件列入目標函數中，結果如下表列所示

			30	50	40	0	(3)	0	0		
i	c_B	x_B	x_1	x_2	x_3	S_1	S_2	S_3	S_4	b_i	θ_i
1	30	x_1	1	0	0	1	0	-1	-1	320	
2	50	x_2	0	1	0	0	0	1	0	20	
3	(3)	S_2	0	0	0	-1	1	-2	-1	-20	
4	40	x_3	0	0	1	0	0	0	1	10	
		f_j	30	50	40	27	3	14	7	10,940	
		$c_j - f_j$	0	0	0	-27	0	-14	-7		

即 $x_1=320$, $x_2=20$, $x_3=10$, 加班時間 $S_2=20$ 小時。
（請注意，原解 $S_2=10$ 的限制並非適用目前的狀況）

(d) 設 x_4 表電路器轉售個數，並以係數28加入目標函數中，然後進行線性規劃表列計算。另一較簡單的方法為由於 S_1 表未用的電路器，因此在 S_1 之前係數28加入目標函數。

			30	50	40	28	0	0	0		
i	c_B	x_B	x_1	x_2	x_3	S_1	S_2	S_3	S_4	b_i	θ_i
1	30	x_1	1	0	0	0	1	-3	-2	300	
2	50	x_2	0	1	0	0	0	1	0	20	
3	28	S_1	0	0	0	1	-1	2	1	20	
4	40	x_3	0	0	1	0	0	0	1	10	
		f_j	30	50	40	28	2	16	8	10,960	
		c_j-f_j	0	0	0	0	-2	-16	-8		

最佳解為 $x_1=300$, $x_2=20$, $x_3=10$ 及 $S_1=20$, 即有20個電路器轉售，最高利潤10,960元。

試利用 LINDO 報表回答下列問題

19. 農夫老丁在他的45英畝農地上種小麥和玉米兩種作物。他至多可售出 140 蒲耳 (bushel) 的小麥和 120蒲耳的玉米。已知每一英畝可生產 5 蒲耳的小麥或 4 蒲耳的玉米。小麥和玉米一蒲耳的價格分別為30元及50元。為了收成一英畝的小麥，需 6 小時人工，而一英畝玉米則費時為10小時人工。共有350小時人工可以每小時10元的工資得到。

設 $A_1=$ 種麥的英畝數

　　$A_2=$ 種玉米的英畝數

　　$L=$ 人工小時

則 Max $f=150A_1+200A_2-10L$

限制式　　$A_1+\ A_2\ \ \ \ \ \ \ \ \ \ \ \ \le45$

　　　　　$6A_1+10A_2-L\le0$

　　　　　　　　　　　$L\le350$

　　　$5A_1\ \ \ \ \ \ \ \ \ \ \ \ \ \ \le140$

　　　　　$4A_2\ \ \ \ \ \ \le120$

　　　$A_1,\ A_2,\ L\ge0$

MAX   150 A_1 + 200 A_2 − 10 L
SUBJECT TO
    2) A_1 + A_2 <=45
    3)   6 A_1 + 10 A_2 − L <=0
    4)   L <=350
    5)   5 A_1 <=140
    6)   4 A_2 <=120
END
LP OPTIMUM FOUND AT STEP   4
        OBJECTIVE FUNCTION VALUE
    1)   4250.00000

VARIABLE	VALUE	REDUCED COST
A_1	25.000000	.000000
A_2	20.000000	.000000
L	350.000000	.000000

ROW	SLACK OR SURPLUS	DUAL PRICES
2)	.000000	75.000000
3)	.000000	12.500000
4)	.000000	2.500000
5)	15.000000	.000000
6)	40.000000	.000000

NO. ITERATIONS=   4
RANGES IN WHICH THE BASIS IS UNCHANGED:

OBJ COEFFICIENT RANGES

VARIABLE	CURRENT COEF	ALLOWABLE INCREASE	ALLOWABLE DECREASE
A_1	150.000000	10.000000	30.000000
A_2	200.000000	50.000000	10.000000
L	−10.000000	INFINITY	2.500000

RIGHTHAND SIDE RANGES

ROW	CURRENT RHS	ALLOWABLE INCREASE	ALLOWABLE DECREASE
2	45.000000	1.200000	6.666667
3	.000000	40.000000	12.000000
4	350.000000	40.000000	12.000000
5	140.000000	INFINITY	15.000000
6	120.000000	INFINITY	40.000000

試回答下列問題

(a) 若老丁只有40英畝農地可供種植，則其利潤爲若干？

(b) 若小麥價格下跌爲每單位26元，則新最佳解爲何？

(c) 利用報表中 SLACK 部分的資料決定小麥出售的增大量和下降量，如果僅有130單位小麥可出售，則本題原答案會改變嗎？

(d) 老丁至多願爲額外增加1人工小時付出多少錢？

(e) 老丁至多願爲額外增加1英畝農地付出多少錢？

解：(a) 由於 AD=6.6667，因此 $\triangle b_1=5$ 在可允許範圍，原最佳解不變

4,250−5(75)=3,875

(b) 由於小麥價格的AD=30，因此下跌26元仍可允許

新最佳 f 值=130(25)+200(20)−10(350)=3,750

(c) AD=SLACK=15, AT=∞,130 蒲耳在允許範圍內，因此最佳解不變。

(d) 由限制式 $L \leq 300$ 的影子價格爲2.5，則增多1人工小時（在付10元爲這增加的1小時後），老丁的利潤增加2.5元，因此若老丁付 10+2.5=12.5 元爲額外1小時的工資，則他無利可圖，這表示老丁至多願付12.5元。

　　從另一觀點而言，限制式 $6A_1+10A_2-L \leq 0$ 的影子價格爲12.5,這意謂若 $6A_1+10A_2 \leq L$ 被 $6A_1+10A_2 \leq L+1$ 取代，則利潤增多 12.5 元，因此其額外1人工小時免費提供，則利潤增加12.5元。因此老丁至多願爲額外1小時人工付出12.5元。

(e) 若可多有1英畝農地，則利潤可增加75元，這包括取得農地成本爲0元。因此老丁至多願爲1英畝農地付75元。

20. 福生公司製造汽車與貨車。每輛汽車的淨利爲300元，而貨車的淨利爲400元，每生產一輛車的相關資料如下

	使用型1機械的天數	使用型2機械的天數	用鋼量（噸）
汽　車	0.8	0.6	2
貨　車	1	0.7	3

已知每天公司可租用至多98架型1機械（每架50元）。目前，公司本身有73架型2機械和260噸鋼料。行銷部門指出訂單至少有88輛汽車和至少26輛貨車。試問公司應如何決定各類車的產量和型1機械的租用量，以使獲利爲最大？

```
MAX        300 x₁ + 400 x₂ − 50 M₁
SUBJECT TO
        2)    0.8 x₁ +  x₂−M₁<=0
        3)    M₁     <=98
        4)    0.6 x₁ + 0.7 x₂ <=73
        5)       2x₁ + 3x₂     <=260
        6)        x₁ >=88
        7)        x₂ >=26
END
```

LP OPTIMUM FOUND AT STEP   1

OBJECTIVE FUNCTION VALUE

1)   32540.0000

VARIABLE	VALUE	REDUCED COST
x_1	88.000000	0.000000
x_2	27.599998	0.000000
M_1	98.000000	0.000000

ROW	SLACK OR SURPLUS	DUAL PRICES
2)	0.000000	400.000000
3)	0.000000	350.000000
4)	0.879999	0.000000
5)	1.200003	0.000000
6)	0.000000	−20.000000
7)	1.599999	0.000000

NO. ITERATIONS=   1

RANGES IN WHICH THE BASIS IS UNCHANGED

OBJ COEFFICIENT RANGES

VARIABLE	CURRENT COEF	ALLOWABLE INCREASE	ALLOWABLE DECREASE
x_1	300.000000	20.000000	INFINITY
x_2	400.000000	INFINITY	25.000000
M_1	−50.000000	INFINITY	350.000000

RIGHTHAND SIDE RANGES

ROW	CURRENT RHS	ALLOWABLE INCREASE	ALLOWABLE DECREASE
2	0.000000	0.400001	1.599999
3	98.000000	0.400001	1.599999
4	73.000000	INFINITY	0.879999
5	260.000000	INFINITY	1.200003
6	88.000000	1.999999	3.000008
7	26.000000	1.599999	INFINITY

(a) 若福生公司的汽車每輛淨利爲310元，則本題新最佳解爲何？

(b) 若福生公司必須至少產製86輛汽車，則公司利潤成爲多少？

解: (a) 由於 AI=20，題意中僅增加 10元，在可允許範圍內，因此最佳解不變。

新最佳 f 值＝原 f 值＋10(88)＝33,420元

(b) 相關影子價格爲－20元，若需求至多減少 3 輛，則現行最佳解不變。

新最佳 f 值＝32,540＋(－2)(－20)＝32,580元

21. 金生公司有 2 座工廠，該公司產製 3 種產品。各廠生產 1 單位產品的相關成本如表所示

	產品 1	產品 2	產品 3
1 廠	5元	6元	8元
2 廠	8元	7元	10元

各廠可生產總量爲 10,000 單位。已知公司必須至少生產產品 1 爲6,000單位，產品 2 爲8,000單位和產品 3 爲5,000單位，試問公司應如何決定，以使在最低成本滿足產量的要求？

設 x_{ij}＝在工廠 i 所製產品 j 的產量

$i=1,2, \quad j=1,2,3$

$\text{Min } f=5x_{11}+6x_{12}+8x_{13}+8x_{21}+7x_{22}+10x_{23}$

$$
\begin{aligned}
\text{限制式} \quad x_{11}+\ x_{12}+\ x_{13} &\leq 10,000 \\
x_{21}+x_{22}+x_{23} &\leq 10,000 \\
x_{11} \qquad\qquad +x_{21} \qquad &\geq\ 6,000 \\
x_{12} \qquad\qquad +x_{22} \quad &\geq\ 8,000 \\
x_{13} \qquad\qquad +x_{23} &\geq\ 5,000 \\
x_{ij} &\geq 0
\end{aligned}
$$

MIN　　　　$5 x_{11} + 6 x_{12} + 8 x_{13} + 8 x_{21} + 7 x_{22} + 10 x_{23}$
SUBJECT TO
　　　2)　　$x_{11} + x_{12} + x_{13} <= 10000$
　　　3)　　$x_{21} + x_{22} + x_{23} <= 10000$
　　　4)　　$x_{11} + x_{21} >= 6000$
　　　5)　　$x_{12} + x_{22} >= 8000$
　　　6)　　$x_{13} + x_{23} >= 5000$
END
LP OPTIMUM FOUND AT STEP　　　5
　　　　OBJECTIVE FUNCTION VALUE
　　　1)　　128000.000

VARIABLE	VALUE	REDUCED COST
x_{11}	6000.000000	.000000
x_{12}	.000000	1.000000
x_{13}	4000.000000	.000000
x_{21}	.000000	1.000000
x_{22}	8000.000000	.000000
x_{23}	1000.000000	.000000

ROW	SLACK OR SURPLUS	DUAL PRICES
2)	.000000	2.000000
3)	1000.000000	.000000
4)	.000000	−7.000000
5)	.000000	−7.000000
6)	.000000	−10.000000

NO. ITERATIONS=　　　5
RANGES IN WHICH THE BASIS IS UNCHANGED:

OBJ COEFFICIENT RANGES

VARIABLE	CURRENT COEF	ALLOWABLE INCREASE	ALLOWABLE DECREASE
x_{11}	5.000000	1.000000	7.000000
x_{12}	6.000000	INFINITY	1.000000
x_{13}	8.000000	1.000000	1.000000
x_{21}	8.000000	INFINITY	1.000000
x_{22}	7.000000	1.000000	7.000000
x_{23}	10.000000	1.000000	1.000000

RIGHTHAND SIDE RANGES

ROW	CURRENT RHS	ALLOWABLE INCREASE	ALLOWABLE DECREASE
2	10000.000000	1000.000000	1000.000000
3	10000.000000	INFINITY	1000.000000
4	6000.000000	1000.000000	1000.000000
5	8000.000000	1000.000000	8000.000000
6	5000.000000	1000.000000	1000.000000

試回答下列問題

(a) 爲了要使公司願意在 2 廠生產產品 1，則其成本應改爲若干?

(b) 若 1 廠有 9,000 單位的產能，則總成本爲若干?

(c) 若在 1 廠生產 1 單位產品 3 的成本爲 9 元，則新最佳解爲何?

解: (a) x_{12} 的 RC 值 = 1 因此若在 2 廠生產產品 1 的成本小於或等於

6 - 1 = 5 (元)，則在 2 廠生產。

(b) 影子價格爲 2 元，而 AD = 1,000，因此新最佳

f 值 = 128,000 - (-1,000) 2 = 130,000

(c) AI = 1 元，因此現行最佳解仍不變，新最佳

f 值 = 128,000 + 4,000(1) = 132,000

22. 漢生摩托車公司有 3 座工廠，每座工廠生產一輛車的相關資料如表所示

工　　廠	所需勞力（小時）	物　　料	生產成本
1　廠	20	5	50
2　廠	16	8	80
3　廠	10	7	100

假若每座工廠每週最大產能爲 750 輛。該公司的工人每週至多可工作 40 小時，每小時工資 12.5 元。公司共有工人 525 位和物料 9,400 單位，如果每週至少應產製 1,400 輛車，試問公司如何決定各廠每週產量，以使變動成本（工資 + 生產成本）爲最低?

MIN　　　　300 x_1 + 280 x_2 + 225 x_3
SUBJECT TO
2)　　20 x_1 + 16 x_2 + 10 x_3 <=21000
3)　　5 x_1 + 8 x_2 + 7 x_3 <=9400
4)　　x_1　　　　　　　　　　<=750
5)　　　　　x_2　　　　　　　<=750
6)　　　　　　　　x_3　　　　<=750
7)　　x_1 +　　x_2 +　　x_3 >=1400

END
LP OPTIMUM FOUND AT STEP   3
        OBJECTIVE FUNCTION VALUE
      1)   357750.000

VARIABLE	VALUE	REDUCED COST
x_1	350.000000	.000000
x_2	300.000000	.000000
x_3	750.000000	.000000

ROW	SLACK OR SURPLUS	DUAL PRICES
2)	1700.000000	.000000
3)	.000000	6.666668
4)	400.000000	.000000
5)	450.000000	.000000
6)	.000000	61.666660
7)	.000000	−333.333300

NO. ITERATIONS=   3
RANGES IN WHICH THE BASIS IS UNCHANGED:
        OBJ COEFFICIENT RANGES

VARIABLE	CURRENT COEF	ALLOWABLE INCREASE	ALLOWABLE DECREASE
x_1	300.000000	INFINITY	20.000000
x_2	280.000000	20.000010	92.499990
x_3	225.000000	61.666660	INFINITY

        RIGHTHAND SIDE RANGES

ROW	CURRENT RHS	ALLOWABLE INCREASE	ALLOWABLE DECREASE
2	21000.000000	INFINITY	1700.000000
3	9400.000000	1050.000000	900.000000
4	750.000000	INFINITY	400.000000
5	750.000000	INFINITY	450.000000
6	750.000000	450.000000	231.818200
7	1400.000000	63.750000	131.250000

試回答下列問題

(a) 若 1 廠的生產成本爲40元，則新最佳解爲何？

(b) 若 3 廠的產能提高100輛，則公司可節省多少錢？

(c) 若公司必須再多生產 1 輛車，則成本必須增加多少？

解: (a) 題意爲成本下降10元，而AD＝20，因此最佳解不變

新最佳 f 值＝357,750－10(350)＝354,250元

(b) 新最佳 f 值＝原最佳 f 值－100(61.667)

即節省6,167元。

(c) 影子價格為－333.33，因此若增產 1 輛摩托車將使成本增加333.33元。

23. 宏生電腦公司生產兩類電腦: PC 和 VAX，該公司有兩座工廠，分別在 N, L 兩地，若 N 廠的產能為800架電腦，L 廠產能為 1,000 架。每架電腦的相關資料如下

	N 廠		L 廠	
	PC	VAX	PC	VAX
淨利（元）	600	800	1,000	1,300
人工（小時）	2小時	2	3	4

已知公司共有4,000小時人工可用，及公司至多可售出900架 PC 和900架 VAX

設　$XNP=$ 在 N 地廠的 PC 產量

　　$XLP=$ 在 L 地廠的 PC 產量

　　$XNV=$ 在 N 地廠的 VAX 產量

　　$XLV=$ 在 L 地廠的 VAX 產量

試求應如何配置產量組合，以使獲利為最大？

利用 LINDO 得出報表，並回答下述各問題

(a) 若只有3,000小時人工可用，則產生的利潤為何?

(b) 若有一外包商願以5,000元的代價協助 N 地廠的產能增至850架，宏生公司應否答應?

(c) 試問生產 VAX 的利潤應增至多少，宏生公司才會願意在 L 廠生產 VAX?

(d) 宏生公司最多願為增多 1 小時人工付出多少錢?

解:

```
MAX        600 XNP + 1000 XLP + 800 XNV + 1300 XLV − 20 L
SUBJECT TO
        2)    2 XNP + 3 XLP + 2 XNV + 4 XLV − L<=0
        3)    XNP + XNV <=800
        4)    XLP + XLV <=1000
        5)    XNP + XLP <=900
        6)    XNV + XLV <=900
        7)    L <=4000
END
LP OPTIMUM FOUND AT STEP      3
        OBJECTIVE FUNCTION VALUE
        1)     1360000.00
```

VARIABLE	VALUE	REDUCED COST
XNP	.000000	200.000000
XLP	800.000000	.000000
XNV	800.000000	.000000
XLV	.000000	33.333370
L	4000.000000	.000000

ROW	SLACK OR SURPLUS	DUAL PRICES
2)	.000000	333.333300
3)	.000000	133.333300
4)	200.000000	.000000
5)	100.000000	.000000
6)	100.000000	.000000
7)	.000000	313.333300

```
NO. ITERATIONS=      3
RANGES IN WHICH THE BASIS IS UNCHANGED:
```

OBJ COEFFICIENT RANGES

VARIABLE	CURRENT COEF	ALLOWABLE INCREASE	ALLOWABLE DECREASE
XNP	600.000000	200.000000	INFINITY
XLP	1000.000000	200.000000	25.000030
XNV	800.000000	INEINITY	133.333300
XLV	1300.000000	33.333370	INFINITY
L	−20.000000	INFINITY	313.333300

RIGHTHAND SIDE RANGES

ROW	CURRENT RHS	ALLOWABLE INCREASE	ALLOWABLE DECREASE
2	.000000	300.000000	2400.000000
3	800.000000	100.000000	150.000000
4	1000.000000	INFINITY	200.000000
5	900.000000	INFINITY	100.000000
6	900.000000	INFINITY	100.000000
7	4000.000000	300.000000	2400.000000

(a) $1,360,000-1,000(313.333)=1,046,667$元

(b) 影子價格$=133.33$，增產50架則利潤增加 $50(133.33)>5,000$，因此產能應提高 $AI=100$，所以應答應。

(c) XLV 的 RC 值爲 33.33，因此如果 XLV 在 L 地廠的利潤上昇 33.33元，則可在L地生產 VAX。

(d) $313.33+20=333.33$

24. 玉生鋼鐵公司利用煤、鐵和勞力以產製三類的鋼品。每噸鋼相關的生產資訊及售價如下所示

	用　煤　量	用　鐵　量	勞　力	售　價
鋼　品　1	3	1	1	51
鋼　品　2	2	0	1	30
鋼　品　3	1	1	1	25

已知公司以每噸10元價格至多可購煤200噸

每噸8元價格至多可購鐵 60噸

每小時5元工資至多可得人工100小時

```
MAX        8 x₁ + 5 x₂ + 2 x₃
SUBJECT TO
      2)     3 x₁ + 2 x₂ + x₃ <=200
      3)      x₁  +     x₃      <=60
      4)      x₁  +  x₂ + x₃ <=100
END
LP OPTIMUM FOUND AT STEP      2
          OBJECTIVE FUNCTION VALUE
      1)    530.000000
VARIABLE          VALUE        REDUCED COST
      x₁       60.000000          .000000
      x₂       10.000000          .000000
      x₃         .000000         1.000000
      ROW    SLACK OR SURPLUS    DUAL PRICES
      2)         .000000         2.500000
```

3)	.000000	.500000
4)	30.000000	.000000

NO. ITERATIONS= 2

RANGES IN WHICH THE BASIS IS UNCHANGED:

OBJ COEFFICIENT RANGES

VARIABLE	CURRENT COEF	ALLOWABLE INCREASE	ALLOWABLE DECREASE
x_1	8.000000	INFINITY	.500000
x_2	5.000000	.333333	5.000000
x_3	2.000000	1.000000	INFINITY

RIGHTHAND SIDE RANGES

ROW	CURRENT RHS	ALLOWABLE INCREASE	ALLOWABLE DECREASE
2	200.000000	60.000000	20.000000
3	60.000000	6.666667	60.000000
4	100.000000	INFINITY	30.000000

試回答下列問題

（a）若公司僅能採購40噸鐵，試問利潤爲若干？

（b）鋼品3的每噸售價至少應爲若干才會讓公司願意生產該類鋼品？

（c）若鋼品1每噸售價55元，試求新的最佳解。

解: （a）新最佳 f 值＝$530-20(0.5)=520$

（b）鋼品3的RC值爲1元，因此若售價提高1元至26元則可生產。

（c）鋼品1的 AI＝∞，因此現行最佳解不變

新最佳 f 值＝$530+60(55-51)=770$

第八章　特殊形式的線性規劃問題

1. 試以最小成本法求下列問題的起始可行解，並與以 VAM 法求得的起始可行解。

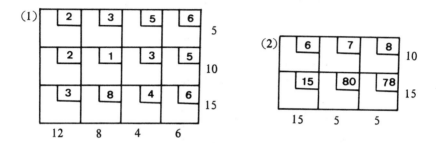

解：(1) 首先以最小成本法求起始可行解

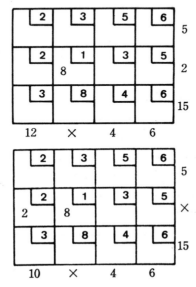

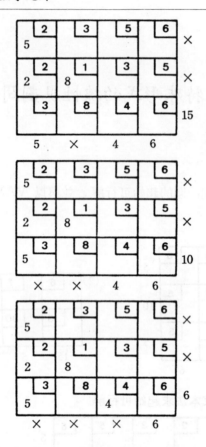

$$成本 = 2 \times 5 + 2 \times 2 + 3 \times 5 + 1 \times 8 + 4 \times 4 + 6 \times 6$$

$$= 89$$

其次改用 VAM 法求起始可行解

得相同起始解

(2) 首先用最小成本法

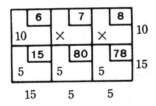

$$成本＝6×10＋15×5＋80×5＋78×5$$

$$＝925$$

其次用　VAM 法

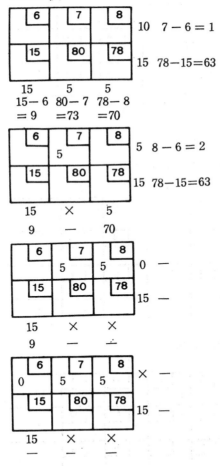

	6	7	8	
0		5	5	10
	15	80	78	
15				15
15	5	5		

$$成本＝7\times5+8\times5+15\times15=300$$

2. 達永公司有 3 家工廠及 4 個倉庫，已知由工廠運貨至倉庫的每單位成本，工廠產能及倉庫需求如下表所示

工廠 ＼ 倉庫	A	B	C	D	工廠產能
I	12	13	10	11	10
II	11	12	14	10	9
III	14	11	15	12	7
倉庫需求	6	5	7	8	26

試問應如何運送，使成本為最低？

解： (1) 由成本矩陣中每一數字減10

	A	B	C	D	
I	2	3	0	1	10
II	1	2	4	0	9
III	4	1	5	2	7
	6	5	7	8	26

(2) 利用西北角法指派

	A	B	C	D	
I	2 (6)	3 (4)	0	1	10
II	1	2 (1)	4 (7)	0 (1)	9
III	4	1	5	2 (7)	7
	6	5	7	8	26

這時的成本為＝2×6＋3×4＋2×1＋4×7＋2×7＝68

(3) 利用 UV 法查證是否可再達最佳解

	$v_1=2$	$v_2=3$	$v_3=5$	$v_4=1$	
$u_1=0$	− 2　6	+ 3　4	0	1	10
$u_2=-1$	1	− 2　1	4　7	+ 0　1	9
$u_3=1$	+ 4	1	5	− 2　7	7
	6	5	7	8	26

空　　格	u_i	v_j	c_{ij}	$\triangle f_{ij}$
(I, C)	0	2	0	− 2
(I, D)	0	1	1	0
(II, A)	− 1	2	1	0
(III, A)	1	2	4	1
(III, B)	1	3	1	− 3
(III, C)	1	5	5	− 1

由於 (III, A) 的 $\triangle f_{ij} > 0$，即目前的解並非最佳解

	$v_1=2$	$v_2=3$	$v_3=4$	$v_4=0$	
$u_1=0$	2　5	3　5	0	1	10
$u_2=0$	1	2	4　7	0　2	9
$u_3=2$	4　1	1	5	2　6	7
	6	5	7	8	26

空　　格	u_t	v_j	c_{ij}	$\triangle f_{ij}$
(I, C)	0	4	0	−4
(I, D)	0	0	1	1
(II, A)	0	2	1	−1
(II, B)	0	3	2	−1
(III, B)	2	3	1	−4
(III, C)	2	4	5	−1

							$v_1=3$	$v_2=3$	$v_3=5$	$v_4=1$	
− 2	3	0	+ 1				2	3	0	1	
5	5		5	10	$u_1=0$			5		5	10
1	2	4	0				1	2	4	0	
	7		2	9	$u_2=-1$				7	2	9
+ 4	1	5	− 2				4	1	5	2	
1			6	7	$u_3=1$		6	1			7
6	5	7	8	26			6	5	7	8	26

空　　格	u_t	v_j	c_{ij}	$\triangle f_{ij}$
(I, A)	0	3	2	−1
(I, C)	0	5	0	−5
(II, A)	−1	3	1	−1
(II, B)	−1	3	2	0
(III, B)	1	3	1	−3
(III, C)	1	5	5	−1

由於所有空格中的　$\triangle f_{ij} \geq 0$，得知已達最佳解

由 I 廠運送 5 單位至 B 倉庫

I	5	D
II	7	C
II	7	D
III	6	A
III	1	D

總運輸成本 $=3 \times 5+1 \times 5+4 \times 7+4 \times 6+2 \times 1=74$（天）

3. 達永公司接到 A, B, C, D，4種零件的訂單必須於某期間內交貨150件，公司有3架機械可生產這些零件，各機械生產1單位零件所需時間，以及零件需求量和機械產能如圖所示，試求最少時間的配置方式。

機械＼零件	A	B	C	D	產 能
a	5	9	×	4	28
b	6	10	3	×	32
c	4	2	5	7	60
需 求 量	48	29	40	33	120 / 150

解：由於零件需求量與機械產能不相等，因此必須增加一虛列

機械＼零件	A	B	C	D	產能
a	5	9	M	4	28
b	6	10	3	M	32
c	4	2	5	7	60
d	0	0	0	0	30
需求量	48	29	40	33	150

利用最小成本法決定初始解

機械＼零件	A	B	C	D	產能
a	5	9	M	4 (28)	28
b	6	10	3 (32)	M	32
c	4 (31)	2 (29)	5	7	60
d	0 (17)	0	0 (8)	0 (5)	30
需求量	48	29	40	33	150

其次利用 MODI 法查驗是否已達最佳解

	$v_1=4$	$v_2=2$	$v_3=4$	$v_4=4$	
$u_1=0$	5	9	M	4 28	28
$u_2=-1$	6	10	3 32	M	32
$u_3=0$	4 31	2 29	5	7	60·
$u_4=-4$	0 17	0	0 8	0 5	30
	48	29·	40	33	150

空　　　格	u_i	v_j	c_{ij}	$\triangle f_{ij}$
(a, A)	0	4	5	1
(a, B)	0	2	9	7
(a, C)	0	4	M	$M-4$
(b, A)	-1	4	6	3
(b, B)	-1	2	10	9
(b, D)	-1	4	M	$M-3$
(c, C)	0	4	5	1
(c, D)	0	4	7	3
(d, B)	-4	2	0	2

由於所有 $\triangle f_{ij} > 0$ ，因此可知已達最佳解

最佳配置爲機械 a 生產零件 D　28　單位

$\qquad\qquad\quad b\qquad\qquad C$　32

$\qquad\qquad\quad c\qquad\qquad A$　31

$\qquad\qquad\quad d\qquad\qquad B$　29

$\qquad\qquad\qquad\qquad\qquad\overline{\qquad\qquad}$

$\qquad\qquad\qquad\qquad\qquad$120

最少時間 $=4\times28+3\times32+4\times31+2\times29$

$\qquad\qquad = 390$

4. 已知達玲公司的 3 座工廠 I、II、III 以及 4 個倉庫的每日生產量（批）、需求量（批）以及由工廠至倉庫的運輸成本如下表所示

		倉		庫		生產量（批）
		A	B	C	D	
工廠	I	10	6	7	12	4
	II	16	10	5	9	9
	III	15	4	10	10	5
需要量（批）		5	3	4	6	18

試決定應如何運送，以使總運輸成本為最低？

解: 首先利用西北角法求出起始可行解

工廠＼倉庫	A	B	C	D	
I	10 / 4	6	7	12	4
II	16 / 1	10 / 3	5 / 4	9 / 1	9
III	15	4	10	10 / 5	5
	5	3	4	6	18

其次利用 MODI 法查驗是否已達最佳解

	$v_1 = 10$	$v_2 = 4$	$v_3 = -1$	$v_4 = 3$	
$u_1 = 0$	10 / 4	6	7	12	4
$u_2 = 6$	16 / 1	10 / 3	5 / 4	9 / 1	9
$u_3 = 7$	15	4	10	10 / 5	5
	5	3	4	6	18

空　　格	u_i	v_j	c_{ij}	$\triangle f_{ij}$
（Ⅰ，B）	0	4	6	2
（Ⅰ，C）	0	−1	7	8
（Ⅰ，D）	0	3	12	9
（Ⅱ，A）	7	10	15	−2
（Ⅱ，B）	7	4	4	−7
（Ⅱ，C）	7	−1	10	4

由於（Ⅲ，B）的 $\triangle f_{ij} < 0$ 的絕對值較大，因此先將該格引入可行解

工廠＼倉庫	A	B	C	D	
Ⅰ	10 4	6	7	12	4
Ⅱ	16 1	− 10 3	5 4	+ 9 1	9
Ⅲ	15 +	4	10	10 − 5	5
	5	3	4	6	18

得到新可行解

工廠＼倉庫	A	B	C	D	
Ⅰ	10 4	6	7	12	4
Ⅱ	16 1	10	5 4	9	9
Ⅲ	15	4 3	10	10 2	5
	5	3	4	6	18

	$v_1=10$	$v_2=-3$	$v_3=5$	$v_4=3$	
$u_1=0$	10 / 4	6	7	12	4
$u_2=6$	16 / 1	10	5 / 4	9 / 4	9
$u_3=7$	15	4 / 3	10	10 / 2	5
	5	3	4	6	18

空　　　格	u_i	v_j	c_{ij}	$\triangle f_{ij}$
(I,B)	0	-3	6	9
(I,C)	0	-1	7	8
(I,D)	0	3	12	9
(II,B)	6	-3	10	7
(III,A)	7	10	15	-2
(III,C)	7	-1	10	4

由於 (III,A) 的 $\triangle f_{ij}<0$，因此應將該空格引入可行解

	A	B	C	D	
I	10 / 4	6	7	12	4
II	− 16 / 1	10	+ 5 / 4	9 / 4	9
III	+ 15	4 / 3	10	− 10 / 2	5
	5	3	4	6	18

即應引入 1 於 (III,A)

	A	B	C	D	
I	10 4	6	7	12	4
II	16	10	5 4	9 5	9
III	15 1	4 3	10	10	5
	5	3	4	6	18

再次利用 MODI 法查驗，得知所有 $\triangle f_{ij} > 0$，因此已達最佳解。
因此應由

工廠 I 運送至倉庫	A		4批
II		C	4批
II		D	5批
III		A	1批
III		B	3批
III		D	1批
			18批

總運輸成本＝10×4＋5×4＋9×5＋15×1＋4×3＋10×1

＝142（元）

5. 試求下列二運輸問題的最低總運輸成本

(a)

工廠 ＼ 倉庫	1	2	3	
A	10	16	12	25
B	7	11	11	20
C	7	9	8	15
	20	27	13	

(b)

工廠 \ 門市	1	2	3	4	
A	18	16	8	13	100
B	14	14	6	10	125
C	20	15	17	15	70
D	8	12	19	11	80
	55	130	95	95	

解: (a) 首先用 VAM 法求起始可行解

	1	2	3	
A	10	16 / 12	12 / 13	25
B	7 / 20	11	11	20
C	7	9 / 15	8	15
	20	27	13	

上述起始可行解為一退化解,為了求其改進, 以達最佳解, 於$(A,1)$置一個 0, 然後利用 MODI 法

	$v_1=10$	$v_2=16$	$v_3=12$	
$u_1=0$	10 / 0	16 / 12	12 / 13	25
$u_2=-3$	7 / 20	11	11	20
$u_3=-7$	7	9 / 15	8	15
	20	27	13	

空　　　格	u_i	v_j	c_{ij}	$\triangle f_{ij}$
$(B,2)$	-3	16	11	-2
$(B,3)$	-3	12	11	2
$(C,1)$	-7	10	7	4
$(C,3)$	-7	12	8	3

由於 $(B,2)$ 的 $\triangle f_{ij}<0$，因此應將該格引入可行解

	1	2	3
A	+ 0　[10]	12　[16] −	[12]　13
B	20　[7] −	[11]　+	[11]
C	[7]	[9]　15	[8]

由於負號格中最小值爲12，因此應移12至 $(B,2)$

	1	2	3	
A	12　[10]	[16]	[12]　13	25
B	8　[7]	12　[11]	[11]	20
C	[7]	15　[9]	[8]	15
	20	27	13	

利用 MODI 法查證得知所有空格的 $\triangle f_{ij}>0$，所以已達最佳解

總運輸成本 $=10\times12+12\times13+7\times8+11\times12+9\times15$

$\qquad\qquad =599$（元）

(b) 首先利用 VAM 法求出起始可行解

	1	2	3	4	
A	18 ×	16 ×	8 95	13 5	100
B	14 ×	14 35	6 ×	10 90	125
C	20 ×	15 70	17 ×	15 ×	70
D	8 55	12 25	19 ×	11 ×	80
	55	130	95	95	375

其次利用 MODI 法查驗是否已達最佳解

	$v_1=13$	$v_2=17$	$v_3=8$	$v_4=13$	
$u_1=0$	18	16	8 95	13 5	100
$u_2=-3$	14	14 35	6	10 90	125
$u_3=-2$	20	15 70	17	15	70
$u_4=-5$	8 55	12 25	19	11	80
	55	130	95	95	375

空　　格	u_i	v_j	c_{ij}	$\triangle f_{ij}$
(A, 1)	0	13	18	5
(A, 2)	0	17	16	−1
(B, 1)	−3	13	14	4
(B, 3)	−3	8	6	1
(C, 1)	−2	13	20	19
(C, 3)	−2	8	17	11
(C, 4)	−2	13	15	4
(D, 3)	−5	8	19	16
(D, 4)	−5	13	11	3

由於 $(A, 2)$ 的 $\triangle f_{ij} < 0$ ，因此應將該格引入可行解

	1	2	3	4	
A	18	+16	8 − 95	13 5	100
B	14 − 35	14	6	+10 90	125
C	20	15 70	17	15	70
D	8 55	12 25	19	11	80
	55	130	95	95	375

由於二負號格中的最小值爲 5，因此將 5 置入 $(A, 2)$，新可行解如下

	1	2	3	4	
A	18	16 5	8 95	13	100
B	14	14 30	6	10 95	125
C	20	15 70	17	15	70
D	8 55	12 25	19	11	80
	55	130	95	95	

再利用 MODI 法查驗，得知所有空格的 $\triangle f_{ij} > 0$，因此已達最佳解

總運輸成本 $= 16 \times 5 + 8 \times 95 + 14 \times 30 + 10 \times 95 + 15 \times 70$

$$+ 8 \times 55 + 12 \times 25 = 4,000$$

6. 某大盤商有 3 家庫房，他的貨主要是供應 4 個零售商。庫房的存量及零售商需求量分別爲

庫房	存量（個）	零售商	需求量（個）
I	20	1	15
II	28	2	19
III	17	3	13
	65	4	18
			65

每單位貨由庫房運至零售商處的費用（元）如下表

庫房＼零售商	1	2	3	4
I	3	6	8	4
II	6	1	2	5
III	7	8	3	9

試問應如何運送方能使運輸成本為最低?

解: 首先針對下表採用 VAM 法求出起始可行解

倉庫房＼零售商	1	2	3	4	
I	3	6	8	4	20
II	6	1	2	5	28
III	7	8	3	9	17
	15	19	13	18	65

	1	2	3	4	
I	3	6 ✕	8	4	20
II	6	1 19	2	5	28
III	7	8 ✕	3	9	17
	15	19	13	18	65

	1	2	3	4	
I	3	6 ×	8 ×	4	20
II	6	1 19	2 ×	5	28
III	7	8 ×	3 13	9	17
	15	19	13	18	65

	1	2	3	4	
I	3 15	6 ×	8 ×	4 5	20
II	6 ×	1 19	2 ×	5 9	28
III	7 ×	8 ×	3 13	9 4	17
	15	19	13	18	

其次，再利用 MODI 法求取最佳解如下

u \ v	$v_1=3$	$v_2=0$	$v_3=2$	$v_4=4$	
$u_1=0$	3 15	6	8	4 5	20
$u_2=1$	6	1 19	2	5 9	28
$u_3=5$	7	8	3 13	9 4	17
	15	19	13	18	65

利用 $\triangle f_{ij}=c_{ij}-(u_i+v_j)$ 評估各空格

空　　　　格	u_i	v_j	c_{ij}	$\triangle f_{ij}$
（1，2）	0	0	6	＋ 6
（1，3）	0	－ 2	8	＋10
（2，1）	1	3	6	＋ 2
（2，3）	1	－ 2	2	＋ 3
（3，1）	5	3	7	－ 1
（3，2）	5	0	8	＋ 3

因此，應使（3，1）進入可行解，在閉合路徑中負號格的最小數值為4，所以有4單位移入（3，1）而進行一連串變動，以保持閉合路徑的平衡，結果如圖（g）所示

	1	2	3	4	
Ⅰ	3 ‖ 15 —	6	8	4 ‖ 5 ＋	20
Ⅱ	6	1 ‖ 19	2	5	28
Ⅲ	7 ‖ ＋	8	3 ‖ 13	9 ‖ 4 —	17
	15	19	13	18	65

再次進行 MODI 法

	$v_1=3$	$v_2=0$	$v_3=-1$	$v_4=4$	
$u_1=0$	3 ‖ 11	6	8	4 ‖ 9	20
$u_2=1$	6	1 ‖ 19	2	5 ‖ 9	28
$u_3=4$	7 ‖ 4	8	3 ‖ 13	9	17
	15	19	13	18	65

空　　格	u_i	v_j	c_{ij}	$\triangle f_{ij}$
（1，2）	0	0	6	＋6
（1，3）	0	－1	8	＋9
（2，1）	1	3	6	＋2
（2，3）	1	－1	2	＋2
（3，2）	4	0	8	＋4
（3，4）	4	4	9	＋1

由於所有 $\triangle f_{ij} > 0$ 因此可知可達最佳解

結論爲應由庫房 I 運送11個給零售商1，及9個給零售商4，由庫房 II 運送19個給零售商2及9個給零售商4，由庫房 III 運送4個給零售商1及13個給零售商3，其運輸總成本爲

$$3\times11+4\times9+1\times19+5\times9+7\times4+3\times13=200$$

7. 已知某運輸問題的基本資料如下所示:

	1	2	3	4	供應量
A	11	5	6	5	24
B	2	10	5	9	23
C	7	4	2	7	13
需求量	12	16	17	15	60

試求最低總成本的運送分配方式。

解: 首先利用 VAM 法求出起始可行解

	1	2	3	4	
A	11	5 9	6	5 15	24
B	2 12	10	5 11	9	23
C	7	4 7	2 6	7	13
	12	16	17	15	60

其次利用 MODI 法查證該解是否已是最佳解或必須改進

	1 $v_1=0$	2 $v_2=5$	3 $v_3=3$	4 $v_4=5$	
$u_1=0$ A	11	5 9	6	5 15	24
$u_2=2$ B	2 12	10	5 11	9	23
$u_3=-1$ C	7	4 7	2 6	7	13
	12	16	17	15	60

	u_i	v_j	c_{ij}	$\triangle f_{ij}$
$(A,1)$	0	0	11	+11
$(A,3)$	0	3	6	+ 3
$(B,2)$	2	5	10	+ 3
$(B,4)$	2	5	9	+ 2
$(C,1)$	−1	0	7	+ 8
$(C,4)$	−1	5	7	+ 3

由於所有空格的 $\triangle f_{ij}>0$，因此已達最佳解

所以，應由 A 運送 9 單位給 2

$$\begin{array}{ccc} A & 15 & 4 \\ B & 12 & 1 \\ B & 11 & 3 \\ C & 7 & 2 \\ C & 6 & 3 \end{array}$$

運輸總成本 $=5\times9+5\times15+2\times12+5\times11+4\times7+2\times6$

$\qquad\qquad\quad =239$

8. 旭昶百貨公司每年需要如下 5 類衣服（千件）的數量為

類　型	A	B	C	D	E
需要量（千件）	18	9	12	20	16

有 4 家廠商承諾供應這些貨品，各家的總量（5 類總和）如下：

廠　商	1	2	3	4
供應量（千件）	20	18	25	19

該公司估計由各廠商訂購所製各類每件的獲利（元）如下：

類型 廠商	A	B	C	D	E
1	2.0	1.9	2.3	1.5	3.2
2	1.8	1.9	2.1	1.6	2.8
3	2.5	2.4	2.2	1.7	3.6
4	2.2	1.4	2.1	1.8	2.8

(1) 試問應如何訂貨方為最佳？這種最佳配置是否為唯一？

(2) 假設該公司已與廠商 2 簽約採購 C 類衣服 8,000 件（這 8,000 件 C 類衣服包含於廠商 2 所能供應數量之內），試問至多可付廠商 2 多少錢，以便與其解除該約？

解: 本題為求極大的問題，因此 VAM 值為各行或列中二最大值之差，其起始可行解如下：

	$v_1=2.0$ A	$v_2=2.0$ B	$v_3=2.3$ C	$v_4=1.6$ D	$v_5=3.2$ E	$u_6=0$ F(虛行)	
$u_1=0$　1	− 2.0 8	1.9	2.3 12	1.5	+ 3.2 0	0	20
$u_2=0.0$　2	1.8	1.9	2.1	1.6 11	2.8	0 7	18
$u_3=0.4$　3	+ 2.5	2.4	2.2	1.7	− 3.6 16	0	25
$u_4=0.2$　4	2.2 10	1.4	2.1	1.8 9	2.8	0	19
	18	9	12	20	16	7	82

	A	B	C	D	E	F(虛行)	
1	2.0 ⎾⎺⎤ 8	1.9 ⎾⎺⎤	2.3 ⎾⎺⎤	1.5 ⎾⎺⎤	3.2 ⎾⎺⎤	0	20
2	1.8 ⎾⎺⎤	1.9 ⎾⎺⎤	2.1 ⎾⎺⎤	1.6 ⎾⎺⎤ 11	2.8 ⎾⎺⎤	0 7	18
3	2.5 ⎾⎺⎤	2.4 ⎾⎺⎤ 9	2.2 ⎾⎺⎤	1.7 ⎾⎺⎤ 16	3.6 ⎾⎺⎤	0	25
4	2.8 ⎾⎺⎤ 10	1.4 ⎾⎺⎤	2.1 ⎾⎺⎤	1.8 ⎾⎺⎤ 9	2.8 ⎾⎺⎤	0	19
	18	9	12	20	16	7	82

　　本解為一退化可行解，為了求最佳解，設（1，E）為 0 利用 MODI 法可得下圖

空　　　格	u_i	v_j	c_{ij}	$\triangle f_{ij}$
（1，B）	0	2	1.9	−0.1
（1，D）	0	1.6	1.5	−0.1
（1，F）	0	0	0	0
（2，A）	0	2	1.8	−0.2
（2，B）	0	2	1.9	−0.1
（2，C）	0	2.3	2.1	−0.2
（2，E）	0	3.2	2.8	−0.4
（3，A）	0.4	2	2.5	+0.1
（3，C）	0.4	2.3	2.2	−0.7
（3，D）	0.4	1.6	1.7	−0.3
（3，F）	0.4	0	0	−0.4
（4，B）	0.2	2	1.4	−0.8
（4，C）	0.2	2.3	2.1	−0.2
（4，E）	0.2	3.2	2.8	−0.6
（4，F）	0.2	0	0	−0.2

　　由於（3，A）的 $\triangle f_{3A} > 0$ ，即目前的解並非最佳解，由閉合路徑可得 8 移入（3，A），而得到最佳解（查證步驟請讀者自行計算）。

	$v_1=2.1$ A	$v_2=2.0$ B	$v_3=2.3$ C	$v_4=1.7$ D	$v_5=3.2$ E	$v_6=0.1$ F(虛行)	
$u_1=0$ 1	2.0	1.9	2.3 12	1.5	3.2 8	0	20
$u_2=-0.1$ 2	1.8	1.9	2.1	1.6 11	2.8	0 7	18
$u_3=0.4$ 3	2.5 8	2.4 9	2.2	1.7	3.6 8	0	25
$u_4=0.1$ 4	2.2 10	1.4	2.1	1.8 9	2.8	0	19
	18	9	12	20	16	7	82

$$總利潤 = 2.3 \times 12,000 + 3.2 \times 8,000 + 1.6 \times 11,000 + 2.5 \times 8,000$$
$$+ 2.4 \times 9,000 + 3.6 \times 8,000 + 2.2 \times 10,000 + 1.8 \times 9,000$$
$$= 179,400$$

然而本解並非唯一，因為空格（2，B）的$\triangle f = 0$，表示經過該格的閉合路徑也可得出相同的良好配置。

至於與廠商2訂購C類衣服8,000件，將會減少利潤$8,000 \times (2.1 - 2.3 - (-0.1)) = -800$元。換句話說，為了要保留這項約定，必須移8,000件至空格（2，C），因此，如果解約的支出低於800元，則值得去做。

9. 已知由倉庫 A,B,C 運送給顧客1,2,3,4的單位運輸成本（元）以及倉庫的庫存量以及顧客的需求量如下表所示：

顧客 倉庫	1	2	3	4	庫存量
A	7	8	11	10	30
B	10	12	5	4	45
C	6	10	11	9	35
需求量	20	28	17	33	98

(1) 試求 VAM 法的起始可行解的總運輸成本。

(2) 試求最佳解和總運輸成本。

(3) 試問要使由倉庫B運貨給顧客 1，則其單位運輸成本應降為若干？

(4) 假設倉庫 B 的存量及顧客 1 的需求量都同時增加 5 單位，為了滿足這個條件應多增加多少額外支出？這個解有何特色？

解：(1) 由於需求量比庫存量少，因此必須增加一虛行，並求出 VAM 法起始可行解

顧客 倉庫	1	2	3	4	5 虛行	
A	7 ×	8 28	11 ×	10 ×	0 2	30
B	10 ×	12 ×	5 17	4 18	0 10	45
C	6 20	10 ×	11 ×	9 15	0 ×	35
	20	28	17	33	12	110

總運輸成本 $= 8 \times 28 + 5 \times 17 + 4 \times 18 + 6 \times 20 + 9 \times 15 = 636$

(2) 利用 MODI 法查驗是否已達最佳解

	$v_1=1$	$v_2=8$	$v_3=5$	$v_4=4$	$v_5=0$	
$u_1=0$	7	8	11	10	0 2	30
$u_2=0$	10	12	5	4 18	0 10	45
$u_3=5$	6 20	11	10	9 15	0	35
	20	28	17		12	110

空　　格	u_t	v_j	c_{tj}	$\triangle f_{tj}$
$(A, 1)$	0	1	7	6
$(A, 3)$	0	5	11	6
$(A, 4)$	0	4	10	6
$(B, 1)$	0	1	10	9
$(B, 2)$	0	8	12	4
$(C, 2)$	5	8	10	2
$(C, 3)$	5	5	11	6
$(C, 5)$	5	0	0	−5

由於 (C,5) 的 $\triangle f_{ij} > 0$，因此應將該格引入可行解

	1	2	3	4	5	
A	7	8 / 28	11	10	0 / 2	30
B	10	12	5 + / 17	4 − / [18]	0 / 10	45
C	6 / 20	10	11 −	9 / 15	0 +	15
	20	28	17	33	12	110

由於負號格中最小的數為10，因此將10引入 (C,5)

	1	2	3	4	5	
A	7	8 / 28	11	10	0 / 2	30
B	10	1	5 / 17	4 / 28	0 / 0	45
C	6 / 20	10	11	9 / 5	10 / 10	15
	20	28	17	33	12	110

然後利用 MODI 法查驗是否已達最佳解

	$v_1 = 6$	$v_2 = 8$	$v_3 = 10$	$v_4 = 9$	$v_5 = 0$	
$u_1 = 0$	7	8 / 28	11	10	0 / 2	30
$u_2 = -5$	10	12	5 / 17	4 / 28	0	45
$u_3 = 0$	6 / 20	10	11	9 / 5	0 / 10	35
	20	28	17	33	12	

空　　　格	u_i	v_j	c_{ij}	$\triangle f_{ij}$
$(A,1)$	0	6	7	1
$(A,3)$	0	10	11	1
$(A,4)$	0	9	10	1
$(B,1)$	-5	6	10	9
$(B,2)$	-5	8	12	9
$(C,2)$	0	8	10	2
$(C,3)$	0	10	11	1
$(C,5)$	0	0	0	0

由於所有 $\triangle f_{ij} \geq 0$，因此已達可行解。

總運輸成本＝$8 \times 28 + 5 \times 17 + 4 \times 28 + 6 \times 20 + 9 \times 5 = 586$

(3) 在最佳解時 $(B,1)$ 的$\triangle f = -5 + 6 - 10 = -9$，為了使由$B$至 1 為可行，令$\triangle f = 0$，換句話說，其單位運輸成本必須由10元降為1元。

(4) 5 元，$u_i + v_j = -5 + 6 = 1$。為了求增加的總成本，每個增加 1 元，總成本等於 $1 \times 5 = 5$ 元，本解的特色為退化解。

10. 嵐玲便利商店每月需要如下 5 類不同的食品（打）

類　　別	A	B	C	D	E
個　　數	16	24	20	22	15

該店的食品來自 4 個供應商

供　應　商	1	2	3	4
最大供應量	24	30	23	25

每類食品的每打利潤如下:

供應商 \ 類別	A	B	C	D	E
1	20	15	23	25	13
2	19	12	25	27	21
3	17	13	22	21	18
4	22	12	27	23	18

(1) 試問應如何訂購才能使獲利為最大?

(2) 假設該店已向供應商1簽約每月購買E類食品7打,試問該店每月至多願出多少錢以求解約?

(3) 假若向供應商2和3的訂購量為固定,但是向供應商1和4的訂購量可變動(總和不變),這項彈性如何能最佳利用?

(4) 假設B類食品的需求量每月增加為30打,而僅有供應商2可增加供應量(至多為36打),則總利潤可增加多少?

解: (1) 首先畫出標準的格式

	A	B	C	D	E	F (虛行)	
1	20	15	23	25	13	0	24
2	19	12	25	27	21	0	30
3	17	13	22	21	18	0	23
4	22	12	27	23	18	0	25
	16	24	20	22	15	5	102

由於本題為求極大,因此用 VAM 法時應計算各行和各列最大二數的差額,並將數值配置給該行或列的最大成本格內

	A	B	C	D	E	F	
1	20 / 16	15 / 3	23 / ×	25 / ×	13 / ×	0 / 5	24
2	19 / ×	12 / ×	25 / ×	27 / 22	21 / 8	0 / ×	30
3	17 / ×	13 / 21	22 / ×	21 / ×	18 / 2	0 / ×	23
4	22 / ×	12 / ×	27 / 20	23 / 5	18 / ×	0 / ×	25
	16	24	20	22	15	5	102

然後利用 MODI 法查驗是否已達最佳解

	$v_1=20$	$v_2=15$	$v_3=29$	$v_4=26$	$v_5=20$	$v_6=0$	
$u_1=0$	20 / 16	15 / 3	23	25	13 / 5	0	24
$u_2=1$	19	12	25	27 / 22	21 / 8	0	30
$u_3=-2$	17	13 / 21	22	21	18 / 2	0	23
$u_4=-2$	22	12	27 / 20	23 / 5	18	0	25
	16	24	20	22	15	5	102

空　　　　格	u_i	v_j	c_{ij}	$\triangle f_{ij}$
(1 , C)	0	29	23	− 6
(1 , D)	0	26	25	− 1
(1 , E)	0	20	13	− 7
(2 , A)	1	20	19	− 2
(2 , B)	1	15	12	− 4
(2 , C)	1	29	25	− 5
(2 , F)	1	0	0	− 1
(3 , A)	− 2	20	17	− 1
(3 , C)	− 2	29	22	− 5
(3 , D)	− 2	26	21	− 3
(3 , F)	− 2	0	0	2
(4 , A)	− 2	20	22	0
(4 , B)	− 2	15	12	− 1
(4 , D)	− 2	26	23	− 1
(4 , F)	− 2	0	0	2

由於$(3,F)$及$(4,F)$的$\triangle f > 0$，因此可任選一個進入可行解，例如取$(3,F)$

	A	B	C	D	E	F	
1	20 16 +	15 3	23	25	13 −	0 5	24
2	19	12	25	27 22	21 8	0	30
3	17 − 21	13	22	21	18 2	0 +	23
4	22	12	27 20	23 5	18	0	25
	16	24	20	22	15	5	102

再次進行MODI法查驗是否已達最佳解，數次後成爲

	A	B	C	D	E	F	
1	20 16	15 8	23	25	13	0	24
2	19	12	25	27 22	21 8	0	30
3	17	13 16	22	21	18 2	0 5	23
4	22	12	27 20	23 5	18	0	25
	16	24	20	22	15	5	

然後再以 MODI 法查驗，得知已達最佳解

	A	B	C	D	E	F	
1	20 11	15 13	23	25	13	0	24
2	19	12	25	27 22	21 8	0	30
3	17	13 11	22	21	18 7	0 5	23
4	22 5	12 20	27	23	18	0	25
	16	24	20	22	15	5	

	$v_1=20$ A	$v_2=15$ B	$v_3=25$ C	$v_4=26$ D	$v_5=20$ E	$v_6=2$ F	
$u_1=0;\ 1$	$\boxed{20}$ 11	$\boxed{15}$ 13	$\boxed{23}$	$\boxed{25}$	$\boxed{13}$	$\boxed{0}$	24
$u_2=1;\ 2$	$\boxed{19}$	$\boxed{12}$	$\boxed{25}$	$\boxed{27}$ 22	$\boxed{21}$ 8	$\boxed{0}$	30
$u_3=-2;3$	$\boxed{17}$	$\boxed{13}$ 11	$\boxed{22}$	$\boxed{21}$	$\boxed{18}$ 7	$\boxed{0}$ 5	23
$u_4=+2;4$	$\boxed{22}$ 5	$\boxed{12}$	$\boxed{27}$ 20	$\boxed{23}$	$\boxed{18}$	$\boxed{0}$	25
	16	24	20	22	15	5	

供應商 1 運送11打 A 類食品

供應商 1 運送13打 B 食品類

供應商 2 運送22打 D 類食品

供應商 2 運送 8打 E 類食品

供應商 3 運送11打 B 類食品

供應商 3 運送 7打 E 類食品

供應商 4 運送 5打 A 類食品

供應商 4 運送20打 C 類食品

其中供應商 3 有 5 打的產能未用，即僅用了18打的產能。

最大利潤＝$20\times11+15\times13+27\times22+21\times8$

$\qquad\qquad +13\times11+18\times7+22\times5+27\times20$

$\qquad =2{,}096$（元）

(2) 簽約為每月由供應商 1 供應 E 類食品 7 打，每打利潤為 $13-0-20=-7$（元），即共減少49元，因此該店至多每月願付49元，以便取消該約。

(3) 彈性做法為多由供應商 4 而少由供應商 1 取貨。

(4) 96元。

11. 福生公司的管理部門因業務需要而計畫擴編，預定增加11人，其專長要求及支付月薪如下：

專　　　　長	人　數	月　　　薪	
會　　　　計	2	50,000	
資　訊　處　理	3	47,000	以上
一般管理實務	6	44,000	以上

公司願支付錄用者的月薪為錄用者月薪津及所擔任職位支薪的較高者，現有14位申請人都有管理實務經驗，此外其專長及月薪分布如下：

專　　　　長	人　數	現　　　薪
會計及資訊 B	2	48,000
會　　計　A	4	46,000
資　　訊　D	5	45,000
無上述專長 G	3	42,000

上級要求管理部主管針對於這11位增加的人員部分提出一份每月增支的金額預估報告，試利用「來源」和「目的地」的方式用運輸問題方法決定一份合理的預估報告。若最佳解並非唯一，列出所有其他可能的答案。

解：依據題意將問題改寫為運輸問題的標準格式，由於申請人數多於公司所需人數，因此有一虛行。其中「運輸成本」為二相關薪水中的較大值，M表極大值。

錄用＼申請	A	D	G	虛行	申請人數
B	50	48	48	0	2
A	50	M	46	0	4
D	M	47	45	0	5
G	M	M	44	0	3
錄用人數	2	3	6	3	14

利用 VAM 法及 MODI 法終於可得如下最佳解

申請＼錄用	$v_1=50$ A	$v_2=48$ D	$v_3=46$ G	$v_4=0$ 虛行	
$u_1=0; B$	50 *	48 *	48	0 2	2
$u_2=0; A$	50 2	M 1	46 1	0 1	4
$u_3=-1; D$	M	47 3	45 2	0	5
$u_4=-2; G$	M	M	44 3	0	3
	2	3	6	3	

總支出 $= 50 \times 2 + 46 \times 1 + 47 \times 3 + 45 \times 2 + 44 \times 3 = 509$（千元）

其中 $\triangle f = 0$ 的空格以*表示，本解並非唯一。其他的可能解如下分布：

	A	D	G	
B	2	0	0	0
A	0	0	1	3
D	0	3	2	0
G	0	0	3	0

	A	D	G	
	0	1	0	1
	2	0	0	3
	0	2	3	0
	0	0	3	0

	A	D	G	
	1	1	0	0
	1	0	0	3
	0	2	3	0
	0	0	3	0

　　在上述答案中並未告訴我們那個申請者得到那一職位，例如只是指出兼具會計和資訊處理的 2 人及有會計專長的 4 人中有 2 人得到錄用，等等。

12. 大生公司有 4 座工廠和 4 個門市部，門市與工廠並不在一起，單位運輸成本及其他相關資訊如下所示：

工廠 \ 門市	1	2	3	4	工廠產能（個）	原料	勞力及間接成本
A	10	14	7	10	140	4	6
B	8	12	5	10	100	5	8
C	3	7	11	8	150	4	9
D	9	12	6	13	160	3	8
需求量（個）	80	120	130	110	550 / 440		
單位售價（元）	26	32	30	25			

試求一使公司的利潤爲極大的計畫，並計畫其最大利潤值。

解：本題爲一求極大的問題，其中利潤的計算方式爲售價－運輸成本－原料成本－勞力及間接成本，由於產能比需求量爲高，因此有一虛行。首先將本題依題意改寫成標準運輸問題的格式。

工廠 \ 門市	1	2	3	4	5	
A	6	8	13	5	0	140
B	5	7	12	2	0	100
C	10	12	6	4	0	150
D	6	9	13	1	0	160
	80	120	130	110	110	550

利用 VAM 法及 MODI 法求極大，最終可得如下解

	$v_1=7$ 1	$v_2=9$ 2	$v_3=13$ 3	$v_4=5$ 4	$v_5=0$ 虛行	
$u_1=0;A$	6	8	13 / 30	5 / 110	0	140
$u_2=0;B$	5	7	12	2 / 100	0	100
$u_3=3;C$	10 / 80	12 / 70	6	4	0	150
$u_4=0;D$	6	9 / 50	13 / 100	1	0 / 10	160
	80	120	130	110	110	

空　　格	u_i	v_j	c_{ij}	$\triangle f_{ij}$
$(A,1)$	0	7	6	-1
$(A,2)$	0	9	8	-1
$(A,5)$	0	0	0	0
$(B,1)$	0	7	5	-2
$(B,2)$	0	9	7	-2
$(B,3)$	0	13	12	-1
$(B,4)$	0	5	2	-3
$(C,3)$	3	13	6	-10
$(C,4)$	3	5	4	-4
$(C,5)$	3	0	0	-3
$(D,1)$	0	7	6	-1
$(D,4)$	0	5	1	-4

由於 $(A,5)$ 的 $\triangle f=0$，因此最佳解非唯一。

總利潤$=13\times30+5\times110+10\times80+12\times70+9\times50+13\times100$

$=4,330$（元）

13. 天生製造公司有 2 家工廠，分別座落在甲、乙二地，甲廠每天至多可生產產品150架，乙廠每天至多可生產產品200架。完成品必須空運送交在戊及己二地的客戶，各地顧客每天需要 130 架產品，由於空運費折扣的規定，該公司認為將部分產品先運經丙地或丁地而後轉抵終點比較合算。空運一產品的成本如下表所示，天生公司應如何運送以使總運輸成本為最低？

至\由	供　應　點		轉　運　點		終	點
	甲	乙	丙	丁	戊	己
甲	$0	—	$8	$13	$25	$28
乙	—	$0	$15	$12	$26	$25
丙	—	—	$0	$6	$16	$17
丁	—	—	$6	$0	$14	$16
戊	—	—	—	—	$0	—
己	—	—	—	—	—	$0

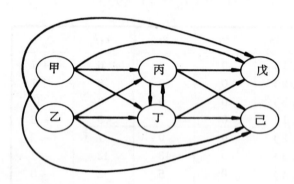

轉運問題示意圖

解:

至\由	丙	丁	戊	己	虛行	供應量
甲	8 130	13	25	28	0 20	150
乙	15	12	26	25 130	0 70	200
丙	0 220	6 130	16	17	0	350
丁	6	0 350	14	16	0	350
需求量	350	350	130	130	90	

本題的最佳解如上所示，即甲地生產 130 單位，經丙地再運至目的地戊。乙地生產130單位，直接運至己地，這種方式最爲省錢。

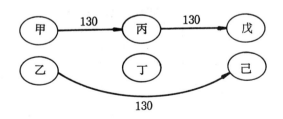

·本題最佳運送策略

總運輸成本＝8×130＋25×130＋16×130＝6,370（元）

14. 早先在第五章中曾提及下題:

金生貿易公司有 2 座倉庫 W_1, W_2 和 3 家門市部 O_1, O_2 和 O_3，由倉庫至門市部的單位運輸成本如下表所示:

至 由	O_1	O_2	O_3	供應量
W_1	3	5	3	12
W_2	2	7	1	8
需求量	8	7	5	

假若倉庫的每日供應量和需求量如表所示，試問應如何運送能使運輸成本爲最低？（利用運輸問題解法）

解: 首先寫成運輸問題的標準格式

3	5	3	12
2	7	1	8
8	7	5	20

然後利用最小成本法求出起始可行解

	$v_1=3$	$v_2=5$	$v_3=2$	
$u_1=0$	3 5	5 7	3 ×	12
$u_2=-1$	2 3	7 ×	1 5	8
	8	7	5	20

再用 MODI 法查驗是否已達最佳解

空　　　格	u_i	v_j	c_{ij}	$\triangle f_{ij}$
(1,3)	0	2	3	1
(2,2)	-1	5	7	3

由於 $\triangle f_{ij} > 0$，因此得到已達最佳解。

總成本$=3\times5+5\times7+2\times3+1\times5=61$元

15. 下圖為將 5 個工作指派給 5 架機械的相對成本，由於有些機械無法執行某些工作，因此設其相對成本為 M（即一個很大的數值），試求最低成本指派方式。

	A	B	C	D	E
a	5	4	2	1	M
b	6	4	M	3	2
c	4	8	M	6	7
d	3	2	4	2	2
e	2	1	1	3	5

解：(1) 對每一列減去該列最小數

工作 \ 機械	A	B	C	D	E	
a	5	4	2	1	M	-1
b	6	4	M	3	2	-2
c	4	8	M	6	7	-4
d	3	2	4	2	2	-2
e	2	1	1	3	5	-1

得到上表，試以最少直線數蓋住所有零，如下表:

	A	B	C	D	E
a	4	3	1	0	M
b	4	2	M	1	0
c	0	4	M	2	3
d	1	0	2	0	0
e	1	0	0	2	4

由於必須用 5 條直線，因此為最佳解

	A	B	C	D	E
a	4	3	1	0*	M
b	4	2	M	1	0*
c	0*	4	M	2	3
d	1	0*	2	0	0
e	1	0	0*	2	4

即最佳指派為

aD, bE, cA, dB, eC; 成本$=1+2+4+2+1=10$

16. 假設某一指派問題的成本矩陣為

$$\begin{bmatrix} 1 & 7 & 8 & 2 & 6 \\ 1 & 6 & 1 & 4 & 8 \\ 7 & 2 & 4 & 9 & 10 \\ 8 & 11 & 5 & 2 & 3 \\ 4 & 4 & 1 & 2 & 4 \end{bmatrix}$$

試決定其成本最低的指派。

解: 將各行中各數減去該行中最小數值

$$\begin{bmatrix} 1 & 7 & 8 & 2 & 6 \\ 1 & 6 & 1 & 4 & 8 \\ 7 & 2 & 4 & 9 & 10 \\ 8 & 11 & 5 & 2 & 3 \\ 4 & 4 & 1 & 2 & 4 \end{bmatrix} \qquad \begin{bmatrix} \boxed{0} & 5 & 7 & 0 & 3 \\ 0 & 4 & \boxed{0} & 2 & 5 \\ 6 & \boxed{0} & 3 & 7 & 7 \\ 7 & 9 & 4 & 0 & \boxed{0} \\ 3 & 2 & 0 & \boxed{0} & 1 \end{bmatrix}$$
$$-1 \quad -2 \quad -1 \quad -2 \quad -3$$

注意: 此成本矩陣中的元素皆不為負，且含某些零元素。由此成本矩陣，找到一個完全由零元素組成的分配，例如

$$\begin{bmatrix} \boxed{0} & 5 & 7 & 0 & 3 \\ 0 & 4 & \boxed{0} & 2 & 5 \\ 6 & \boxed{0} & 3 & 7 & 7 \\ 7 & 9 & 4 & 0 & \boxed{0} \\ 3 & 2 & 0 & \boxed{0} & 1 \end{bmatrix}$$

17. 達生機器工廠購入 3 架不同的機器，在廠中有 4 處可以安置這些機器的所在，各處對該機器的需要因其離某工廠中心的遠近而異，在各處的不同機器其單位時間內所需的原料運輸成本估計如下表:

表 1

安裝位置 機器	1	2	3	4
A	13	10	12	11
B	15	X	13	20
C	5	7	10	6

試問應如何將機器安置於最合適的場所,以使原料運送的總成本最低?

解: 首先設立一虛構的機器以安裝在多餘的一位置上,再設B機器安裝在第二位置將發生絕大成本M,以使最適解中不包括該項分配,其修正後的成本表如下:

表 2

安裝位置 機器	1	2	3	4
A	13	10	12	11
B	15	M	13	20
C	5	7	10	6
(D)	0	0	0	0

上表在形式上,已是行列數目相等,卽可依照平衡狀況求解。方法爲先自各行減去其最小數,再自各列減去其最小數,在理論上言,固不必拘泥,先行後列固可,先列後行也無不可,且只減其列(或行),如零號已數應用,卽不必再減其行(或列),茲就表2先按各列減除其最小數如下:

表 3

安裝位置 機器	1	2	3	4
A	3	〔0〕	2	1
B	2	M-	〔0〕	7
C	〔0〕	2	5	1
(D)	0	0	0	〔0〕

表3已爲最佳解，即機器A安裝於位置2，機器B安裝於位置3，機器C安置於位置1，機器D則閒置。

18. 文生建設公司擁有4部分置在不同地點的堆土機。現欲將此4部堆土機運送到4處工地，堆土機到工地的距離如下表所示（以哩計）。試問此4部堆土機應如何分派到4處工地，才能使總運送距離爲最小？

工地 堆土機	1	2	3	4
1	90	75	75	80
2	35	85	55	65
3	125	95	90	105
4	45	110	95	115

解: 應用匈牙利法解本題的成本矩陣

$$A=\begin{pmatrix} 90 & 75 & 75 & 80 \\ 35 & 85 & 55 & 65 \\ 125 & 95 & 90 & 105 \\ 45 & 110 & 95 & 115 \end{pmatrix}$$

步驟1： 將上述矩陣A的第一行減75，第二行減35，第三行減90，第四行減45，則得矩陣B。

$$B=\begin{pmatrix} 15 & 0 & 0 & 5 \\ 0 & 50 & 20 & 30 \\ 35 & 5 & 0 & 15 \\ 0 & 65 & 50 & 70 \end{pmatrix}$$

步驟2： 矩陣 B 的前三列皆已包含零元素，因此，只需將第四列減5卽可。其結果爲矩陣C。

$$C=\begin{pmatrix} 15 & 0 & 0 & 0 \\ 0 & 50 & 20 & 25 \\ 35 & 5 & 0 & 10 \\ 0 & 65 & 50 & 65 \end{pmatrix}$$

步驟 3： 使用最少垂直線與水平線蓋上矩陣 C 中的零元素。 其蓋上方法
為，先用一條直線試着看，然後用兩條，最後用三條。此處的蓋
上法並不是唯一的。

步驟 4： 因步驟 3 所用的最少直線數為 3，小於 4，故尚無法得到一個零
最適分配。

步驟 5： 將每一未被蓋上的元素減去20〔矩陣C中未被蓋上的最小元素〕，
並對同時被兩直線蓋上的元素加20。結果為矩陣D。

$$D = \begin{pmatrix} 35 & 0 & 0 & 0 \\ 0 & 30 & 0 & 5 \\ 55 & 5 & 0 & 10 \\ 0 & 45 & 30 & 45 \end{pmatrix}$$

步驟 6： 使用最少垂直線與水平線蓋上矩陣D中的零元素。

步驟 7： 因最小直線數仍為 3，故尚無法得到一個零最適分配。

步驟 8： 將每一個未被蓋上的元素減去 5〔矩陣 D 中未被蓋上的最小元
素〕，並對同時被兩直線蓋上的元素加 5。結果為矩陣E。

$$E = \begin{pmatrix} 40 & 0 & 5 & 0 \\ 0 & 25 & 0 & 0 \\ 55 & 0 & 0 & 5 \\ 0 & 40 & 30 & 40 \end{pmatrix}$$

步驟 9： 使用最少垂直線與水平線蓋上矩陣E中的零元素。

步驟10： 由於矩陣E中的零元素無法用少於四條的直線完全蓋上，故矩陣
E必包含一個零最適分配。

利用試誤法，可得矩陣E中兩個零最適分配:

$$F_1 = \begin{pmatrix} 40 & 0 & 5 & \boxed{0} \\ 0 & 25 & \boxed{0} & 0 \\ 55 & \boxed{0} & 0 & 5 \\ \boxed{0} & 40 & 30 & 40 \end{pmatrix}, \quad F_2 = \begin{pmatrix} 40 & \boxed{0} & 5 & 0 \\ 0 & 25 & 0 & \boxed{0} \\ 55 & 0 & \boxed{0} & 5 \\ \boxed{0} & 40 & 30 & 40 \end{pmatrix}$$

(a)　　　　　　　　　　(b)

分配 (a)，導致下列的分配結果：

堆土機 1 運送到工地 4

堆土機 2 運送到工地 3

堆土機 3 運送到工地 2

堆土機 4 運送到工地 1

由上表可知，分配 (a) 對應的最小運送距離為

80＋55＋95＋45＝275　哩

同樣，分配 (b)，導致下列的另一解答：

堆土機 1 運送到工地 2

堆土機 2 運送到工地 4

堆土機 3 運送到工地 3

堆土機 4 運送到工地 1

其最小運送距離也是

75＋65＋90＋45＝275　哩

19. 生生婚姻介紹所接受互不相干的 5 男 4 女的委託，替他們覓尋終生伴侶。為謀求最大的成功率，該代理人預先替此 5 男 4 女進行配對，並依彼此相配的程度，分別給予 0 到 10 分。其中 0 分表示極不相配，10 分表示極為相配。此代理人所作的配對表如下表所示：

準新娘＼準新郎	小 趙	小 錢	小 孫	小 李	小 周
阿　美	7	4	7	3	10
阿　香	5	9	3	8	7
阿　芳	3	5	6	2	9
阿　媛	6	5	0	4	8

試問：此代理人應如何為其顧客配對，始能得到配對分數和為最大？

解：由於男比女多 1 人，故 5 男之中，勢必有 1 人會落配。因此，本問題的成本矩陣不是方陣，也無法直接應用匈牙利法。為要求解本題，另

引入 1 位「虛擬」新娘，她與 3 位準新郎的配對分數皆為 0。假若最後有某位準新郎與此位虛擬新娘配成對，則表示該準新郎是不幸落配的 1 位。依此假設，在表 1 加入一零行，因此可得以下的成本方陣

$$A = \begin{bmatrix} 7 & 4 & 7 & 3 & 10 \\ 5 & 9 & 3 & 8 & 7 \\ 3 & 5 & 6 & 2 & 9 \\ 6 & 5 & 0 & 4 & 8 \\ 0 & 0 & 0 & 0 & 0 \end{bmatrix}$$

如題意所示，本題是求和的最大值。但為適用匈牙利法，將矩陣 A 中各元素皆乘上 -1，並將其變換為求和的最小值問題。新問題的成本矩陣為

$$B = \begin{bmatrix} -7 & -4 & -7 & -3 & -10 \\ -5 & -9 & -3 & -8 & 7 \\ -3 & -5 & -6 & -2 & -9 \\ -6 & -5 & 0 & -4 & -8 \\ 0 & 0 & 0 & 0 & 0 \end{bmatrix}$$

現用匈牙利法，用矩陣 B 求解一最適分配。

步驟 1：將矩陣 B 中的第一行減 -10，第二行減 -9，第三行減 -9，第四行減 -8。其結果為矩陣 C。

$$C = \begin{bmatrix} 3 & 6 & 3 & 7 & 0 \\ 4 & 0 & 6 & 1 & 2 \\ 6 & 4 & 3 & 7 & 0 \\ 2 & 3 & 8 & 4 & 0 \\ 0 & 0 & 0 & 0 & 0 \end{bmatrix}$$

步驟 2：用最少垂直線與水平線蓋上矩陣 C 中的零元素。

步驟 3：因步驟 2 所用的最少直線數為 3，小於 5，故尚無法得到一個零最適分配。

步驟 4：將每一個未被蓋上元素減去 2〔矩陣 C 中未被蓋上的最小元素〕，

且對同時被兩直線蓋上的元素加 2 。其結果爲矩陣 D 。

$$D = \begin{pmatrix} 1 & 4 & 1 & 5 & 0 \\ 4 & 0 & 6 & 1 & 4 \\ 4 & 2 & 1 & 5 & 0 \\ 0 & 1 & 6 & 2 & 0 \\ 0 & 0 & 0 & 0 & 2 \end{pmatrix}$$

步驟 5 ： 使用最少垂直線與水平線蓋上矩陣 D 中的零元素。

步驟 6 ： 因所用的最少直線數爲 4 ，小於 5 ，故尚無法得到一個零最適分配。

步驟 7 ： 將每一未被蓋上的元素減去 1 〔矩陣 D 中未被蓋上的最小元素〕，且對同時被兩直線覆上的元素加 1 。其結果爲矩陣 E 。

$$E = \begin{pmatrix} 0 & 3 & 0 & 4 & 0 \\ 4 & 0 & 6 & 1 & 5 \\ 3 & 1 & 0 & 4 & 0 \\ 0 & 1 & 6 & 2 & 1 \\ 0 & 0 & 0 & 0 & 3 \end{pmatrix}$$

步驟 8 ： 用最少垂直線與水平線蓋上矩陣 E 中的零元素。

步驟 9 ： 由於矩陣 E 中的零元素無法用少於 5 條的直線完全蓋上，故矩陣 E 必包含一個零最適分配，此分配示於矩陣 F 中

$$F = \begin{pmatrix} 0 & 3 & \boxed{0} & 4 & 0 \\ 4 & \boxed{0} & 6 & 1 & 5 \\ 3 & 1 & 0 & 4 & \boxed{0} \\ \boxed{0} & 1 & 6 & 2 & 1 \\ 0 & 0 & 0 & \boxed{0} & 3 \end{pmatrix}$$

矩陣 F 中所示的最適分配所導致的分配結果如下：

　　　　阿美—小孫　　　　　　（分數＝7）

　　　　阿香—小錢　　　　　　（分數＝9）

　　　　阿芳—小周　　　　　　（分數＝9）

　　　　阿媛—小趙　　　　　　（分數＝6）

　　　　小李（落配）

所求和的最大值為 7＋9＋9＋6＝31。

20. 大學擬利用春假一週的時間，在 3 棟大樓裝設空調系統，因此邀請三位承包商對 3 棟大樓的裝設工程分別提出報價。各承包商的報價如下表所示（單位：1,000元）。由於在一個星期的時間內，各個承包商皆只有完成 1 棟大樓的估價工作能力，因此必需將 3 位承包商分配到 3 棟大樓。試求大學應如何分配工程，才能使報價總金額為最小。

	報	價	
	大樓 1	大樓 2	大樓 3
承包商 1	53	96	37
承包商 2	47	87	41
承包商 3	60	92	36

解：本題的成本矩陣為 3×3 階矩陣

$$\begin{bmatrix} 53 & 96 & 37 \\ 47 & 87 & 41 \\ 60 & 92 & 36 \end{bmatrix}$$

　　因只有 6（＝3!）種可能分配，故可直接計算各個分配所需的成本。將各分配的參與元素用方形圈出，並求其和。

$$\begin{bmatrix} \boxed{53} & 96 & 37 \\ 47 & \boxed{87} & 41 \\ 60 & 92 & \boxed{36} \end{bmatrix}$$
53＋87＋36＝176
(a)

$$\begin{bmatrix} \boxed{53} & 96 & 37 \\ 47 & 87 & \boxed{41} \\ 60 & \boxed{92} & 36 \end{bmatrix}$$
53＋92＋41＝186
(b)

$$\begin{bmatrix} 53 & \boxed{96} & 37 \\ \boxed{47} & 87 & 41 \\ 60 & 92 & \boxed{36} \end{bmatrix}$$
47＋96＋36＝179
(c)

$$\begin{bmatrix} 53 & 96 & \boxed{37} \\ \boxed{47} & 87 & 41 \\ 60 & \boxed{92} & 36 \end{bmatrix}$$

47＋92＋37＝176

(d)

$$\begin{bmatrix} 53 & \boxed{96} & 37 \\ 47 & 87 & \boxed{41} \\ \boxed{60} & 92 & 36 \end{bmatrix}$$

60＋96＋41＝197

(e)

$$\begin{bmatrix} 53 & 96 & \boxed{37} \\ 47 & \boxed{87} & 41 \\ \boxed{60} & 92 & 36 \end{bmatrix}$$

60＋87＋37＝184

(f)

由以上計算可知，總報價金額最低為\$176,000，最高為\$197,000。因分配 (a) 與 (d) 都可獲得最低報價總額\$176,000，故大學可由以下兩種方式選擇其一，將各個承包商分配到各棟大樓。

承包商 1 承包大樓 1　　　承包商 1 承包大樓 3

承包商 2 承包大樓 2　或　承包商 2 承包大樓 1

承包商 3 承包大樓 3　　　承包商 3 承包大樓 2

21. 有 5 個工作必須指派給 4 架機械，其相對成本如下表所示，試求最低成本的指派方式。

	A	B	C	D	E
a	9	6	5	4	2
b	7	6	3	2	8
c	6	7	4	5	3
d	2	6	4	9	6

(a)

解：由於有 5 個工作，但卻僅有 4 架機械，因此必須增列一個虛列，由各列中減去列中最小數

	A	B	C	D	E	
a	9	6	5	4	2	－2
b	7	6	3	2	8	－2
c	6	7	4	5	3	－3
d	2	6	4	9	6	－2
e	0	0	0	0	0	0

(b)

	A	B	C	D	E
a	7	4	3	2	0
b	5	4	1	0	6
c	3	4	1	2	0
d	0	4	2	7	4
e	0	0	0	0	0

　　試用最少直線數蓋住所有零，結果爲用 4 條直線，但矩陣卻有 5 列，因此，必須將未蓋部分各減 1，而在交叉處數各加 1 得(d)，即爲最佳解。

	A	B	C	D	E
a	7	4	3	2	0
b	5	4	1	0	6
c	3	4	1	2	0
d	0	4	2	7	4
e	0	0	0	0	0

(c)

	A	B	C	D	E
a	6	3	2	2	0
b	4	3	0	0	6
c	2	3	0	2	0
d	0	4	2	8	5
e	0	0	0	1	1

(d)

所以最佳指派爲

aE, bD, cC, dA, eB；成本 $= 2 + 2 + 4 + 2 + 0 = 10$

22. 達永公司的行銷部經理擬指派 4 位推銷員至 4 個推銷區，由於每位推銷員的經驗和能力不同，他評估各可能獲利如下（千元單位），試求應如何指派，使獲利為最大?

	A	B	C	D
a	35	27	28	37
b	28	34	29	40
c	35	24	32	33
d	24	32	25	28

(a)

解: 由於原矩陣為獲利，為了保持求極小，因此將該矩陣改為機會損失，如表 (b) 所示

	A	B	C	D
a	2	10	9	0
b	12	6	11	0
c	0	11	3	2
d	8	0	7	4

(b)

試用最少直線蓋住所有 0，結果為 3 條直線，而矩陣卻有 4 行如表(c) 所示，將未蓋住部分減去 2，如表 (d)

	A	B	C	D
a	2	10	6	0
b	12	6	8	0
c	0	11	0	2
d	8	0	4	4

(c)

	A	B	C	D
a	0*	8	4	0
b	10	4	6	0
c	0	11	0*	4
d	8	0*	4	6

(d)

由於必須用 4 條直線才蓋得住所有 0，因此為最佳解。

即最佳指派為 aA, bD, cC, dB，其獲利為

$35+40+32+32=139$

23. 國生工廠的領班欲將 4 位新進工人指派 4 個工作，已知每位工人做某一工作所花費的時間如下表所示（假設所有工人的工資相同，否則應以成本取代）。試問應如何指派方能使花費時間為最低?

工作 工人	A	B	C	D
a	15	18	21	24
b	19	23	22	18
c	26	17	16	19
d	19	21	23	17

解:

步驟 1：各行減去其中最小數

	A	B	C	D
a	15	18	21	24
b	19	23	22	18
c	26	17	16	19
d	19	21	23	17
	-15	-17	-16	-17

(a)

步驟 2：由各非零列減去其最小數

	A	B	C	D	
a	0	1	5	7	
b	4	6	6	1	-1
c	11	0	0	2	
d	4	4	7	0	

(b)

步驟 3： 用最少條直線將所有零蓋住,由於僅只 3 條直線就已蓋去所有零,
因此必須再進行下一步驟。

	A	B	C	D
a	0	1	5	7
b	3	5	5	0
c	11	0	0	2
d	4	4	7	0

(c)

步驟 4： 由 (c) 未被直線所蓋部分各減去 3，並在縱橫直線交叉處數字各
加 3 得出 (d)

	A	B	C	D
a	0	1	5	10
b	0	2	2	0
c	11	0	0	5
d	1	1	4	0

(d)

步驟 5： 由於 (d) 也是只用 3 直線就可蓋去所有零，因此再將 (d) 中未蓋
去部分減去最小數 1，並在二直線交叉處加 1 得 (e)

	A	B	C	D
a	0	0	4	10
b	0	1	1	0
c	12	0	0	6
d	1	0	3	0

(e)

Fig. 6-1

由於 (e) 至少用 4 條直線將零蓋住，因此已達最佳解。

即有二種指派法

① cC, aA, bD, dB；時間＝$16+15+18+21=70$

② cC, aB, bA, dD；時間＝$16+18+19+17=70$

24. 嵐生公司的主管擬將 5 位新進員工指派 5 個職位，已知每位員工做某一職位所花費的時間如下表所示

職　位

	A	B	C	D	E
a	2	4	5	1	4
b	4	7	8	11	7
c	3	9	8	10	5
d	1	3	5	1	4
e	7	1	2	1	2

（員工）

試問應如何指派方能使總花費時間為最低？

解: （1）由各列減去該列最小數

2	4	5	1	4	-1
4	7	8	11	7	-4
3	9	8	10	5	-3
1	3	5	1	4	-1
7	1	2	1	2	-1

（2）由各非零行中減去該行最小數

1	3	4	0	3
0	3	4	7	3
0	6	5	7	2
0	2	4	0	3
6	0	1	0	1

-1　　-1

1	3	3	0	2
0	3	3	7	2
0	6	4	7	1
0	2	3	0	2
6	0	0	0	0

用最少直線數將所有零蓋住

1	3	3	0	2
0	3	3	7	2
0	6	4	7	1
0	2	3	0	2
6	0	0	0	0

由於本方陣有 5 行，因此必須繼續進行

將未蓋住部分中各數減去 1，並以直線劃去

1	2	2	0	1
0	2	2	7	1
0	5	3	7	0
0	1	2	0	1
7	0	0	1	0

重覆以上步驟，得如下結果

1	1	1	0	1
0	1	1	7	1
0	4	2	7	0
0	0	1	0	1
8	0	0	1	1

由於必須至少 5 條直線方可蓋住所有零，即已達最佳解

	A	B	C	D	E
a	1	1	1	0*	1
b	0*	1	1	7	1
c	0	4	2	7	0*
d	0	0*	1	0	1
e	8	0	0*	2	1

因此將 a 指派 D 職位，b 指派 A 職位，c 指派 E 職位，d 指派 B 職位

以及 e 指派 C 職位，總時間爲

$$1 + 4 + 5 + 3 + 2 = 15$$

25. 設有一項工作的指派問題，其成本矩陣如下：

	I	II	III	IV	V
A	11	17	8	16	20
B	9	7	12	6	15
C	13	16	15	12	16
D	21	24	17	28	26
E	14	10	12	11	15

試求最低成本的指派方式。

解：將各列各數均減去其該列的最低數，得：

	I	II	III	IV	V
A	3	9	0	8	12
B	3	1	6	0	9
C	1	4	3	0	4
D	4	7	0	11	9
E	4	0	2	1	5

由於還不能獲得求解所需的全部零位 (zero position)，因此再在每行皆減去其該行的最低數，得：

	I	II	III	IV	V
A	2	9	0	8	8
B	2	1	6	0	5
C	0	4	3	0	0
D	3	7	0	11	5
E	3	0	2	1	1

上表中各行及各列，均已有零位可供分配，所以可依次試作分派。惟由於每行（或每列）僅能有一個零位可用，因此若已分派 A—III，則 D—III 零位必須予以廢棄（即不能成爲解），還未達最佳解。

	I	II	III	IV	V
A	2	9	0	8	8
B	2	1	6	0	5
C	0	4	3	0	0
D	3	7	0	11	5
E	3	0	2	1	1

劃線後，即可於上表中找出未經劃線的成本數爲最低者，即爲 A—I 位置的"2"，然後將未經劃線的各行各列數值皆減去2，並在各個直線相交叉的位置加上2，可得結果如下：

	I	II	III	IV	V
A	0	7	0	6	6
B	2	1	8	0	5
C	0	4	5	0	0
D	1	5	0	9	3
E	3	0	4	1	1

經本步驟加減後，就可再度進行分派，結果可得 B—IV，D—III，E—II，C—V 及 A—I 各項工作指派：

	I	II	III	IV	V
A	[0]	7	0	6	6
B	2	1	8	[0]	5
C	0	4	5	0	[0]
D	1	5	[0]	9	3
E	3	[0]	4	1	1

此項分派已屬完成，爲一最佳解。

26. 旭生工廠擬裝置3部機器（A、B、C），計有4處位置（I、II、III、IV）可以安裝。由於各處對該機器的需要，因其離開某工場中心的遠近而

不同，因此，廠長的目的在將機器安裝於最適合的場所，以便原料運送的總成本最低。現將於各處的不同機器，其單位時間所需的原料運送成本估計如下：

	位　置			
	I	II	III	IV
機 A	13	10	12	11
器 B	15	M	13	20
C	5	7	10	6

試決定分派方式。

解: 首先增加一虛列 S，而後由各列中各數減去該列最小數

	I	II	III	IV	
A	13	10	12	11	-10
B	15	M	13	20	-13
C	5	7	10	6	-5
S	0	0	0	0	-0

$\Rightarrow$

	I	II	III	IV
A	3	$\boxed{0}$	2	1
B	2	M	$\boxed{0}$	7
C	$\boxed{0}$	2	5	1
S	0	0	0	$\boxed{0}$

指派方式為

$A-$II	10
$B-$III	13
$C-$I	5
合　計	28

第IV位置則閒置不用

27. 昶生工廠中有 4 個新員工與 4 項工作，每人僅能做一個工作，而各項工作也僅能配置一個人，因工作項目不同，且各人工作效率有高低，因此所需工作時間也有差異，如甲做工作 I，須 2 小時，做工作 IV 則須 4 小時。同樣工作 III 由丙去做，須 4 小時，由丁去做，則須 11 小時（參見表 1）。試問應如何將 4 項工作，同時指派給 4 個人，使工作沒有落空，而個人也無閒置，並且總工作時間最少（或工作效率最大）？

工作	工作 I	工作 II	工作 III	工作 IV
甲	2	3	1	4
乙	3	5	9	10
丙	2	7	4	8
丁	5	8	11	7

解: 演算步驟:

(1) 求各行的機會成本: 即各行的位置減去各行的最小數。

個　人	工		作	
	I	II	III	IV
甲	0	0	0	0
乙	1	2	8	6
丙	0	4	3	4
丁	3	5	10	3

(2) 求各列的機會成本: 即自各列的位置減去各列的最小數。

個　人	工		作	
	I	II	III	IV
甲	0	0	0	0
乙	0	1	7	5
丙	0	4	3	4
丁	0	2	7	0

(3) 將第二步驟所得的表中的 0 , 以最少數的水平線與垂直線連結。
在 $n \times n$ 矩陣中, 最多 n 條線就可連結所有的 0 。現在只用 3 條
線便可連結。如下表

個　人	工作Ⅰ	工作Ⅱ	工作Ⅲ	工作Ⅳ
甲	0	0	0	0
乙	0	1	7	5
丙	0	4	3	4
丁	0	2	7	0

(4) 將 (3) 表中沒有直線通過的位置作成矩陣命名爲 S。在 S 矩陣中選出最小位置。在此 S 最小位置的數值爲 1。

$$S = \begin{bmatrix} 1 & 7 \\ 4 & 3 \\ 2 & 7 \end{bmatrix} \qquad K = 1$$

在 S 矩陣中的各位置減去其最小數 1。直線上各位置的數不予變動。直線交會點的數加 1，得下表:

個　人	工			作
	Ⅰ	Ⅱ	Ⅲ	Ⅳ
甲	1	0	〔0〕	1
乙	0	〔0〕	6	5
丙	〔0〕	3	2	4
丁	0	1	6	〔0〕

(5) 反覆第 (3), (4) 步驟，一直到連結直線數等於 n 爲止。若直線數少於 n，則可求目的函數值更小的解；若等於 n，則已得最適解。在表 5 中的 0 不能以少於 4 的直線連結，卽已得最適解，其解爲矩陣中線性獨立的 0。在表 5 中以〔　〕符號畫出來的 0，則爲其解。

線性獨立的 0 者，必須在每行每列中只有一個 0。因此最佳解爲:

甲分派工作Ⅲ　成本1元

乙分派工作Ⅱ　成本5元

丙分派工作Ⅰ　成本2元

丁分派工作Ⅳ　成本7元

總成本15元

28. 玲生工廠有5部機器5種生產工作。每部機器都能生產這5種不同商品，不過成本不一樣。則在5種生產需要同時進行時，應由那部機器從事那樣生產方可使總成本最小呢？設各機器做各種生產時所需之成本如下：

機器＼工作	A	B	C	D	E
(1)	$430	$320	$295	$270	$245
(2)	440	340	300	290	240
(3)	465	350	330	310	265
(4)	480	375	320	275	280
(5)	490	380	320	280	250

解： 第一步驟

	A	B	C	D	E
(1)	0	0	0	0	5
(2)	10	20	5	20	0
(3)	35	30	35	40	25
(4)	50	55	25	5	40
(5)	60	60	25	10	10

第二、三步驟

	A	B	C	D	E
(1)	0	0	0	0	5
(2)	10	20	5	20	0
(3)	10	5	10	15	0
(4)	45	50	20	0	35
(5)	50	50	15	0	0

第四、五步驟

	A	B	C	D	E
(1)	〔0〕	0	0	5	10
(2)	5	15	〔0〕	20	0
(3)	5	〔0〕	5	15	0
(4)	40	45	15	〔0〕	35
(5)	45	45	10	0	〔0〕

因此最佳解爲

機器	(1)	做工作	A	成本	$430
機器	(2)	做工作	C	成本	$300
機器	(3)	做工作	B	成本	$350
機器	(4)	做工作	D	成本	$275
機器	(5)	做工作	E	成本	$250

總成本 $1,605

29. 華生企業有 5 項契約擬與 5 家可能公司 A, B, C, D, E 簽約，每家公司僅可得一項契約，各家公司對各項契約所提估計金額（千元）如下表所示

公司＼契約	1	2	3	4	5
A	35	15	—	30	30
B	25	20	15	25	40
C	20	—	30	20	50
D	15	40	35	15	40
E	10	50	40	30	35

爲了使總成本最低，試問公司應如何指派？

解: 在上述資料中，*A*公司不能承接契約3，*C*公司不願接契約2，因此均用*M*表示

20	0	$M-15$	15	15	← 每列減15
10	5	0	10	25	
0	$M-20$	10	0	30	
0	25	20	0	25	
0	40	30	20	25	

試用最少條直線將所有 0 蓋住

20	⓪	$M-15$	15	0
10	5	⓪	10	10
0	$M-20$	10	⓪	15
0	25	20	0	10
⓪	40	30	20	10

最後對未被直線蓋住的各數減10，而於有交叉點的各數均加10，結果如下：

30	⓪	$M-15$	25	0
20	5	⓪	20	10
⓪	$M-30$	0	0	5
0	15	10	⓪	0
0	30	20	20	⓪

因此，

指派*A*公司接契約2
指派*B*公司接契約3
指派*C*公司接契約1
指派*D*公司接契約4
指派*E*公司接契約5

總成本＝15＋15＋20＋15＋35＝100

最佳解並非唯一。

30. 達嵐租車公司在臺北有 5 個租車中心，各有一輛車可租給顧客使用，各顧客住處與租車公司的距離（公里）如下表所示，試問應如何指派，使總里程數為最少？

租車中心　顧客	1	2	3	4	5
1	16	10	14	24	14
2	21	26	15	20	19
3	20	18	20	21	19
4	25	15	18	24	19
5	25	12	20	27	14

解：

(A)
4	[0]	4	11	3
4	11	[0]	2	3
[0]	0	2	0	0
8	0	3	6	3
11	0	8	12	1

(C)
1	[0]	1	8	0
4	14	[0]	2	3
[0]	3	2	0	0
5	0	0	3	0
10	2	7	11	[0]

(B)
3	[0]	3	10	2
4	12	[0]	2	3
[0]	1	2	0	0
7	0	2	5	2
10	0	7	11	[0]

(D)
[0]	0	1	7	0
3	14	[0]	1	3
0	4	3	[0]	1
4	[0]	0	2	0
9	2	7	10	[0]

租車中心 1 的車租給顧客 1

租車中心 2 的車租給顧客 4

租車中心 3 的車租給顧客 2

租車中心 4 的車租給顧客 3

租車中心 5 的車租給顧客 5

總里程＝16＋15＋15＋21＋14＝81

31. 美生公司有 4 座工廠，各工廠可生產 4 種產品的任一種，由於生產量和產品品質的不同因而銷售利潤（千元）和生產成本都不同，相關資料如下表所示，試問各廠應生產何種產品，使總利潤為極大？

	銷售利潤（千元）					生產成本（千元）			
產品 工廠	1	2	3	4	產品 工廠	1	2	3	4
A	50	68	49	62	A	49	60	45	61
B	60	70	51	74	B	55	63	45	69
C	55	67	53	70	C	52	62	49	68
D	58	65	54	69	D	55	64	48	66

解：淨利為銷售利潤與生產成本的相差，得出淨利矩陣如下

$$\text{(A)} \quad \begin{vmatrix} 1 & 8 & 4 & 1 \\ 5 & 7 & 6 & 5 \\ 3 & 5 & 4 & 2 \\ 3 & 1 & 6 & 3 \end{vmatrix}$$

由於欲求極大，因此可將每一數均以 8 相減，得(B)

$$\text{(B)} \quad \begin{vmatrix} 7 & 0 & 4 & 7 \\ 3 & 1 & 2 & 3 \\ 5 & 3 & 4 & 6 \\ 5 & 7 & 2 & 5 \end{vmatrix}$$

減列極小值，得(C)

$$
(C) \quad
\begin{array}{|c|c|c|c|}
7 & 0 & 4 & 7 \\
2 & 0 & 1 & 2 \\
2 & 0 & 1 & 3 \\
3 & 5 & 0 & 3
\end{array}
\qquad 減行極小值，得(D)
$$

$$
(D) \quad
\begin{array}{|c|c|c|c|}
5 & \boxed{0} & 4 & 5 \\
8 & 8 & 1 & \boxed{0} \\
\boxed{0} & 8 & 1 & 1 \\
1 & 5 & \boxed{0} & 1
\end{array}
\qquad
\begin{array}{l}
因此工廠A生產產品2 \\
工廠B生產產品4 \\
工廠C生產產品1 \\
工廠D生產產品3
\end{array}
$$

總利潤 = 8 + 5 + 3 + 6 = 22（百元）

32. 英生公司有6位員工可從事4個職位，每位員工擔任各工作的訓練費用如下表所示

員工＼職位	1	2	3	4
A	13	15	11	14
B	12	7	13	13
C	14	19	17	17
D	9	17	12	15
E	11	14	16	12
F	15	18	18	16

(1) 試求最佳指派。

(2) 該最佳解是否爲唯一?

(3) 本矩陣有何特點可用以縮小矩陣?

解: (1) 首先增加二行，使矩陣成爲方陣

員工 \ 職位	1	2	3	4	D_1	D_2
A	13	15	11	14	0	0
B	12	7	13	13	0	0
C	14	19	17	17	0	0
D	9	17	12	15	0	0
E	11	14	16	12	0	0
F	15	18	18	16	0	0

經過解題過程, 可得

4	8	⓪	2	0	0
3	⓪	2	1	0	0
5	12	6	5	⓪	0
⓪	10	1	3	0	0
2	7	5	⓪	0	0
6	11	7	4	0	⓪

　　　即員工 A 指派職位 3

　　　　員工 B 指派職位 2

　　　　員工 D 指派職位 1

　　　　員工 E 指派職位 4

　　　員工 C 和 F 均不指派。

(2) 另一個解答爲員工 C 指派職位 D_2 以及員工 F 指派 D_1, 但因這二職位在事實上不存在, 因此只有一個眞正的解。

(3) 仔細檢查原矩陣可知, 員工 C 和 F 的訓練費用均偏高, 因此可由矩陣中刪除, 以利計算。

第 Ⅲ 篇
機 遇 模 式 篇

第九章　馬可夫鏈

1. 下列那些矩陣爲隨機矩陣？

   (1) $A = \begin{bmatrix} 1/3 & 1/3 & 1/3 \\ 1/2 & 0 & 1/2 \end{bmatrix}$　　(2) $B = \begin{bmatrix} 15/16 & 1/16 \\ 2/3 & 2/3 \end{bmatrix}$

   (3) $C = \begin{bmatrix} 1 & 0 \\ 1/2 & 1/2 \end{bmatrix}$　　(4) $D = \begin{bmatrix} 1/2 & -1/2 \\ 1/4 & 3/4 \end{bmatrix}$

   解: (1) 由於 A 並非方陣，因此 A 不是隨機矩陣。

   (2) 由於第二列二數之和大於 1，因此 B 不是隨機矩陣。

   (3) C 是隨機矩陣。

   (4) 由於第一列的第二數爲負，因此 D 不是隨機矩陣。

2. (1) 試求正規隨機矩陣 $A = \begin{bmatrix} 3/4 & 1/4 \\ 1/2 & 1/2 \end{bmatrix}$ 的唯一固定機率向量。

   (2) 矩陣 A^n 趨於什麼矩陣？

   解: (1) 設 $t = (x, \ 1-x)$ 使 $tA = t$

   $$(x, \ 1-x) \begin{bmatrix} 3/4 & 1/4 \\ 1/2 & 1/2 \end{bmatrix} = (x, \ 1-x)$$

   $$3/4x + 1/2 - 1/2x = x$$

   $$1/4x + 1/2 - 1/2x = 1 - x$$

   解得 $x = 2/3$，即 $(2/3, \ 1/3)$ 爲所求的固定點向量。

   (2) $A^n \longrightarrow T = \begin{bmatrix} 2/3 & 1/3 \\ 2/3 & 1/3 \end{bmatrix}$

3. (1) 試證2×2隨機矩陣 $P = \begin{bmatrix} 1-a & a \\ b & 1-b \end{bmatrix}$ 的固定點爲 $u = (b, a)$。

(2) 利用 (1) 的結果試求下列各矩陣的唯一固定機率向量

$$A = \begin{bmatrix} 1/2 & 2/3 \\ 1 & 0 \end{bmatrix}, \quad B = \begin{bmatrix} 1/2 & 1/2 \\ 2/3 & 1/3 \end{bmatrix}, \quad C = \begin{bmatrix} 0.7 & 0.3 \\ 0.8 & 0.2 \end{bmatrix}$$

解: (1) $P = (b, a) \begin{bmatrix} 1-a & a \\ b & 1-b \end{bmatrix} = (b-ab+ab, \ ab+a-ab)$

$= (b, a) = u$

(2) 由(1)可知 $u = (1, 2/3)$ 爲 A 的固定點。將 u 乘3而可得 A 的無分數的固定點$(3, 2)$，然後$(3, 2)$乘 $1/(3+2)=1/5$ 即得所需唯一固定機率向量 $(3/5, 2/5)$

由 (1) 可知 B 的唯一固定機率向量 $(4/7, 3/7)$

由 (1) 可知 C 的唯一固定機率向量 $(8/11, 3/11)$

4. 試求正規隨機矩陣 $P = \begin{bmatrix} 1/2 & 1/4 & 1/4 \\ 1/2 & 0 & 1/2 \\ 0 & 1 & 0 \end{bmatrix}$ 的唯一固定機率向量。

解: 設 $t = (x, y, 1-x-y)$ 使 $tP = t$

$$(x, y, 1-x-y) \begin{bmatrix} 1/2 & 1/4 & 1/4 \\ 1/2 & 0 & 1/2 \\ 0 & 1 & 0 \end{bmatrix} = (x, y, 1-x-y)$$

$1/2x + 1/2y = x$ $x - y = 0$

$1/4x + 1 - x - y = y$ 或 $3x + 8y = 4$

$1/4x + 1/2y = 1-x-y$ $5x + 6y = 4$

選擇任二方程式，解 x 與 y 得出 $x = 4/11$ 和 $y = 4/11$

由於 $1 - x - y = 3/11$，因此所求固定機率向量爲

$t = (4/11, 4/11, 3/11)$

5. (1) 以下兩個馬可夫鏈的轉移機率爲以稱爲轉移圖(transition diagram)的圖形表示，其中 P_{ij} 爲以箭頭表示由狀況 a_i 至狀況 a_j。試求下列

各轉移圖的轉移矩陣。

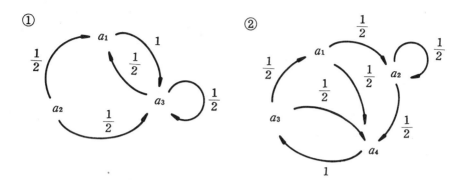

(2) 假設馬可夫鏈的轉移矩陣 P 爲

$$P = \begin{bmatrix} 1/2 & 1/2 & 0 & 0 \\ 1/2 & 1/2 & 0 & 0 \\ 1/4 & 1/4 & 1/4 & 1/4 \\ 1/4 & 1/4 & 1/4 & 1/4 \end{bmatrix}$$

試問馬可夫鏈是否爲正規矩陣?

解: (1)

①
$$P = \begin{bmatrix} 0 & 0 & 1 \\ 1/2 & 0 & 1/2 \\ 1/2 & 0 & 1/2 \end{bmatrix}$$

②
$$P = \begin{bmatrix} 0 & 1/2 & 0 & 1/2 \\ 0 & 0 & 0 & 1/2 \\ 1/2 & 0 & 0 & 1/2 \\ 0 & 0 & 1 & 0 \end{bmatrix}$$

(2) 本系統進入狀況 a_1 或 a_2 後卽不再轉移至狀況 a_3 或 a_4，卽系統保留在狀況子空間 $\{a_1, a_2\}$。因此，$P_{13}{}^{(n)} = 0$ 卽 P^n 必含元素 0，卽 P 不是正規矩陣。

6. 試求正規隨機矩陣 $P = \begin{bmatrix} 0 & 1 & 0 \\ 1/6 & 1/2 & 1/3 \\ 0 & 2/3 & 1/3 \end{bmatrix}$ 的唯一固定機率向量，並決定 P^n 趨於什麼矩陣。

解: (1) 設 $u = (x, y, z)$ 爲 P 的固定向量

$$(x, y, z) \begin{bmatrix} 0 & 1 & 0 \\ 1/6 & 1/2 & 1/3 \\ 0 & 2/3 & 1/3 \end{bmatrix} = (x, y, z)$$

$1/6\, y = x \qquad\qquad\qquad y = 6x$

$x + 1/2\, y + 2/3\, z = y \quad$ 或 $\quad 6x + 3y + 4z = 6y$

$1/3\, y + 1/3\, z = z \qquad\qquad y + z = 3z$

$\qquad y = 6x$

或 $\quad 6x + 4z = 3y$

$\qquad y = 2z$

設 $x = 1$，則由第一式得 $y = 6$，而由第三式得 $z = 3$，因此 $u = (1, 6, 3)$ 爲 P 的一個固定點，由於 $1 + 6 + 3 = 10$，所以向量 $t = (1/10, 6/10, 3/10)$ 爲 P 所欲求 P 的唯一固定機率向量。

P^n 趨向於矩陣 T，其各列均爲一固定點 t，卽

$$T = \begin{bmatrix} 1/10 & 6/10 & 3/10 \\ 1/10 & 6/10 & 3/10 \\ 1/10 & 6/10 & 3/10 \end{bmatrix}$$

7. 兩個男孩 b_1 與 b_2 及兩個女孩 g_1 與 g_2 彼此相互拋投一球。每位男孩將球投給另一男孩的機率爲 $1/2$，而投給每位女孩的機率各爲 $1/4$。反之，每位女孩投給每位男孩的機率爲 $1/2$，而不會將球拋給女孩。長期以往，每位會接到球的機率爲若干？

解: 馬可夫鏈的轉移矩陣

$$P = \begin{bmatrix} 0 & 1/2 & 1/4 & 1/4 \\ 1/2 & 0 & 1/4 & 1/4 \\ 1/2 & 1/2 & 0 & 0 \\ 1/2 & 1/2 & 0 & 0 \end{bmatrix}$$

設 P 的固定向量 $u = (x, y, z, w)$

$(x, y, z, w)P = (x, y, z, w)$

$1/2\,y + 1/2\,z + 1/2w = x$

$1/2\,x + 1/2\,z + 1/2w = y$

$1/4\,x + 1/4\,y = z$

$1/4\,x + 1/4\,y = w$

設 $z = 1$ ，則 $w = 1$ ， $x = 2$ ，和 $y = 2$ ，因此 $u = (2,2,1,1)$ ，即 P 的唯一固定機率向量。 $t = (1/3, 1/3, 1/6, 1/6)$ 。因此長期以往，每位男孩有1/3時間接到球，每位女孩有1/6機會接到球。

8. 推銷員王先生的推銷領域包含 A ， B ， C 三市，他的習慣是絕不連續兩天在同一市內推銷，若他某日在 A 市推銷，則次日必到 B 市，然而若他在 B 或 C 推銷，則次日在 A 推銷的機會是其他市推銷的兩倍，試問長期而言，他在各市推銷的機率為若干?

解:

$$T = \begin{array}{c} \\ A \\ B \\ C \end{array} \begin{array}{ccc} A & B & C \\ \left[\begin{array}{ccc} 0 & 1 & 0 \\ 2/3 & 0 & 1/3 \\ 2/3 & 1/3 & 0 \end{array}\right] \end{array}$$

由於方陣 T 為一正規隨機方陣，依據定理所述，必存在一唯一固定向量 t ，設 $u = \begin{bmatrix} x, y, z \end{bmatrix}$ 為一任意固定向量，則

$$(x, y, z) \begin{bmatrix} 0 & 1 & 0 \\ 2/3 & 0 & 1/3 \\ 2/3 & 1/3 & 0 \end{bmatrix} = (x, y, z)$$

即 $2/3\,y + 2/3z = x$

$x + 1/3\,z = y$

$1/3\,y = z$

令 $z = 1$ ，則可得 $y = 3$ ， $x = 8/3$ ，所以 $u = (8/3, 3, 1)$ ， $3u = (8, 9, 3)$ 也是 P 的一固定向量，由於 t 是機率向量，因此，1/8+9+3

$(3u)=(2/5,\ 9/20,\ 3/20)$，即 $t=(0.4,\ 0.45,\ 0.15)$ 因此該推銷員長期以往，40％時間在 A 市，45％時間在 B 市，15％時間在 C 市推銷。

9. 設有運貨卡車一輛，往返於 A、B 兩站，在 A 站有貨的機率為 $\frac{3}{4}$，B 站有貨之機率為 $\frac{1}{4}$，卡車行駛成本每次為1,000元，保養維護成本500元，每次載貨的運費收入為5,500元。假設司機有下列三項方案可以選擇：

(甲)待至有貨，方行開車。

(乙)在 A 站有貨方行開車，在 B 站無論是否有貨，均返 A 站。

(丙)在兩站均不等候，無貨即開另一站。

試問以上三個方案，何者最佳？

解： 設四個狀態如下：

AB：自 A 駛 B　　　BA：自 B 駛 A

AA：在 A 等候　　　BB：在 B 等候

因此可得各種方案的轉移矩陣如次：

甲　　　　　　　　　乙　　　　　　　丙

$$
\begin{array}{c}
 \\
AB \\
BA \\
AA \\
BB
\end{array}
\begin{array}{cccc}
AB & BA & AA & BB \\
\left[\begin{array}{cccc}
0 & \frac{1}{4} & 0 & \frac{3}{4} \\
\frac{3}{4} & 0 & \frac{1}{4} & 0 \\
\frac{3}{4} & 0 & \frac{1}{4} & 0 \\
0 & \frac{1}{4} & 0 & \frac{3}{4}
\end{array}\right]
\end{array}
\qquad
\begin{array}{c}
 \\
AB \\
BA \\
AA
\end{array}
\begin{array}{ccc}
AB & BA & AA \\
\left[\begin{array}{ccc}
0 & 1 & 0 \\
\frac{3}{4} & 0 & \frac{1}{4} \\
\frac{3}{4} & 0 & \frac{1}{4}
\end{array}\right]
\end{array}
\qquad
\begin{array}{c}
 \\
AB \\
BA
\end{array}
\begin{array}{cc}
AB & BA \\
\left[\begin{array}{cc}
0 & 1 \\
1 & 0
\end{array}\right]
\end{array}
$$

各種方案的轉移矩陣的意義如下：

甲方案的轉移矩陣：就第一列而言，上次車由 A 駛 B，車既然在 B，所以下次不可能再立即由 A 駛 B 或在 A 等候，其有貨駛返 A 的機率為 $\frac{1}{4}$，在 B 等候的機率為 $\frac{3}{4}$。第二列與此相反。第三列，因車尚在 A，不能立即於下次自 B 駛 A，或在 B 等候，其有貨駛 B 的機率為 $\frac{3}{4}$，無貨等候的機率為 $\frac{1}{4}$。第四列反之。乙方案之轉移矩陣：BB 狀態為政策所不許，第一列由於不在 B 等候，故駛返 A 之機率為1，其他兩列與甲方案相同。丙方案之轉移矩陣：第一列與乙方案相同，第二列則相反。

上述三種方案的轉移矩陣，分別求得其穩定狀態機率向量如下：

$$\begin{matrix} 甲 & & 乙 & & 丙 \\ AB\ BA\ AA\ BB & & AB\ BA\ AA & & AB\ BA \end{matrix}$$

$$\begin{bmatrix} \dfrac{3}{16} & \dfrac{3}{16} & \dfrac{1}{16} & \dfrac{9}{16} \end{bmatrix} \begin{bmatrix} \dfrac{3}{7} & \dfrac{3}{7} & \dfrac{1}{7} \end{bmatrix} \begin{bmatrix} \dfrac{1}{2} & \dfrac{1}{2} \end{bmatrix}$$

甲方案穩定狀態表示該車自 A 駛 B 與自 B 駛 A 的機率各爲 $\dfrac{3}{16}$，每次行駛之利潤爲 4,000 元（5,500－1,000－500＝4,000），其在 A 等候的機率爲 $\dfrac{1}{16}$，在 B 等候的機率 $\dfrac{9}{16}$，此種等候並無收入，相反的，保養維持成本仍須支出，因此利潤爲－500元（損失）。再分別乘穩定狀態機率向量，得甲方案的平均期望利潤爲

$$(2)\ (\dfrac{3}{16})\ (4,000)-(\dfrac{10}{16})\ (500)$$

$$=1,500-(\dfrac{5,000}{16})=1,187.50元$$

就乙方案而言，A 站有貨才開車，因此每開一次獲利 4,000元。B 站返 A 站時有貨機率爲 $\dfrac{1}{4}$，每次獲利 4,000 元，但無貨機率爲 $\dfrac{3}{4}$，每次損失 1,500元。A 站等候的保養成本爲500元。

以上這些報酬分別與穩定狀態機率向量相乘得:

$$(\dfrac{3}{7})\ (4,000)+(\dfrac{3}{7})\ (4,000)\ (\dfrac{1}{4})-(1,500)\ (\dfrac{3}{7})\ (\dfrac{3}{4})$$

$$-(500)\ (\dfrac{1}{7})=1,589.30元$$

就丙方案而言，兩站均不等候，每開一次，有貨時獲利 4,000 元，有貨機率 A 站爲 $\dfrac{3}{4}$，B 站爲 $\dfrac{1}{4}$。無貨時，每開一次損失 1,500 元，A 站機率爲 $\dfrac{1}{4}$，B 站爲 $\dfrac{3}{4}$。分別再乘穩定狀態機率向量得:

$$[4,000\ (\dfrac{1}{2})\ (\dfrac{3}{4})-1,500(\dfrac{1}{2})\ (\dfrac{1}{4})]+[4,000(\dfrac{1}{2})\ (\dfrac{1}{4})$$

$$-1,500(\dfrac{1}{2})\ (\dfrac{3}{4})]=1,250元$$

比較三期望利潤可知，應該選擇乙方案。

10. 烏有鎮有三家麵包店「美味」、「珍香」和「銀座」供應全鎮的麵包。由

於廣告、對服務不滿或其他原因，顧客往往會向別家購買，爲了簡化問題起見，假設在這期間，無新顧客進入，也無老顧客離開這市場。假設有如下顧客流動的資料:

三月一日		得　自			流　　向			四月一日
店名　顧客數		美味	珍香	銀座	美味	珍香	銀座	
美味	200	0	35	25	0	20	20	220
珍香	500	20	0	20	35	0	15	490
銀座	300	20	15	0	25	20	0	290

試求(1) 轉移矩陣P。

(2) 解說轉移矩陣P中各行與列的意義。

(3) 試求長期以往，各店的顧客佔有率。

解: (1) 轉移矩陣P表示各麵包店失去、保留及增多顧客的機率。例如珍香在本月共失去50位顧客，換句話說，保留顧客的機率爲0.9。

店名	三月顧客數	流失人數	保留人數	保留機率
美味	200	40	160	160/200＝ .8
珍香	500	50	450	450/500＝ .9
銀座	300	45	255	255/300＝.85

$$P = \begin{array}{c} \text{美味} \\ \text{珍香} \\ \text{銀座} \end{array} \begin{bmatrix} 160/200=.800 & 20/200=.100 & 20/200=.100 \\ 35/500=.070 & 450/500=.900 & 15/500=.030 \\ 25/300=.083 & 20/300=.067 & 255/300=.850 \end{bmatrix}$$

流失美味　珍　香　　銀　座　　增加

(2) 第一列指出美味保留0.8原顧客(160)，流失 0.1 原顧客(20)至珍香，及流失0.1原顧客(20)至銀座。第一列指出美味保留0.8原顧客(160)，由珍香增加0.07的顧客(35)，及由銀座增加0.083顧客

(25)。其他的各行與列的意義均類似。

(3) 設固定點向量 $u = (x, y, z)$，$x + y + z = 1$

$(x, y, z)P = (x, y, z)$

$x = 0.8x + 0.07y + 0.083z$

$y = 0.1x + 0.9y + 0.067z$

$z = 0.1x + 0.03y + 0.85z$

$x + y + z = 1$

$-0.2x + 0.07y + 0.083z = 0$

$0.1x - 0.1y + 0.067z = 0$

$0.1x + 0.03y - 0.15z = 0$

$x + y + z = 1$

解得 $x = 0.273$，$y = 0.454$，$z = 0.273$

11. 若 $t = (1/4, 0, 1/2, 1/4, 0)$ 為一隨機矩陣 P 的一固定點，試問為何 P 並非正規矩陣？

解：若 P 為正規矩陣，則依定理可知 P 有一唯一的固定機率向量，同時該向量的各分量均為正值，由於本題中 t 不滿足上述條件，因此 P 不為正規矩陣。

12. 試問下列隨機矩陣，何者為正規矩陣？

(1) $A = \begin{bmatrix} 1/2 & 1/2 \\ 0 & 1 \end{bmatrix}$　　(2) $B = \begin{bmatrix} 0 & 1 \\ 1 & 0 \end{bmatrix}$

(3) $C = \begin{bmatrix} 1/2 & 1/4 & 1/4 \\ 0 & 1 & 0 \\ 1/2 & 1/2 & 0 \end{bmatrix}$　　(4) $D = \begin{bmatrix} 0 & 0 & 1 \\ 1/2 & 1/4 & 1/4 \\ 0 & 1 & 0 \end{bmatrix}$

解：一隨機矩陣 A 為正規的條件是該矩陣的冪數，只有正的元素，即 A^n 中各元素為正值。

(1) A 與 C 不為正規，因為 1 在對角線上。

(2) $B^2 = \begin{bmatrix} 0 & 1 \\ 1 & 0 \end{bmatrix} \begin{bmatrix} 0 & 1 \\ 1 & 0 \end{bmatrix} = \begin{bmatrix} 1 & 0 \\ 0 & 1 \end{bmatrix} = I$

$$B^3=\begin{bmatrix}1&0\\0&1\end{bmatrix}\begin{bmatrix}0&1\\1&0\end{bmatrix}=\begin{bmatrix}0&1\\1&0\end{bmatrix}=B$$

由於 B 的偶數冪爲單位矩陣 I，而奇數冪爲 B 本身，即 B^n 的元素無法均爲正值，因此 B 不爲正規。

(3) $D^2=\begin{bmatrix}0&1&0\\1/8&5/16&9/16\\1/2&1/4&1/4\end{bmatrix}$, $D^3=\begin{bmatrix}1/2&1/4&1/4\\5/32&41/64&13/64\\1/8&5/16&9/16\end{bmatrix}$

由於 D^3 的所有元素均爲正值，因此 D 爲正規。

13. 王先生的讀書習慣如下：如果他某晚讀書，則有70%機率在次晚不讀書。另一方面，如果他某晚未讀書，則他次晚不讀書的機率爲60%。長期以往，他讀書的機率爲何？

解：設 S 爲表讀書，T 表不讀書，則轉移矩陣爲

$$P=\begin{matrix}S\\T\end{matrix}\begin{matrix}\begin{matrix}S&T\end{matrix}\\\begin{bmatrix}0.3&0.7\\0.4&0.6\end{bmatrix}\end{matrix}$$

爲了瞭解長期的狀況，必須求 P 的唯一固定機率向量 t，可求得 $u=(0.4,0.7)$ 爲 P 的固定點，因此 $t=(4/11,7/11)$ 爲所有機率向量，而王先生有 $4/11$ 的機會會讀書。

14. 心理學家丁博士對老鼠面對某種餵食計畫的行爲有如下假設：每次餵食時，在上次實驗右轉的老鼠有80%在本次仍右轉，而在上次實驗左轉的老鼠有60%在本次將右轉。若該心理學家在第一次試驗時有50%的老鼠右轉，試問他應預測(1)在第2次(2)在第3次(3)第1,000次將有多少百分比的老鼠會右轉？

解：本題的轉移矩陣爲

$$P=\begin{matrix}R\\L\end{matrix}\begin{matrix}\begin{matrix}R&L\end{matrix}\\\begin{bmatrix}0.8&0.2\\0.6&0.4\end{bmatrix}\end{matrix}$$

第一次的機率分布為 $P = \begin{bmatrix} 0.5, & 0.5 \end{bmatrix}$，則第二次的機率分布為

$$\begin{bmatrix} 0.5, & 0.5 \end{bmatrix} \begin{bmatrix} 0.8 & 0.2 \\ 0.6 & 0.4 \end{bmatrix} = \begin{bmatrix} 0.7, & 0.3 \end{bmatrix}$$，即在第二次試驗有 70% 向右轉，

30% 左轉。

第三次的試驗

$$\begin{bmatrix} 0.7, & 0.3 \end{bmatrix} \begin{bmatrix} 0.8 & 0.2 \\ 0.6 & 0.4 \end{bmatrix} = \begin{bmatrix} 0.74, & 0.26 \end{bmatrix}$$

有 74% 的老鼠會右轉，26% 的老鼠會左轉，假設第 1,000 次試驗的機率分布與馬可夫鏈的穩定機率分步，即 P 的唯一固定機率向量 t。由定理可得 $u = (0.6, 0.2)$ 為 P 的固定點，而 $t = (3/4, 1/4)$ 為 P 的唯一固定機率向量，因此該心理學家將預測在第 1,000 次試驗，75% 的老鼠會右轉，25% 的老鼠會左轉。

15. 已知 A 盒內有 2 白球及 B 盒內有 3 紅球。每次步驟為由各盒隨機抽取一球而後交換分別放回盒內。設狀況 a_i 表 i 個紅球在 A 盒內。(1) 試求轉移矩陣 P。(2) 試問在 3 步後有 2 紅球在 A 盒的機率。(3) 長期以往，有 2 個紅球在 A 盒內的機率為若干?

解: (1) 三狀況 a_0，a_1 和 a_2 分別如下圖所示:

若系統為在狀況 a_0，則 1 白球必選自 A 盒及 1 紅球選自 B 盒，因此系統必須移入狀況 a_1，因此轉移矩陣的第一列為 $(0, 1, 0)$。

假設系統為在狀況 a_1，當由 A 盒中取到一紅球以及由 B 盒中取得一白球，才會回到狀況 a_0，這種情形發生的機率為 $1/2 \times 1/3 = 1/6$，因此 $P_{10} = 1/6$。由 a_1 移至 a_2 的可能在於由 A 盒中取一白球以及由 B 盒中取一

紅球，這種機率爲 $1/2 \times 2/3 = 1/3$，卽 $P_{12} = 1/3$，而 a_1 仍留在原位不動的機率爲 $1 - 1/6 - 1/3 = 1/2$。因此轉移矩陣的第二列爲 $(1/6, 1/2, 1/3)$。

假若系統現在爲在狀況 a_2。由 A 盒中必然取得紅球。若由 B 盒中取一紅球，其機率 $1/3$，則系統留在 a_2 不動，而若白球取自 B 盒，其機率 $2/3$，則系統移至狀況 a_1。請注意系統不可能由 a_2 移至 a_0，所以轉移矩陣的第三列爲 $(0, 2/3, 1/3)$。因此

$$P = \begin{array}{c} \\ a_0 \\ a_1 \\ a_2 \end{array} \begin{array}{ccc} a_0 & a_1 & a_2 \\ \left[\begin{array}{ccc} 0 & 1 & 0 \\ 1/6 & 1/2 & 1/3 \\ 0 & 2/3 & 1/3 \end{array}\right] \end{array}$$

(2) 系統起始於 a_0，卽 $P^{(0)} = (1, 0, 0)$，則

$$P^{(1)} = P^{(0)} P = (0, 1, 0)$$

$$P^{(2)} = P^{(1)} P = (1/6, 1/2, 1/3)$$

$$P^{(3)} = P^{(2)} P = (1/12, 23/36, 5/18)$$

所以，在 3 步後有 2 紅球在 A 盒的機率爲 $5/18$。

(3) 試求轉移矩陣 P 的唯一固定機率向量 t，首先求任何固定向量

$$u = (x, y, z)$$

$$(x, y, z) \left[\begin{array}{ccc} 0 & 1 & 0 \\ 1/6 & 1/2 & 1/3 \\ 0 & 2/3 & 1/3 \end{array}\right] = (x, y, z)$$

或

$$1/6\, y = x$$

$$x + 1/2\, y + 2/3\, z = y$$

$$1/3\, y + 1/3\, z = z$$

設 $x = 1$，則由第一式 $y = 6$ 及由第三式 $z = 3$，因此 $u = (1, 6, 3)$，將 u 乘以 $1/1 + 6 + 3 = 1/10$ 以得唯一固定機率向量 $t = (0.1, 0.6, 0.3)$。換句話說，長期以往，有 30% 的時間有 2 紅球在 A 盒。

16. 已知矩陣 $P=\begin{bmatrix} 1 & 0 \\ 1/2 & 1/2 \end{bmatrix}$ 及起始機率分布 $P^{(0)}=(1/3, 2/3)$，試界定和計算 $(1)P_{21}{}^{(3)}$ $(2)P^{(3)}$ $(3)P_2{}^{(3)}$。

解：(1) $P_{21}{}^{(3)}$ 爲由狀況 a_2 在 3 步中移至狀況 a_1 的機率，由於

$$P^2=\begin{bmatrix} 1 & 0 \\ 3/4 & 1/4 \end{bmatrix}, \quad P^3=\begin{bmatrix} 1 & 0 \\ 7/8 & 1/8 \end{bmatrix}$$

因此 $P_{21}{}^{(3)}$ 爲 P^3 的第二列第一行的元素，$P_{21}{}^{(3)}=7/8$

(2) $P^{(3)}$ 爲在 3 步後的機率分布

$$P^{(1)}=P^{(0)}P=(1/3, 2/3)\begin{bmatrix} 1 & 0 \\ 1/2 & 1/2 \end{bmatrix}=(2/3, 1/3)$$

$$P^{(2)}=P^{(1)}P=(2/3, 1/3)\begin{bmatrix} 1 & 0 \\ 1/2 & 1/2 \end{bmatrix}=(5/6, 1/6)$$

$$P^{(3)}=P^{(2)}P=(5/6, 1/6)\begin{bmatrix} 1 & 0 \\ 1/2 & 1/2 \end{bmatrix}=(11/12, 1/12)$$

另一種計算 $P^{(3)}$ 的方法爲

$$P^{(3)}=P^{(0)}P^3=(1/3, 2/3)\begin{bmatrix} 1 & 0 \\ 7/8 & 1/8 \end{bmatrix}=(11/12, 1/12)$$

(3) $P_2{}^{(3)}$ 爲轉移 3 步後，過程在狀況 a_2 的機率，它是 $P^{(3)}$ 的第二個元素，卽 $P_2{}^{(3)}=1/12$。

17. 已知轉移矩陣 $P=\begin{bmatrix} 0 & 1/2 & 1/2 \\ 1/2 & 1/2 & 0 \\ 0 & 1 & 0 \end{bmatrix}$ 及起始機率分布 $P^{(0)}=(2/3, 0, 1/3)$，

試求$(1)P_{22}{}^{(2)}$ 及 $P_{13}{}^{(2)}$ (2) $P^{(4)}$ 及 $P_3{}^{(4)}$ (3) 向量 $P^{(0)}P^n$ 的趨向 (4) P^n 趨向的矩陣。

解：(1) 首先求 2 步轉移矩陣 P^2

$$P^2=\begin{bmatrix} 0 & 1/2 & 1/2 \\ 1/2 & 1/2 & 0 \\ 0 & 1 & 0 \end{bmatrix}\begin{bmatrix} 0 & 1/2 & 1/2 \\ 1/2 & 1/2 & 0 \\ 0 & 1 & 0 \end{bmatrix}=\begin{bmatrix} 1/4 & 3/4 & 0 \\ 1/4 & 1/2 & 1/4 \\ 1/2 & 1/2 & 0 \end{bmatrix}$$

因此 $P_{32}^{(2)}=1/2$, $P_{13}^{(2)}=0$

(2) 爲了計算 $P^{(4)}$, 可利用下列方法

$P^{(2)}=P^{(0)}P^2=(1/3,2/3,0)$ 及

$P^{(4)}=P^{(2)}P^2=(1/4,7/12,1/6)$

因此 $P_3^{(4)}=1/6$

(3) $P^{(0)}P^n$ 趨向於唯一固定機率向量的 P

$$(x,y,z)\begin{bmatrix} 0 & 1/2 & 1/2 \\ 1/2 & 1/2 & 0 \\ 0 & 1 & 0 \end{bmatrix}=(x,y,z)$$

或

$1/2\,y=x$

$1/2\,x+1/2\,y+z=y$

$1/2\,x=z$

設 $z=1$, 則由第三方程式 $x=2$, 及第一方程式 $y=4$, 卽 $u=(2,4,1)$爲P的固定點。因此 $t=(2/7,4/7,1/7)$。換句話說, $P^{(0)}P^n$趨近$(2/7,4/7,1/7)$。

(4) P^n 趨近矩陣 T, $T=\begin{bmatrix} 0 & 1 & 0 \\ 1/6 & 1/2 & 1/3 \\ 0 & 2/3 & 1/3 \end{bmatrix}$

18. 老王身邊有 2 元, 他每次賭 1 元, 同時贏 1 元的機率 1/2。他玩至輸 2 元和贏 4 元卽停止。(1)試問他至多玩 5 次卽輸 2 元的機率爲若干? (2)試問他可玩多於 7 次的機率爲若干?

解: 本題爲有吸收性障礙的隨機漫步 (random walk)。設a_i爲在有 i 元的狀況, 則轉移矩陣P爲

$$P = \begin{bmatrix} 1 & 0 & 0 & 0 & 0 & 0 & 0 \\ 1/2 & 0 & 1/2 & 0 & 0 & 0 & 0 \\ 0 & 1/2 & 0 & 1/2 & 0 & 0 & 0 \\ 0 & 0 & 1/2 & 0 & 1/2 & 0 & 0 \\ 0 & 0 & 0 & 1/2 & 0 & 1/2 & 0 \\ 0 & 0 & 0 & 0 & 1/2 & 0 & 1/2 \\ 0 & 0 & 0 & 0 & 0 & 0 & 1 \end{bmatrix}$$

及起始機率分布 $P^{(0)}=(0,0,1,0,0,0,0)$，因爲老王開始玩之前有 2 元。

(1) 我們有求 $P_0^{(5)}$，系統移動 5 步後在狀況 a_0 的機率

$P^{(1)}=P^{(0)}P=(0,1/2,0,1/2,0,0,0)$

$P^{(2)}=P^{(1)}P=(1/4,0,1/2,0,1/4,0,0)$

$P^{(3)}=P^{(2)}P=(1/4,1/4,0,3/8,0,1/8,0)$

$P^{(4)}=P^{(3)}P=(3/8,0,5/16,0,1/4,0,1/16)$

$P^{(5)}=P^{(4)}P=(3/8,5/32,0,9/32,0,1/8,1/16)$

因此 $P_0^{(5)}=3/8$

(2)

$P^{(6)}=P^{(5)}P=(29/64,0,7/32,0,13/64,0,1/8)$

$P^{(7)}=P^{(6)}P=(29/64,7/64,0,27/128,0,13/128,1/8)$

因此老王玩多於 7 次的機率爲系統移動 7 步後不在 a_0 或 a_6，爲 $7/64+27/128+13/128=27/64$。

19. 重覆投擲一公正骰子，設 X_n 爲前 n 次投擲中出現的最大數

(1) 試求馬可夫鏈的轉移矩陣 P，試問 P 是否爲正規矩陣？

(2) 試求 $P^{(1)}$ 投擲一次後的機率分布。

(3) 試求 $P^{(2)}$ 及 $P^{(3)}$。

解：(1)馬可夫鏈的狀況空間爲 $\{1,2,3,4,5,6\}$。轉移矩陣爲

$$P=\begin{array}{c} \\ 1 \\ 2 \\ 3 \\ 4 \\ 5 \\ 6 \end{array}\begin{array}{cccccc} 1 & 2 & 3 & 4 & 5 & 6 \\ \begin{bmatrix} 1/6 & 1/6 & 1/6 & 1/6 & 1/6 & 1/6 \\ 0 & 2/6 & 1/6 & 1/6 & 1/6 & 1/6 \\ 0 & 0 & 3/6 & 1/6 & 1/6 & 1/6 \\ 0 & 0 & 0 & 4/6 & 1/6 & 1/6 \\ 0 & 0 & 0 & 0 & 5/6 & 1/6 \\ 0 & 0 & 0 & 0 & 0 & 1 \end{bmatrix} \end{array}$$

　　假如設系統爲在狀況 3 ，卽在前 n 次試行中發生的最大數爲 3 。則只有當第 $(n+1)$ 次試行發生 1 ， 2 或 3 ，最大數才可能是 3 ，因而系統保持在狀況 3 。因此， $P_{33}=3/6$。反之，若在第 $(n+1)$ 次發生 4 ， 5 ， 6 ，系統將移至 4 ， 5 或 6 。因此， $P_{34}=P_{35}=P_{36}=1/6$。系統絕不會移至 1 或 2 ，卽 $P_{31}=P_{32}=0$ ，所以轉移矩陣的第三列爲 $(0,0,3/6,1/6,1/6,1/6)$。其他列以類似方式可得。

　　由狀況 6 爲吸收性狀況，因此 P 不爲正規矩陣。

　　(2) 在第一次投擲，系統的狀況視 X_1 爲那一數字發生而定。

　　　　$P^{(1)}=(1/6,1/6,1/6,1/6,1/6,1/6)$

　　(3)

　　　　$P^{(2)}=P^{(1)}P=(1/36,3/36,5/36,7/36,9/36,11/36)$

　　　　$P^{(3)}=P^{(2)}P=(1/216,7/216,19/216,37/216,61/216,91/216)$

20. 無論是企業或家庭都有設備維護的問題，究竟應否等到損壞不能用時才修理或應定期採取例行保養，這類問題也可借助馬可夫鏈來求解。假設一部機器在每天的可能狀態有四：1.情況良好。2.略有誤差，但不嚴重。3.操作不穩定。4.損壞不能操作。針對該機器，可能採取下列五種行動之一，其成本如下表

行　動　方　案	代　　號	成　本
1.不採任何行動	n	$\$\quad 0$
2.僅作例行性保養	r	100
3.小　　修	a	300
4.小修且作例行性保養	a 及 r	350
5.全面整修	o	1,000

試問那一個行動方案最佳？

解: 最簡單的方案是不採任何行動，直到損壞後才全面整修，這一方案的轉移矩陣如表1。

表1　　第一案分析表

	1	2	3	4	行動	成　本	穩定狀態機率
1	0.9	0.06	0.03	0.01	n	$\$\quad 0$	50/76＝0.658
2	0	0.80	0.10	0.10	n	0	15/76＝0.197
3	0	0	0	0.50	n	0	6/76＝0.079
4	1	0	0	0	o	1,000	5/76＝0.066

　　第二案是對 1 至 3 狀態採例行性保養，而對第 4 狀態進行全面整修。

　　第三案是對1狀態不採行動，2狀態予以小修，3狀態予以小修並作例行性保養，4狀態則採全面整修。

　　第四案是對1狀態作例行性保養，2狀態予以小修，3狀態採小修並作例行性保養，4狀態採全面整修。

　　第五案是對1狀態作例行性保養，2狀態予以小修，3及4狀態均採全面整修。以上幾個方案的轉移矩陣經估計如表2，並分別求得其穩定狀態機率。

表 2　　第二至第五案分析表

案	轉移矩陣							
第二案	0.95	0.03	0.01	0.01	r	\$	100	40/53=0.755
	0	0.85	0.10	0.05	r		100	8/53=0.151
	0	0	0.60	0.40	r		100	3/53=0.057
	1	0	0	0	o		1,000	2/53=0.038
第三案	0.9	0.06	0.03	0.01	n	\$	0	450/554=0.812
	0.8	0.10	0.08	0.02	a		300	30/554=0.054
	0	0	0.70	0.30	a 及 r		350	53/554=0.096
	1	0	0	0	o		1,000	21/554=0.038
第四案	0.95	0.03	0.01	0.01	r	\$	100	900/989=0.910
	0.80	0.10	0.08	0.02	a		300	30/989=0.030
	0	0	0.70	0.30	a 及 r		350	38/989=0.038
	1	0	0	0	o		1,000	21/989=0.021
第五案	0.95	0.03	0.01	0.01	r	\$	100	1,500/1,585=0.946
	0.80	0.10	0.08	0.02	a		300	50/1,585=0.032
	1	0	0	0	o		1,000	19/1,585=0.012
	1	0	0	0	o		1,000	16/1,585=0.010

根據表 1 及表 2，可計算得各案的預期成本如下：

第一案　　　 \$ 66.00

第二案　　　 134.30

第三案　　　 87.80

第四案　　　 134.30

第五案　　　 126.20

由此可知，第一案的預期成本最低。

第十章 決 策 理 論

1. 旭昶公司即將推出新產品上市，行銷部門提出 3 種促銷決策:

   d_1: 在電視上廣告，如果成功，回報很大，但若產品不受市場歡迎，則支出浩大廣告費，卻回報很小。

   d_2: 在某區域進行試銷，支出費用不大，但不會有大成功或大失敗。

   d_3: 在雜誌和報紙上廣告，回報介於 d_1 與 d_2 之間。

   市場對該新產品的反應預估可分成如下 3 大類，估計利潤（每萬元獲利）如下所示，試決定各不同決策準則之下應採何種促銷行動?

決策＼反應	θ_1 良	θ_2 可	θ_3 劣
d_1	110	45	-30
d_2	80	40	10
d_3	90	55	-10

   (a) 採 Maximin 準則

   (b) 採 Maximax 準則

   (c) 採賀威茲準則（① $\alpha = 0.3$ 及 ② $\alpha = 0.7$）

   (d) 採 LaPlace 準則

   (e) 採 Minimax regret 準則

   解:

   (a) 採 Maximin 準則，則 $Max(-30, 10, -10) = 10$

   即採 d_2

   (b) 採 Maximax 準則，則 $Max(110, 80, 90) = 110$

   即採 d_1

(c) 採用賀威茲準則

① $\alpha = 0.3$

$H_1 = 110(0.3) + (-30)(0.7) = 33 - 21 = 12$

$H_2 = 80(0.3) + 10(0.7) = 24 + 7 = 31$

$H_3 = 90(0.3) + (-10)(0.7) = 27 - 7 = 20$

因此應採用 d_2

② $\alpha = 0.7$

$H_1 = 110(0.7) + (-30)(0.3) = 77 - 9 = 68$

$H_2 = 80(0.7) + 10(0.3) = 56 + 3 = 59$

$H_3 = 90(0.7) + (-10)(0.3) = 63 - 3 = 60$

因此應採用 d_1

(d) 採用 LaPlace 準則，即反應良、可及劣均給相同權重 $\frac{1}{3}$

$$L_1 = \frac{110}{3} + \frac{45}{3} - \frac{30}{3} = \frac{125}{3}$$

$$L_2 = \frac{80}{3} + \frac{40}{3} + \frac{10}{3} = \frac{130}{3}$$

$$L_3 = \frac{90}{3} + \frac{55}{3} - \frac{10}{3} = \frac{135}{3}$$

因此應採用 d_3

(e) 採用 Minimax regret 準則，首先寫出 regret matrix

反應 決策	良	可	劣
d_1	0	10	40
d_2	30	15	0
d_3	20	0	20

Minimax 準則爲採 Min $(40, 30, 20) = 20$

卽應採用 d_3

2. 臺中農業研究所估計對某一面積的土地，在標準的土壤狀況和耕種，4 種不同稻米品種的年度利潤依雨量不同而異，如下表所示

品種＼雨量	低	中	高
A	11,200	9,100	7,000
B	10,100	14,000	5,600
C	6,800	10,800	7,300
D	9,900	13,500	5,500

農夫王先生擁有該面積的農地，試問在如下各不同決策準則之下，各應採用那一品種種子?

(a) Maximax

(b) Maximin

(c) 賀威茲準則（$\alpha = 0.6$）

(d) LaPlace 準則

(e) Minimax regret

解: 由於品種 D 的利潤均低於品種 B 的利潤，因此應刪除品種 D

(a) Max (11,200, 14,000, 10,800)=14,000

採用品種 B

(b) Max (7,000, 5,600, 6,800)=7,000

採用品種 A

(c) $H_A = 11,200(0.6) + 7,000(0.4) = 6,720 + 2,800 = 9,520$

$H_B = 14,000(0.6) + 5,600(0.4) = 8,400 + 2,240 = 10,640$

$H_C = 10,800(0.6) + 6,800(0.4) = 6,480 + 2,720 = 9,200$

採用品種 B

(d) 採用 LaPlace 準則，則雨量低、中和高的權重均為 $\frac{1}{3}$，因此結果為

品　種	L
A	9,100
B	9,900
C	8,300

應採用品種B

(e) regret matrix 為

品種 ＼ 雨量	低	中	高
A	0	4,900	300
B	1,100	0	1,700
C	4,400	3,200	0

Minimax regret 為 Min (4,900, 1,700, 4,400)＝1,700

因此應採用品種B

3. 德生百貨公司的服飾採購員必須在推出新裝的 9 個月前向服飾製造商簽約下訂單，她預期迷妳裙將會盛行，其收益如下所示：

決策 ＼ 本性狀況	θ_1:迷妳裙 大流行	θ_2:迷妳裙 被接受	θ_3:迷妳裙 被排斥
d_1:不訂	−50	0	70
d_2:訂少量	−10	30	35
d_3:訂中量	60	45	−30
d_4:訂大量	80	40	−45

試求在下列各準則下的決策為何？

(a) 採 Maximin 準則

(b) 採 Maximax 準則

(c) 採 Minimax 準則

(d) 採賀威茲準則（$\alpha = 0.4$）

解：(a) 採 Maximin 準則

Max $(-50, -10, -30, -45) = -10$

採 d_2

(b) 採 Maximax 準則

Max $(70, 30, 60, 80) = 80$

採 d_4

(c) 採 Minimax 準則

Min $(70, 30, 60, 80) = 30$

採 d_2

(d) $H_1 = 70(0.4) + (-50)(0.6) = 28 - 30 = -2$

$H_2 = 35(0.4) + (-10)(0.6) = 14 - 6 = 8$

$H_3 = 60(0.4) + (-30)(0.6) = 24 - 18 = 6$

$H_4 = 80(0.4) + (-45)(0.6) = 32 - 27 = 5$

因此應採 d_2

4. 復生天然氣公司向地主王小姐提議願出60,000元，取得探勘權在她的土地上探求有天然氣的蘊藏量的可能性，並且提供未來開發的可行性。如果探勘發現該地油氣多，公司願付 600,000 元給她買下這塊地。但是王小姐認爲復生公司的興趣是該地有天然氣的好指標，因此想要自行開發。這時她必須與一家有探勘能力的公司簽約，這項費用爲 100,000 元，如果結果爲否定則這筆費用就泡湯了；如果答案是好消息，則地主估計其淨利爲 2,000,000元。在本題中，本性狀況 θ_1：地下無油氣，θ_2：地下有油氣。決策 d_1：接受復生的提議，d_2：自行開發。其利益（千元）如下表所示：

狀況 決策	θ_1	θ_2
d_1	60	660
d_2	-100	2,000

試問在下列各準則下應如何抉擇?

(a) 採 Minimax 準則

(b) 採賀威茲準則 ($\alpha = 0.6$)

(c) 採 LaPlace 準則

解: (a) 採 Minimax 準則, 即 Min (660, 2,000)=660

即採 d_1

(b) $H_1 = 0.6(60) + 0.4(660) = 36 + 264 = 300$

$H_2 = 0.6(-100) + 0.4(2,000) = -60 + 800 = 740$

因此採 d_2

(c) 採 LaPlace 準則

$L_1 = \frac{1}{2}(60) + \frac{1}{2}(660) = 30 + 330 = 360$

$L_2 = \frac{1}{2}(-100) + \frac{1}{2}(2,000) = -100 + 1,000 = 900$

採 d_2

5. 賣報小販明玉在市區大街賣日報, 每天都必須決定訂報份數, 明玉付給報社每份20分, 而她出售爲每份25分。如果報紙過了午後三點仍未售出, 就無價值。明玉知道每天她可售出的份數介於 6 至10份之間, 每一數值都有相同可能, 試列出她的所有可能報酬情況。

解: 假設明玉向報社訂購 i 份報紙而售出 j 份

則她的報酬爲

$r_{ij} = 25 (\text{Min}(i, j)) - 20 i$

即若 $i \geq j$　$r_{ij} = 25j - 20i$

若 $i \leq j$　$r_{ij} = 25i - 20j = 5i$

如果以表列出, 如下所示:

訂報份數	報　紙　售　出　份　數				
	6	7	8	9	10
6	30¢	30¢	30¢	30¢	30¢
7	10¢	35¢	35¢	35¢	35¢
8	−10¢	15¢	40¢	40¢	40¢
9	−30¢	−5¢	20¢	45¢	45¢
10	−50¢	−25¢	0¢	25¢	50¢

6. （續上題）

①試列出明玉的各種極大遺憾值，並求其 Minmax 值。

②試計算明玉的各種期望報酬。

解: ①

遺　憾　值　矩　陣

訂報份數	報　紙　售　出　份　數				
	6	7	8	9	10
6	30−30＝ 0¢	35−30＝ 5¢	40−30＝10¢	45−30＝15¢	50−30＝20¢
7	30−10＝20¢	35−35＝ 0¢	40−35＝ 5¢	45−35＝10¢	50−35＝15¢
8	30＋10＝40¢	35−15＝20¢	40−40＝ 0¢	45−40＝ 5¢	50−40＝10¢
9	30＋30＝60¢	35＋ 5＝40¢	40−20＝20¢	45−45＝ 0¢	50−45＝ 5¢
10	30＋50＝80¢	35＋25＝60¢	40− 0＝40¢	45−25＝20¢	50−50＝ 0¢

訂報份數	極大遺憾值
6	20¢
7	20¢
8	40¢
9	60¢
10	80¢

因此 Minmax regret＝20，即訂報 6 份或 7 份。

②

訂報份數	期　望　報　酬
6	$\frac{1}{5}(10+35+35+35+35)=30¢$
7	$\frac{1}{5}(30+30+30+30+30)=30¢$
8	$\frac{1}{5}(-10+15+40+40+40)=25¢$
9	$\frac{1}{5}(-30-5+20+45+45)=15¢$
10	$\frac{1}{5}(-50-25+0+25+50)=0¢$

因此以訂報 6 份或 7 份的期望報酬最佳。

7. （繼上題）

①試求明玉的 Maximin 策略的決策。

②試求她的 Maximax 策略的決策。

解: ①

訂報份數	欲購報份數	報　酬
6	6,7,8,9,10	30¢
7	6	10¢
8	6	−10¢
9	6	−30¢
10	6	−50¢

Maximin=30, 即訂報 6 份

②

訂報份數	欲購買份數	報　酬
6	6,7,8,9,10	30¢
7	7,8,9,10	35¢
8	8,9,10	40¢
9	9,10	45¢
10	10	50¢

Maximax=50, 即訂報10份

③ Minimax=30, 即訂報 6 份。

8. 假設有二種選擇 d_1 和 d_2，其發生機率如下表所示

本性狀況 決　　策	θ_1 $p=0.999$	θ_2 $p=0.001$
d_1	-200 (元)	-200 (元)
d_2	0 (元)	$-100,000$ (元)

試問應選取那一個?

解:

$$E[V(d_1)]=0.999(-200)+(0.001)(-200)=-200$$
$$E[V(d_2)]=0.999(0)+(0.001)(-100,000)=-100$$

即長期以往，每次選 d_2 的平均損失較低。

9. 假設某甲擁有一塊地，地下或許有石油，他有三種選擇: ①不鑽井開發。②自費 500,000 元開挖。③出讓開發權給他人，如果開發成功，則抽取某一比率的利潤。已知本性狀況 θ_1: 乾井，θ_2: 油藏不多，θ_3: 油藏量大的機率分別為0.6, 0.3及0.1，其報酬如下表所示

本性狀況 決　　策	θ_1 $p_1=0.6$	θ_2 $p_2=0.3$	θ_3 $p_3=0.1$
d_1	0	0	0
d_2	$-500,000$	$300,000$	$9,300,000$
d_3	0	$125,000$	$1,250,000$

試問某甲應如何抉擇?

解:

$$P(d_1)=0$$
$$P(d_2)=-500,000(0.6)+300,000(0.3)$$
$$+9,300,000(0.1)=720,000$$
$$P(d_3)=0(0.6)+125,000(0.3)+(1,250,000)(0.1)$$
$$=162,500$$

因此如果他承受得起500,000元損失的風險，則應取 d_2。

10. 老陳最近買了一幢房子,面臨是否要投保火災險的問題。其相關資料如下:

d_1 為投保， d_2 不投保

決策 \ 本性狀況	θ_1:無火災 $p_1=0.999$	θ_2:火 災 $p_2=0.001$
d_1	-200	0
d_2	-200	$-100,000$

試問老陳應如何抉擇?

解:

| | 損　失 | 機率 | 期望值 E_t |

	損　失	機率	期望值 E_t
θ_1 無火災	(-200)	$(0.999)=$	-199.8
θ_2 火 災	(-200)	$(0.001)=$	-0.2 $+ = -200$
θ_1 無火災	(0)	$(0.999)=$	0
θ_2 火 災	$(-100,000)$	$(0.001)=$	-100 $+ = -100$

由以上計算可知不投保較合算，卽選 d_2。

11. 在德生百貨例中，若採購員對本性狀況的各估計值為$P(\theta_1)=0.25$, $P(\theta_2)=0.40$ 和 $P(\theta_3)=0.35$，試問她應採那一個決策?

解: 各不同決策的期望收益分別為

$E[V(d_1)]=(-50)(0.25)+(0)(0.40)+(80)(0.35)=15.5$

$E[V(d_2)]=(-10)(0.25)+(30)(0.40)+(35)(0.35)=21.75$

$E[V(d_3)]=(60)(0.25)+(45)(0.40)+(-30)(0.35)=22.5$

$E[V(d_4)]=(80)(0.25)+(40)(0.40)+(-45)(0.35)=20.25$

因此應採決策d_3，卽訂中量。

本題也可用決策樹由後向前計算如下

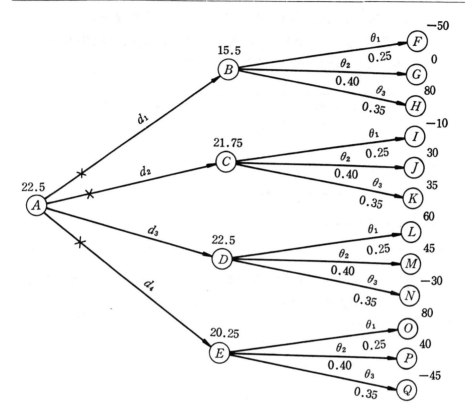

12. 在題4.中，如果地主估計找到油氣的機率為 0.6，試問她會採取那一個決策？

　解：依題意得知 $P(\theta_2)=0.6$，因此 $P(\theta_1)=0.4$

　　　採決策 d_1 的期望利益

　　　　$E[V(d_1)]=(60)(0.4)+(660)(0.6)=420$

　　　採決策 d_2 的期望利益

　　　　$E[V(d_2)]=(-100)(0.4)+(2,000)(0.6)=1,160$

　　　因此應採決策 d_2，即自行投資開發。

　　　本題也可用下示決策樹方式由後向前計算求得

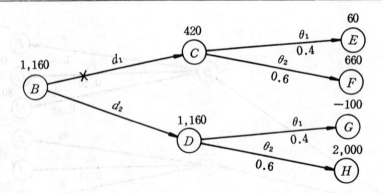

13. 在復生天然氣公司的問題中，地主以30,000元的代價雇人利用音測法測試該地是否有油氣，結果顯示並無油氣，但這結果並非完全可信。復生公司的專家指出，事實上地下有油氣而音測指示為無油氣的機率為30%，而當地下無油氣，音測指示為無油氣的機率為90%。試利用這些資料，將地主認為地下有油氣的機率 $P(\theta_2)=0.6$ 加以修訂，然後再指出她會採那一對策？

解: 已知 $P(\theta_2)=0.6$, $P(\theta_1)=0.4$

設 S_1 表音測指示無油氣的事件，因此

$$P(S_1|\theta_1)=0.9 \text{ 和 } P(S_1|\theta_2)=0.3$$

依據貝氏定理可知

$$P(\theta_1|S_1)=\frac{P(S_1|\theta_1)P(\theta_1)}{P(S_1|\theta_1)P(\theta_1)+P(S_1|\theta_2)P(\theta_2)}$$

$$=\frac{(0.90)(0.4)}{(0.90)(0.4)+(0.30)(0.6)}=\frac{2}{3}$$

$$P(\theta_2|S_1)=1-P(\theta_1|S_1)=\frac{1}{3}$$

因此，期望值的計算在收益上應減去音測的費用30（千元）

$$E[V(d_1)|S_1]=(60-30)\left(\frac{2}{3}\right)+(660-30)\left(\frac{1}{3}\right)=230$$

$$E[V(d_2)|S_1]=(-100-30)\left(\frac{2}{3}\right)+(2,000-30)\left(\frac{1}{3}\right)=570$$

所以應採決策 d_2。

本題若用決策樹，則求法如下。

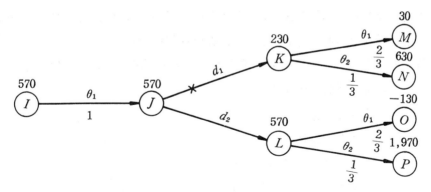

14. 在上題中，若音測指示地下有油氣，試解上題。

　　解: 設音測指示有油氣的事件為 S_2，則

$$P(S_2|\theta_1)=0.1 \qquad P(S_2|\theta_2)=0.7$$

機率 $P(\theta_1)=0.4$ 和 $P(\theta_2)=0.6$，事後機率為

$$P(\theta_1|S_2)=\frac{P(S_2|\theta_1)P(\theta_1)}{P(S_2|\theta_1)P(\theta_1)+P(S_2|\theta_2)P(\theta_2)}$$

$$=\frac{(0.10)(0.4)}{(0.10)(0.4)+(0.70)(0.6)}=0.087$$

$$P(\theta_2|S_2)=1-P(\theta_1|S_2)=0.913$$

因此

$$E[V(d_1)|S_2]=(60-30)(0.087)+(660-30)(0.913)=577.8$$

$$E[V(d_2)|S_2]=(-100-30)(0.087)+(2{,}000-30)(0.913)$$

$$=1{,}787.3$$

所以取決策 d_2。

本題若用決策樹，則求法如下

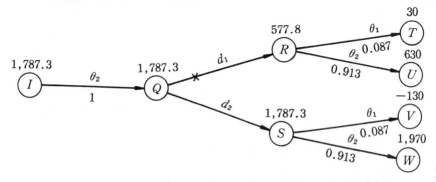

15. 在復生天然氣公司的問題中,如果地主只是想要雇人進行音測而尚未實施,其他資料都與題4.和題13.相同, 則她會採何種決策?

解: 本題為二階段決策過程。首先地主必須決定是否採音測,然而必須決定是否接受復生的建議。

設　d_I＝實施音測

　　d_{II}＝不實施音測

　　S_1＝音測指示無油氣的事件

　　S_2＝音測指示有油氣的事件

決策如下決策樹所示

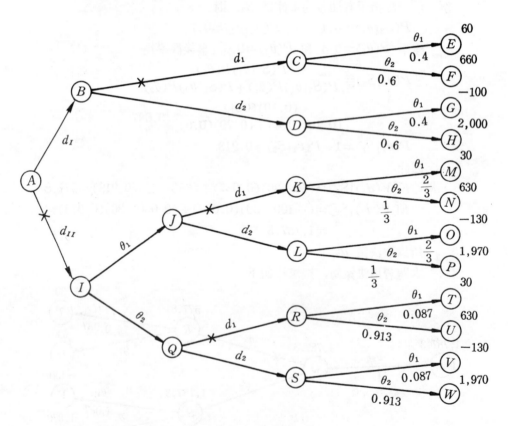

在上圖中的 $P(S_1)$ 和 $P(S_2)$ 計算如下:

$$P(S_1)=P(S_1|\theta_I)P(\theta_1)+P(S_1|\theta_2)P(\theta_2)$$

$$=(0.90)(0.4)+(0.30)(0.6)=0.54$$

$$P(S_2)=P(S_2|\theta_1)P(\theta_1)+P(S_2|\theta_2)P(\theta_2)$$

$$=(0.10)(0.4)+(0.70)(0.6)=0.46$$

由後向前計算, 結果如下:

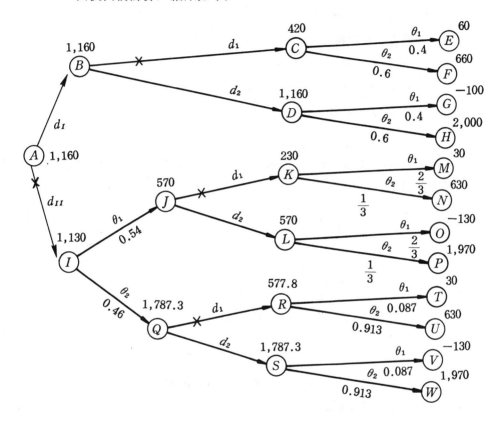

由於 I 點期望值$=(570)(0.54)+(1,787.3)(0.46)=1,130$, 而 B 點的期望值較 I 點為大 , 因此應探 d_I , 即地主應雇人進行音測並拒絕復生的提議而自行投資開發。

16. 小莉有一張職棒比賽的入場券 , 氣象預報當天的天氣會下雨的機率為 40 % , 如果那天下雨她可留在家中觀看電視轉播 , 而如果天晴則到現場觀戰,若以效用表示的報償矩陣如下所示:

決策＼狀況	θ_1	θ_2
d_1	0	100
d_2	85	50

θ_1: 下雨　θ_2: 不下雨

d_1: 到現場看球

d_2: 留在家中

試問小莉應如何抉擇？

解:

$$E[V(d_1)]=(0)(0.4)+(100)(0.6)=60$$

$$E[V(d_2)]=(85)(0.4)+(50)(0.6)=64$$

由於 $E[V(d_2)]>E[V(d_1)]$，因此採 d_2。

17. 在德生百貨公司的問題中，假設百貨公司對金錢的效用，以圖表示如下，試求採購員的決策。

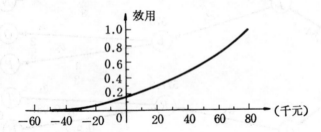

解:

$$P(\theta_1)=0.25,\ P(\theta_2)=0.4,\ P(\theta_3)=0.35$$

期望效用值分別為

$$E[V(d_1)]=(0)(0.25)+(0.15)(0.4)+(1)(0.35)=0.410$$

$$E[V(d_2)]=(0.09)(0.25)+(0.38)(0.4)+(0.43)(0.35)$$
$$=0.325$$

$$E[V(d_3)]=(0.72)(0.25)+(0.53)(0.4)+(0.02)(0.35)$$
$$=0.399$$

$$E[V(d_4)]=(1)(0.25)+(0.48)(0.4)+(0)(0.35)=0.442$$

決策＼狀況	θ_1	θ_2	θ_3
d_1	0	0.15	1
d_2	0.09	0.38	0.43
d_3	0.72	0.53	0.02
d_4	1	0.48	0

因此決策為 d_4。

18. 富生電腦公司製造記憶晶片，每10個為一盒。依據過去的經驗，公司知道80％的盒中有10％的不良晶片，以及20％的盒中有50％的不良晶片。如果良品盒（10％不良）送往下一生產階段，加工成本為 1,000 元，而如果不良品盒（50％不良）送往下一生產階段，則加工成本為 4,000 元。公司可採另行重做一盒的方式，成本 1,000 元。經重做的盒必可確定為良品盒。還有一種方式是以 100 元的成本由盒中抽取 1 個測試以決定是否為不良品盒。試問該公司應如何進行，以使每盒的期望總成本為最低，同時並計算EVSI 和 EVPI。

解： 我們將成本乘(-1)使成為求一（總成本）的極大。

首先設$X=$良品盒　　$X'=$不良品盒

已知$P(X)=0.8$　　$P(X')=0.2$

富生也有由盒中抽驗 1 晶片的實驗，實驗的可能結果

$Y=$抽到不良晶片　　$Y'=$抽到非不良晶片

$P(Y|X)=0.1$　　$P(Y'|X)=0.9$

$P(Y|X')=0.5$　　$P(Y'|X')=0.5$

為了完成如下決策樹的計算，必須求得$P(X'|Y), P(X|Y), P(X|Y')$和 $P(X'|Y')$

$P(Y\cap X)=P(X)P(Y|X)=.80(.10)=.08$

$P(Y\cap X')=P(X')P(Y|X')=.20(.50)=.10$

$P(Y'\cap X)=P(X)P(Y'|X)=.80(.90)=.72$

$$P(Y' \cap X') = P(X')P(Y'|X') = .20(.50) = .10$$

我們可計算每一種實驗出象的機率

$$P(Y) = P(Y \cap X) + P(Y \cap X') = .08 + .10 = .18$$

$$P(Y') = P(Y' \cap X) + P(Y' \cap X') = .72 + .10 = .82$$

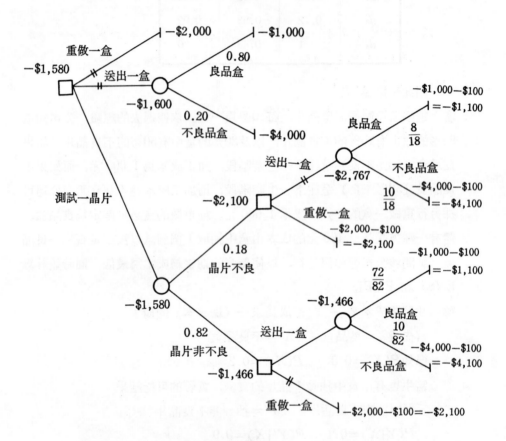

利用貝氏定理可得如下事後機率

$$P(X'|Y) = \frac{P(Y \cap X')}{P(Y)} = \frac{.10}{.18} = \frac{5}{9}$$

$$P(X|Y) = \frac{P(Y \cap X)}{P(Y)} = \frac{.08}{.18} = \frac{4}{9}$$

$$P(X'|Y') = \frac{P(Y' \cap X')}{P(Y')} = \frac{.10}{.82} = \frac{10}{82}$$

$$P(X|Y') = \frac{P(Y' \cap X)}{P(Y')} = \frac{.72}{.82} = \frac{72}{82}$$

　　將這些事後機率用於上列決策樹可知最佳策略為測試 1 晶片，如果結果是不良，則重做該盒，否則請送出該盒至下一生產階段，期望成本為 1,580 元。

　　為了要計算 EVSI，假設測試 1 晶片為免費，則決策樹測試分支的期望值增加100元成為 -1,480 元，即有測試的期望值為 -1,480 元，而無測試的期望值為 -1,600元，因此

　　　　EVSI = -1,480 - (-1,600) = 120

　　為了要求 EVPI，利用下圖，我們有完美資訊的期望值 = -1,200，因此

　　　　EVPI = -1,200 - (-1,600) = 400

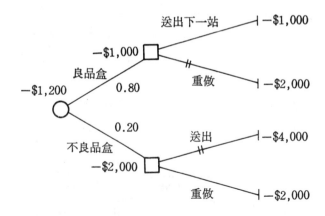

19. 良生體育用品社的老板必須決定為夏季訂購多少件網球衫。對於某一型的網球衫，他必須以 100 件為一單位。如果他訂 100 件，則平均每件成本10元；如果訂 200 件，每件成本 9 元；如果訂購 300 件或以上，則每件成本 8.5元。他的售價為每件 12 元，如果在夏季結束時仍有存貨未售出，則以每件 6 元廉售。假設依經驗，老板知道需求量為100,150或200件。如果存貨不足，每件的機會損失為0.5元。

(1) 試列出償付表。

(2) 假若已知 $P(\theta_1)=0.5, P(\theta_2)=0.3, P(\theta_3)=0.2$，依據期望値準則，老板的抉擇爲何?

(3) 試列出機會損失表。

(4) 試以機會損失期望値爲準則，則老板如何決定?

(5) 試求老板的 EVPI。

解: (1) 設 S 爲存量，D 爲需求量，R 爲售價，C 爲成本

$$\text{淨利}=\begin{cases} D(R-C)-(C-6)(S-D) & \text{若 } S>D \\ S(R-C)-0.5(D-S) & \text{若 } S<D \end{cases}$$

決策 \ 本性狀況	θ_1 需求量100件	θ_2 需求量150件	θ_3 需求量200件
d_1:訂100件	200	175	150
d_2:訂200件	0	300	600
d_3:訂300件	−150	150	450

(2) 由於需求量至多爲200件，因此 d_2 比 d_3 爲優勢，即 d_3 可刪除

$E[V(d_1)]=200(0.5)+175(0.3)+150(0.2)=182.5$

$E[V(d_2)]=0(0.5)+300(0.3)+600(0.2)=210$

因此採 d_2

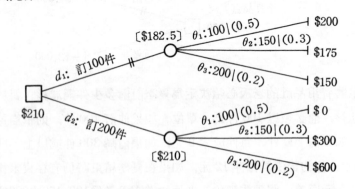

(3) 遺憾値（機會損失）表

決策 \ 狀況	θ_1	θ_2	θ_3
d_1	0	125	450
d_2	200	0	0

(4) $\text{EOL}(d_1)=0(0.5)+125(0.3)+450(0.2)=127.5$

$\text{EOL}(d_2)=200(0.5)+0(0.3)+0(0.2)=100$

因此應探 d_2

(5) 在完美資訊下的期望值

$200(0.5)+300(0.3)+600(0.2)=310$

$\text{EVPI}=310-210=100$

20. 道生石油公司雇用鑽井隊計畫在某地鑽井以探勘石油。已知該地的可能狀況分別為 θ_1: 乾井，θ_2: 中蘊量，θ_3: 高蘊量，機率分別為 $P(\theta_1)=0.5$，$P(\theta_2)=0.3$ 和 $P(\theta_3)=0.2$。若鑽井費用為 70,000 元，如果為高蘊量，則鑽井隊利潤 270,000 元，而中蘊量的利潤為 120,000 元。鑽井隊也可用音測以協助瞭解地質結構，其成本為 10,000 元,音測結果有三種可能: S_1: 差，S_2: 中等，S_3: 良好。依據過去經驗，有如下結果可資參考:

探測反應 \ 井類	θ_1	θ_2	θ_3
S_1	0.6	0.3	0.1
S_2	0.3	0.4	0.4
S_3	0.1	0.3	0.5

試問鑽井隊應否進行音測?

解:

決策 \ 本性狀況	θ_1 $P(\theta_1)=0.5$	θ_2 $P(\theta_2)=0.3$	θ_3 $P(\theta_3)=0.2$
d_1:鑽 井	$-70,000$	$50,000^a$	$200,000^a$
d_2:不鑽井	0^a	0	0

$$E[V(d_1)]=(-70,000)(0.5)+(50,000)(0.3)+(200,000)(0.2)$$
$$=\$20,000$$

$$E[V(d_2)]=\$0$$

所以可求得

$$\text{EVPI}=\sum_{j=1}^{3} P(\theta_j)\max_i[V(d_i,\theta_j)]-\max_i E[V(d_i)]$$
$$=[(0)(0.5)+(50,000)(0.3)+(200,000)(0.2)]-20,000$$
$$=\$35,000$$

即樣本資訊的最高價值爲35,000元，但音測只要10,000元，因此值得進行。

21. 試問在上題中，如果鑽井隊有前述資訊，他們應如何決定，試以決策樹表示。

解: 首先求各 $P(\theta_j|S_k)$ 的值

$P(S_k|\theta_j)$

θ_j / S_k	θ_1	θ_2	θ_3
S_1	0.6	0.3	0.1
S_2	0.3	0.4	0.4
S_3	0.1	0.3	0.5

$P(\theta_j)$

θ_j	$P(\theta_j)$
θ_1	0.5
θ_2	0.3
θ_3	0.2

$P(S_k \cap \theta_j)$

θ_j / S_k	θ_1	θ_2	θ_3	
S_1	0.3	0.09	0.02	0.41
S_2	0.15	0.12	0.08	0.35
S_3	0.05	0.09	0.10	0.24
	0.5	0.3	0.2	1

$P(S_k)$

S_k	$P(S_k)$
S_1	0.41
S_2	0.35
S_3	0.24

θ_j / S_k	θ_1	θ_2	θ_3
S_1	0.73	0.22	0.05
S_2	0.43	0.34	0.23
S_3	0.21	0.37	0.42

因此可整理如下表所示:

音測結果 S_k	本性狀況 θ_j	決 策 d_1	d_2	$P(\theta_j|S_k)$
S_1	θ_1	$- 70,000	$0	0.73
	θ_2	50,000	0	0.22
	θ_3	200,000	0	0.05
	EV	- 30,100	0	
S_2	θ_1	- 70,000	0	0.43
	θ_2	50,000	0	0.34
	θ_3	200,000	0	0.23
	EV	32,900	0	
S_3	θ_1	70,000	0	0.21
	θ_2	50,000	0	0.37
	θ_3	200,000	0	0.42
	EV	87,500	0	

音測結果 S_k	$P(S_k)$ (1)	EV_k (2)	$\sum_k P(S_k)EV_k$ (3)=(1)×(2)
S_1	0.41	$ 0	$ 0
S_2	0.35	32,900	11,500
S_3	0.24	87,500	21,000
			$ 32,500

在音測之後，期望值爲 $32,500-10,000=22,500$,扣除音測成本後的期望值與無音測期望值相較

$$22,500-20,000=2,500 \text{ (元)}$$

可見音測值得進行。如果測試結果爲 S_1，則不鑽井，否則就應鑽井

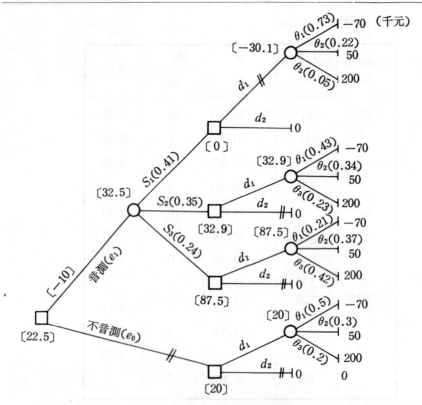

22. 發明家王博士有一個新發明，該產品如果上市，有3種可能狀況 θ_1：銷售良好，θ_2：銷售平平以及 θ_3：銷售不佳。王博士有2種決策可行，一種是自行生產，其次是將專利權賣給製造商。相關資料如下償付表所示（單位：萬元）：

決策＼狀況	θ_1	θ_2	θ_3
d_1	80	20	−5
d_2	40	7	1

(a) 試求機會損失償付表。

(b) 試求在期望機會損失準則下的決策。

(c) 若已知$P(\theta_1)=0.2, P(\theta_2)=0.5, P(\theta_3)=0.3,$試問王博士應如何抉擇？

(d) 試求 EVPI 的值。

解: (a) 機會損失償付表或稱遺憾值表

狀況 決策	θ_1	θ_2	θ_3
d_1	0	0	6
d_2	40	13	0

(b) $\text{EOL}(d_1)=0.2(0)+0.5(0)+0.3(6)=1.8$

$\text{EOL}(d_2)=0.2(40)+0.5(13)+0.3(0)=14.5$

因此應採 d_1

(c) 首先繪出決策樹如下:

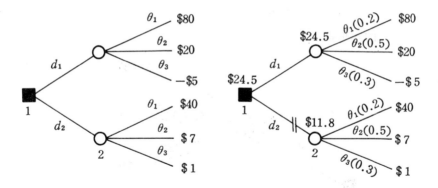

可見以採 d_1 較有利

(d) $\text{EVPI}=80(0.2)+20(0.5)+1(0.3)=26.3$

23. 在上題中，王博士爲了瞭解消費者對新產品的反應而委託信心行銷基金會
進行調查，依據報告，樣本結果有 3 類 S_1: 樣本顯示暢銷，S_2: 樣本顯
示平平，S_3: 樣本顯示反應不佳,而對王博士的新產品試銷結果爲S_2。假若
$P(S_2|\theta_1)=0.1,\ P(S_2|\theta_2)=0.8,\ P(S_2|\theta_3)=0.2$

(a) 試求 $P(\theta_i|S_2)$ 之值,

(b) 試決定應採那一決策。

(c) 試求事後 EVPI。

解: (a) 依據貝氏定理，可計算事後機率 $P(\theta_i|S_2)$ 如下:

θ_i	$P(\theta_i)$	$P(S_2|\theta_i)$	$P(\theta_i)P(S_2|\theta_i)$	$P(\theta_i|S_2)$
θ_1	0.2	0.1	0.02	0.042
θ_2	0.5	0.8	0.40	0.833
θ_3	0.3	0.2	0.06	0.125
	1.0		0.48	1.000

(b) $E[V(d_1)]=80(0.042)+20(0.833)+(-5)(0.125)$

$\qquad =19.395$

$E[V(d_2)]=40(0.042)+7(0.833)+1(0.125)$

$\qquad =7.636$

因此應採 d_1

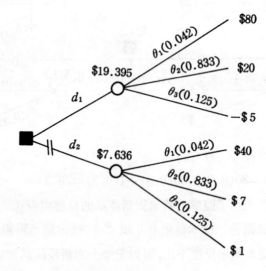

(d) 事後 EVPI 的求法有二:

(法 1): 依最佳利潤來計算

θ_i	利　潤	事後機率	加權利潤
θ_1	\$80	0.042	3.360
θ_2	20	0.833	16.660
θ_3	1	0.125	0.125
		1.000	20.145

EVPI$=20.145-19.395=0.75$（千元）

（法 2）：依 EOL 來計算

採 d_1 自行製造			
θ_i	$P(\theta_i)$	利　潤	加權利潤
θ_1	0.042	0	0
θ_2	0.833	0	0
θ_3	0.125	6	0.75
			0.75

最佳決策的事後 EOL＝事後 EVPI＝0.75（千元）

第十一章 競賽理論

1. 設有 R 與 C 兩公司生產同類產品電視、冷氣、洗衣機 3 種。R 公司計畫擴充市場，並準備增加廣告費用一百萬元，但不知應增加於何項產品最為有利。而且 C 公司也可能同時增加廣告費以對抗之。設 R 公司估計兩公司的各項行動的結果如下（單位: 萬元）

C 公司 ＼ R 公司	增加電視廣告費	增加冷氣廣告費	增加洗衣機廣告費	不採取行動
增加電視廣告費	60	−30	150	−110
增加冷氣廣告費	70	10	90	50
增加洗衣機廣告費	−30	0	−50	80

試問這二家公司各應採取何種對策？

解: 本題是一項既定競賽，因為該競賽具有鞍點，其值為 $V_{22}=10$:

C ＼ R	1	2	3	4	R Min
1	60	−30	150	−110	−100
2	70	10	90	50	10*
3	−30	0	−50	80	−50
C Max	70	10*	150	80	

所以是既定競賽，R 公司增加冷氣廣告費用後，至少可獲益 100,000 元，而且這時 C 公司必須也以增加冷氣廣告費用為對抗手段，若採取其他對策，則將使 R 公司獲得更大的利益。

2. 兩家彼此競爭的電視公司（*R* 與 *C*）分別計畫在同一時段推出長達一小時的電視節目。其中 *R* 公司有三個企劃案可資選擇，*C* 公司有四個企劃案可資選擇。由於彼此不知對方要推出那個節目，故只得求助外面的民意調查公司，預估各個企劃案配對後收視率的分佈情形。（不巧，兩家電視臺竟求助於同一家民意調查公司。）該民意調查公司完成的收視率調查如下表所示。表中元素（*i*，*j*）表示 *R* 公司推出節目 *i* 對抗 *C* 公司節目 *j* 時，*R* 公司所得的收視率（假設開機率為100%）。若欲獲得最高收視率，兩家電視台各應推出什麼節目？

C \ R	1	2	3	4
1	60	20	30	55
2	50	75	45	60
3	70	45	35	30

解: 將上表中各元素值一律減掉50，改成以下的矩陣

C \ R	1	2	3	4	RMin
1	10	−30	−20	5	−30
2	0	25	−5	10	−5*
3	20	−5	−15	−20	−20
CMax	20	25	−5*	10	

這是兩人零和競賽中開始時兩電視臺各擁有50%收視率的償付矩陣。矩陣中元素（*i*，*j*），表示節目 *i* 與 *j* 對抗時，*C* 公司輸給 *R* 公司的收視率。很易求得元素

$$a_{23} = -5$$

為償付矩陣的鞍點。因此，*R* 公司的最適策略是推出節目 2，而 *C* 公司的最適策略即為推出節目 3。其結果為 *R* 公司獲得45%的收視率，而 *C* 公司

的收視率爲55%。

3. 試解下述競賽償付矩陣。

(a)

C\R	1	2	3
1	1	2	3
2	0	3	−1
3	−1	−2	4

(b)

C\R	1	2	3	4
1	2	3	−3	2
2	1	3	5	2
3	9	5	8	10

解:

(a)

C\R	1	2	3	RMin
1	1	2	3	1
2	0	3	−1	−1
3	−1	−2	4	−2
CMax	1	3	4	

R的最佳策略爲 Maxmin=Max$(1,-1,-2)$=1

C的最佳策略爲 Minmax=Min$(1,3,4)$=1

由於R與C的值相等，因此有鞍點 (R_1, C_1)。

(b)

C\R	1	2	3	4	RMin
1	2	3	−3	2	−3
2	1	3	5	2	1
3	9	5	8	10	5
CMax	9	5	8	10	

R的最佳策略爲 Maxmin＝Max (−3,1,5)＝5

C的最佳策略爲 Minmax＝Min (9,5,8,10)＝5

因此本競賽的值爲5，有鞍點 (R_3, C_2)。

4. 兩位土地掮客各自希望爲自己所服務的公司爭購土地。甲公司有三種購地的選擇，乙公司有四種購地的選擇。他們發現各公司如果採用某一購地選擇，將會影響另一公司的業務，其數量如下償付矩陣所示

乙公司策略 甲公司策略	B_1	B_2	B_3	B_4
A_1	−2	3	−3	2
A_2	−1	−3	−5	12
A_3	9	5	8	10

矩陣表內正值表示由乙公司轉至甲公司的業務百分比，負值表示由甲公司轉至乙公司的業務百分比，試分別求二公司的最佳策略。

解: 每位土地掮客都知道對方會爲自己的公司選取一最爲有利的策略。甲公司會由矩陣中選一它可得的最大正值，而乙公司會由矩陣中選一最小數值，既然每位掮客都不會低估他的對手，他會假設對手會做出最佳抉擇。利用「單純策略」，乙公司的掮客絕不會選策略B_4，因爲B_1的每個數值都小於相對的 B_4 數值。同理，甲公司的掮客也不會選A_1，因爲 A_1 的每個數值都小於相對 A_3 的值，因此，償付矩陣可簡化如下

C R	B_1	B_2	B_3
A_2	−1	−3	−5
A_3	9	5	8

甲公司必然會選A_3，而乙公司會選B_2，點 (A_3, B_2) 稱爲鞍點。

5. 甲與乙二人玩一種遊戲，卽二人同時出示1指或2指，若兩人同時出1

指，則爲和局，但若同時出 2 指，則乙付甲 3 元。若甲出 1 指和乙出 2 指，乙付甲 1 元，但若甲出 2 指和乙出 1 指，則甲付乙 1 元，試問這競賽的償付矩陣爲何？它是否爲公平競賽？

解：這是一個二人零和競賽，由於一人贏則另一人必輸，其和爲零，因此他們不可能合作。

甲＼乙	1	2	*R*Min
1	0	1	0*
2	−1	3	−1
*C*Max	0*	3	

甲認爲若出 1 指，則最壞的情形爲 0，但若出 2 指，最壞的情形爲輸 1 元。因此他總是出 1 指，至少不會有損失。

乙的想法是如果出 1 指，最壞的情形是 0，而若出 2 指，則最壞的情形是輸 3 元，因此他總是出 1 指，由於本競賽的值對 2 人均相同（$E=0$），因此是公平競賽。

6. 甲、乙 2 人同時出示 1 指或 2 指。若和爲偶數，乙付甲該數值的錢數，但若是奇數，則是甲付乙該數值的錢數，試問 2 人各應採何種策略？

解：本題爲 2 人零和競賽，償付矩陣爲

甲＼乙	1	2	*R*Min
1	2	−3	−3
2	−3	4	−3
*C*Max	2	4	

甲的最佳策略爲 Maxmin，卽 −3，而乙的最佳策略爲 Minmax，卽 2。因此甲期望輸 3，而乙期望輸 2。

由於沒有鞍點，因此必須求混合策略

甲＼乙	1	2	
1	2	-3	7
2	-3	4	5
	7	5	

甲的混合策略爲 $\left[\dfrac{7}{12}, \dfrac{5}{12}\right]$，而乙的策略也是 $\left[\dfrac{7}{12}, \dfrac{5}{12}\right]$。

7. 子虛鎭鎭公所計畫對其人民施行預防接種，以抗禦引發流行性感冒的某種濾過性病毒。該濾過性病毒已知有兩種類型，但尚不清楚各類型所佔的比例。假若現已研究開發出兩種疫苗，且經試驗後，證明疫苗1對類型1具有85%的功效，對類型2具有70%的功效，疫苗2對類型1具有60%的功效，對類型2具有90%的功效。試問鎭公所應採用何種預防接種策略？

解：可將此問題考慮成兩人對局，其中賭徒 R（鎭公所）欲使償付（對濾過性病毒有抵抗力的人數比例）儘可能的大，而賭徒 C（濾過性病毒）則欲使償付儘可能的小。本題的償付矩陣爲

病毒類型

1 　 2

$$\begin{array}{cc} \text{疫苗} & 1 \\ \text{疫苗} & 2 \end{array} \begin{bmatrix} .85 & .70 \\ .60 & .90 \end{bmatrix}$$

因以上矩陣沒有鞍點，故應用定理，結果得

$$p_1^*=\frac{a_{22}-a_{21}}{a_{11}+a_{22}-a_{12}-a_{21}}=\frac{.90-.60}{.85+.90-.70-.60}=\frac{.30}{.45}=\frac{2}{3}$$

$$p_2^*=1-p_1^*=1-\frac{2}{3}=\frac{1}{3}$$

$$q_1^*=\frac{a_{22}-a_{12}}{a_{11}+a_{22}-a_{12}-a_{21}}=\frac{.90-.70}{.85+.90-.70-.60}=\frac{.20}{.45}=\frac{4}{9}$$

$$q_2^*=1-q_1^*=1-\frac{4}{9}=\frac{5}{9}$$

$$v = \frac{a_{11}a_{22} - a_{12}a_{21}}{a_{11} + a_{22} - a_{12} - a_{21}} = \frac{(.85)(.90) - (.70)(.60)}{.85 + .90 - .70 - .60} = \frac{.345}{.45}$$

$$= .7666\ldots$$

因此，鎮公所的最佳策略為：$\frac{2}{3}$ 的鎮民接種疫苗 1，$\frac{1}{3}$ 的鎮民接種疫苗 2。

8. 透心涼與甜心兩家冰淇淋專賣店為了爭取對方的顧客而採取優待的措施，做法是針對熱門口味的冰淇淋特賣或全面特賣，他們發現下面的償付矩陣表示由一家轉向另一家的顧客人數（百人）：正值表由透心涼轉向甜心，負值表由甜心轉向透心涼

甜心 ＼ 透心涼	全面特賣	熱門品特賣
全 面 特 賣	4	− 3
熱門品特賣	− 3	2

試求各店的最佳策略。

解： 透心涼想要吸引最多顧客，因此要最小數，而甜心也想吸引最多顧客，因此要最大數。如果採用大中取小程序，透心涼想要 − 3，而甜心為取 2，因此本題無鞍點存在。得到最佳結果的最佳策略為以某一機率採取某一做法。

假設甜心採全面特賣的機率為 p，則採熱門品特賣的機率為 $1 - p$

第一行的期望值為　$4p + (-3)(1-p) = 7p - 3$

第二行的期望值為　$(-3)p + 2(1-p) = -5p + 2$

$$7p - 3 = -5p + 2 \qquad 或 \qquad p = \frac{5}{12}$$

因此甜心採全面特賣的機率為 $\frac{5}{12}$，採熱門品特賣的機率為 $\frac{7}{12}$，如此可得期望值為

$$-5(\frac{5}{12}) + 2 = -\frac{1}{12}$$

換句話說將會流失 8 位顧客至透心凉 $(\frac{1}{12} \times 100)$，透心凉的做法也是如此。

9. 試解下列各競賽問題

(1)

C R	1	2	3
1	3	0	2
2	4	5	1
3	2	3	-1

(2)

C R	1	2	3
1	3	0	2
2	-4	-1	3
3	2	-2	-1

解:

(1)

C R	1	2	3	R Min
1	3	0	2	0
2	4	5	1	1*
3	2	3	-1	-1
C Max	4	5	2*	

$1 = \text{Max min} A$
$\neq \text{Min max} A$
$= 2$

因此沒有鞍點。

其次查核是否有優勢策略，在 C 的方面為求極小，由於 C_1 的每格都比相對 C_3 的數值為大，因此 C_1 可刪除。另一方面，R 的方面為求極大，R_3 的每格都比相對的 R_2 為小，因此 R_3 可刪除。結果原矩陣可改寫為

C R	2	3
1	0	2
2	5	1

C R	2	3	R odd
1	0	2	4
2	5	1	2
C odd	1	5	

因此 3×3 競賽的解為

C \ R	1	2	3	R odd
1	3	0	2	4
2	4	5	1	2
3	2	3	−1	0
C odd	0	1	5	

R的混合策略為用 $R_1 : R_2 : R_3 = 4 : 2 : 0$

而C的混合策略為用 $C_1 : C_2 : C_3 = 0 : 1 : 5$

其中優勢比值 0 表不會採用。

(2)

C \ R	1	2	3	R Min
1	3	0	2	0*
2	−4	−1	3	−4
3	2	−2	1	−2
C Max	3	0*	3	

Maxmin $A = 0 =$ Minmax A

因此有鞍點, 即R與C各用R_1及C_2的單純策略。

10. 小王和小丁都想與小玲約會, 他們2人都不知道小玲每天何時回到家。事實上, 她在下午3, 4, 5點回家的機會都相等。小玲比較喜歡小王, 因此如果小玲先接到小丁的電話, 她不會馬上答應與他約會, 總是先掛斷電話, 等一下才給小丁回話, 希望這期間小王能來電話。如果她等不到小王的電話, 就會答應跟小丁約會。假設小王和小丁每天至多打一次電話, 試求2人的最佳策略？

解: 首先建立一個競賽的償付矩陣。假設小王在3點打電話, 而小丁在5點打電話, 則小王有 $\frac{1}{3}$ 的機會約到小玲, 而小丁有 $\frac{2}{3}$ 的機會。因此對

小王的償付值爲 $\frac{1}{3} - \frac{2}{3} = -\frac{1}{3}$ 等等，完全的償付矩陣如下

小王＼小丁	3	4	5
3	$\frac{1}{3}$	0	$-\frac{1}{3}$
4	0	$\frac{2}{3}$	$\frac{1}{3}$
5	$\frac{1}{3}$	$-\frac{1}{3}$	1

　　本題沒有鞍點和優勢策略，因此必須求 2 人的混合策略。小王的策略爲 2：2：1，而小丁的策略爲 1：4：1，本競賽對小王的值爲 $\frac{1}{5}$。

11. 爲了提醒觀衆（單位爲10萬人）在晚間 8—9 點觀看本臺的節目，兩家電視臺同時在電視中宣布在該時段將要播放的影片。據估計，收看人數如下（10萬人）

R臺＼C臺	西部片	連續劇	喜劇片
西部片	35	15	60
連續劇	45	58	50
喜劇片	38	14	70

(1) 試決定各臺最佳策略。

(2) 試求本題的競賽值，並說明其意義。

(3) 若 R 臺採最佳策略，而 C 臺卻採非最佳策略，結果會如何？

解：

(1)

R＼C	1	2	3	R Min
1	35	15	60	15
2	45	58	50	45*
3	38	14	70	14
C Max	45*	58	70	

由於 R_2 和 C_1 有鞍點 45，因此 R 臺的最佳策略為播連續劇，而 C 臺為播西部片。

(2) 本題的競賽值 $E=45$，卽有 450 萬人觀看 R 臺的節目。

(3) 若 R 臺採最佳策略 R_2，而 C 臺卻採非最佳策略，例如 C_3，則 C 臺將流失 500 萬觀衆。

12. 試求下列競賽償付矩陣的解

(a)

R \ C	1	2	3	4	5	6
1	3	5	7	2	3	6
2	7	5	5	4	5	5
3	4	6	8	3	4	7
4	5	0	3	4	4	2
5	7	2	2	3	5	3
6	6	5	4	5	6	5

(b)

R \ C	1	2	3	4
1	6	5	6	5
2	1	4	2	−1
3	8	5	7	5
4	0	2	6	2

解：(a) 首先考慮是否有鞍點存在

R \ C	1	2	3	4	5	6	R Min
1	3	5	7	2	3	6	2
2	7	5	5	4	5	5	4*
3	4	6	8	3	4	7	3
4	5	0	3	4	4	2	0
5	7	2	2	3	5	3	2
6	6	5	4	5	6	5	4*
CMax	7	6	8	5*	6	7	

由於鞍點不存在，其次考慮是否優勢行或列。在列方面（求大），R_2 優於 R_5，R_3 優於 R_1，R_6 優於 R_4；在行方面（求小），C_2 優於 C_3，C_4

優於 C_1，C_5 優於 C_6。因此競賽矩陣可縮小如下

C R	2	4	5	R Min
2	5	4	5	4
3	6	3	4	3
6	5	5	6	5*
C Max	6	5*	6	

鞍點爲 C_4，R_6，競賽值 $E=5$，因此對原始矩陣的解爲在 R 方面，$X=[0,0,0,1,0,0]$，而 C 方面爲 $Y^T=[0,0,0,0,0,1]^T$。

(b) 首先查驗是否有鞍點存在

C R	1	2	3	4	R Min
1	6	5	6	5	5*
2	1	4	2	−1	−1
3	8	5	7	5	5*
4	0	2	6	2	0
C Max	8	5*	7	5*	

由上可知有多個（2個或以上）鞍點，因此有多組單純策略存在，卽 $X=[0,1,0,0]$ 或 $X=[0,0,0,1]$，以及 $Y^T=[1,0,0,0]^T$ 或 $Y^T=[0,0,1,0]^T$。

13. 考慮一般式 2×2 償付矩陣的競賽

C R	1	2
1	a_{11}	a_{12}
2	a_{21}	a_{22}

試證若這競賽有一鞍點，則它必有一優勢行或列。

證：一競賽有一鞍點的條件競賽矩陣中 $\mathrm{Min}(\mathrm{Max}C)$ 等於 $\mathrm{Max}(\mathrm{Min}R)$。

設 a_{11} 為本競賽的鞍點，則 $a_{11} \leq \text{Max}(a_{12}, a_{22})$。

另外 a_{11} 為 R_1 中的 MinR 因此 $a_{11} \leq a_{12}$　　　(1)

由於 a_{11} 必須為 $\text{Max}(a_{11}, a_{21})$，因此 $a_{11} \geq a_{21}$　　(2)

同時，$a_{11} \leq \text{Max}(a_{12}, a_{22})$ 和 $a_{11} \geq \text{Min}(a_{21}, a_{22})$，所以 $a_{12} \geq a_{22}$ 或 $a_{12} \leq a_{22}$。若 $a_{12} \geq a_{22}$，由於 $a_{11} \geq a_{21}$，R_1 優於 R_2。若 $a_{12} \leq a_{22}$，由於 $a_{11} \leq a_{22}$，但 $a_{11} \geq a_{21}$。可知 $a_{21} \leq a_{22}$，但由 (1) 可知 $a_{11} \leq a_{12}$，因此 C_1 優於 C_2。所以原始償付矩陣可縮為單一鞍點 a_{11}。

請注意，對於 3×3 或以上矩陣，上述現象並不成立。

14. (1) 某市有兩家商店，R 與 C，計畫於兩鎮之一設立分店，已知鎮 A 有該市60%的人口，鎮 B 有40%的人口。假若2店均在同一鎮設店，則將平分所有業務。但若在不同鎮設店，則將獨佔該鎮業務，試問各店應採何種策略才對本身最為有利？

　　(2) 假若推廣至有3鎮，償付矩陣如下所示

R ＼ C	A	B	C
A	50	50	80
B	50	50	80
C	20	20	80

其中格內數字表 R 店在各狀況下所佔業務百分比，試問各店應採何種策略才對本身最為有利？

解:

(1) 由於償付矩陣有鞍點50，因此最佳策略為2店均設於鎮 A。

R \ C	1	2	R Min
1	50	60	50*
2	40	50	40
C Max	50*	60	

(2)

R \ C	A	B	C	R Min
A	50	50	80	50*
B	50	50	80	50*
C	20	20	50	20
C Max	50*	50*	80	

由於本題有兩鞍點，因此

R店的最佳策略爲設店於鎮A或鎮B，

C店的最佳策略爲設店於鎮A或鎮B。

15. 試求下列償付矩陣的競賽值E。

(a)

R \ C	1	2	3	4
1	2	3	−3	2
2	1	3	5	2
3	9	5	8	10

(b)

R \ C	1	2	3	4
1	0	−1	2	−4
2	1	3	3	6
3	2	−4	5	1

解：(a) 首先試求鞍點

R \ C	1	2	3	4	R Min
1	2	3	−3	2	−3
2	1	3	5	2	1
3	9	5	8	10	5*
C Max	9	5*	8	10	

由於償付矩陣有鞍點，因此 $E = 5$

(b) 首先試求鞍點

C\\R	1	2	3	4	R Min
1	0	-1	2	-4	-4
2	1	3	3	6	1
3	2	-4	5	1	-4
C Max	2	3	5	6	

由於沒有鞍點，因此再試看是否有優勢行或列，由於 R_2 優於 R_1，因此 R_1 可刪除。另一方面，C_2 優於 C_3，因此 C_3 可刪除，償付矩陣縮為

C\\R	1	2	4
2	1	3	6
3	2	-4	1

由於 C_2 優於 C_4，因此可刪除 C_4，矩陣進一步縮為

C\\R	1	2	
1	1	3	6
2	2	-4	2（取絕對值）
	7	1（取絕對值）	

C 的混合策略為 $\left[\frac{6}{8}, \frac{2}{8}\right]$ 或 $\left[\frac{3}{4}, \frac{1}{4}\right]$

R 的混合策略為 $\left[\frac{7}{8}, \frac{1}{8}\right]$

$$E = \frac{(1)(6) + (2)(2)}{6 + 2} = \frac{10}{8} = \frac{5}{4}$$

或 $E = \dfrac{(1)(7)+(3)(1)}{7+1} = \dfrac{10}{8} = \dfrac{5}{4}$

16. 試求下列競賽的償付矩陣的競賽值。

R \ C	1	2
1	2	-3
2	-3	4

解：首先試求鞍點

R \ C	1	2	R Min
1	2	-3	-3
2	-3	4	-3
C Max	2	4	

由於 Maxmin $R \neq$ Minmax C, 因此沒有鞍點。其次求 R 與 C 的混合策略

R \ C	1	2	
1	2	-3	7
2	-3	4	5
	7	5	

R 的混合策略為 $Y^T = [\dfrac{7}{12}, \dfrac{5}{12}]^T$

C 的混合策略為 $X = [\dfrac{7}{12}, \dfrac{5}{12}]$

$$競賽值 E = \frac{2(7)+(-3)5}{7+5} = \frac{1}{12}$$

17. 假設 R 與 C 的償付矩陣如右表所示

C　R	1	2
1	-3	7
2	6	1

(1) 已知該競賽無鞍點，試求二者的最佳混合策略。

(2) 試問 R 是否可保證至少有某一極小獲利？該值為何？

(3) 試問 C 是否可保證至多不會超過某一極大損失？該值為何？

解：(1)

C　R	1	2	
1	-3	7	5
2	6	1	10
	6	9	

可知 R 的混合策略為 $\left[\frac{1}{3}, \frac{2}{3}\right]$

可知 C 的混合策略為 $\left[\frac{2}{5}, \frac{3}{5}\right]$

(2) R 的混合策略的

期望值 $E = \dfrac{(-3)(5)+6(10)}{5+10} = \dfrac{45}{15} = 3$

即 R 至少可得 3

(3) 同理，C 的混合策略的期望值

$$E = \frac{(-3)6+7(9)}{6+9} = \frac{45}{15} = 3$$

　　　　即 C 至多損失 3

18. 設競賽的償付矩陣爲

(a)

C R	1	2
1	2	14
2	6	12
3	8	6

(b)

C R	1	2
1	0	12
2	4	10
3	6	4

試求 C 的最佳策略。

解：　(a) Max $f = y_1 + y_2$

　　　　限制式 $2y_1 + 14y_2 \leq 1$

　　　　　　　$6y_1 + 12y_2 \leq 1$

　　　　　　　$8y_1 + 6y_2 \leq 1$

　　　　　　　$y_1 \geq 0, \; y_2 \geq 0$

　　由圖可知 $OABCD$ 爲可行域。各端點及其目標函數的值分別爲

$A(0,0)$　　　$f = 0$

$B(0, \frac{1}{14})$　　$f = \frac{1}{14}$

$C(\frac{1}{30}, \frac{2}{30})$　$f = \frac{1}{10}$

$D(\frac{3}{30}, \frac{1}{30})$　$f = \frac{4}{30}$

$E(\frac{1}{8}, 0)$　　$f = \frac{1}{8}$

可知最佳解爲 $x_1 = \frac{1}{10}, \; x_2 = \frac{1}{30}$

因此

$$E = \frac{1}{y_1 + y_2} = \frac{1}{\frac{4}{30}} = \frac{30}{4}$$

$$C_1 = E \cdot y_1 = \frac{30}{4} \cdot \frac{3}{30} = \frac{3}{4}$$

$$C_2 = E \cdot y_2 = \frac{30}{4} \cdot \frac{1}{30} = \frac{1}{4}$$

即 C 的最佳混合策略為 $[C_1, C_2]^T = \left[\dfrac{3}{4}, \ \dfrac{1}{4}\right]^T$

(b) 若將償付矩陣內每一元素均加 2，則可得 (a)，因此 C 的最佳混

合策略為 $\left[\dfrac{3}{4}, \ \dfrac{1}{4}\right]^T$，換句話說，二者有相同最佳策略。

19. 設競賽的償付矩陣 $\begin{bmatrix} 5 & 3 \\ 1 & 4 \end{bmatrix}$

(a) 試以線性規劃形式決定 R 的最佳策略。

(b) 若 C 用最好對策，試決定 R 的競賽值。

(c) 試以線性規劃形式決定 C 的最佳策略。

解：

(a) Min $f = x_1 + x_2$

限制式　$5x_1 + \ x_2 \geq 1$

$3x_1 + 4x_2 \geq 1$

$x_1 \geq 0, \ x_2 \geq 0$

由圖可知其可行域為由
ABC 所圍成，凸集合各
端點及目標函數分別為

$A(0,1)$　　$f = 1$

$B(\dfrac{3}{17}, \dfrac{2}{17})$ $f = \dfrac{5}{17}$

$C(\dfrac{1}{3}, \ 0)$　$f = \dfrac{1}{3}$

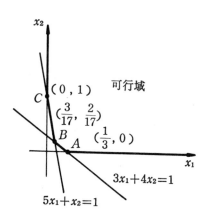

極小值為 $\dfrac{5}{17}$，因此最佳解為 $x_1 = \dfrac{3}{17}$ 和 $x_2 = \dfrac{2}{17}$

即競賽值 $= \dfrac{1}{x_1+x_2} = \dfrac{1}{\dfrac{5}{17}} = \dfrac{17}{5}$

$$r_1 = Ex_1 = \frac{17}{5} \cdot \frac{3}{17} = \frac{3}{5}$$

$$r_2 = Ex_2 = \frac{17}{5} \cdot \frac{2}{17} = \frac{2}{5}$$

因此 R 的最佳策略為 $\left[\dfrac{3}{5},\ \dfrac{2}{5}\right]$

(b) 對抗 C 採最好對策的 R 的競賽值為 $\dfrac{17}{5}$

(c) Max $f = y_1 + y_2$

限制式　$5y_1 + 3y_2 \le 1$

$\qquad\qquad y_1 + 4y_2 \le 1$

$\qquad\qquad y_1 \ge 0,\ \ y_2 \ge 0$

當 $y_1 = \dfrac{1}{17}$ $\quad y_2 = \dfrac{4}{17}$ 的最佳值為 $\dfrac{5}{17}$，即 $E = \dfrac{17}{5}$。

$$C_1 = Ey_1 = \frac{17}{5} \cdot \frac{1}{17} = \frac{1}{5},\quad C_2 = Ey_2 = \frac{17}{5} \cdot \frac{4}{17} = \frac{4}{5}$$

因此 C 的最佳策略為 $\left[\dfrac{1}{5},\ \dfrac{4}{5}\right]^T$

第十二章　專案規劃技術

1. 某專案中各項工作的相關資料如下所示:

工作	前置工作	正常工期（日）	工作	前置工作	正常工期（日）
A	—	3	H	B,E	5
B	—	5	I	C,H	6
C	—	4	J	H	4
D	—	3	K	G,H	4
E	A	6	L	I,J	2
F	C,H	7	M	D,F	5
G	E	4			

試繪出網路，並指出要徑。

解:

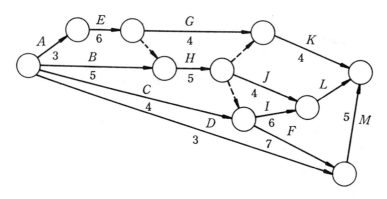

　　要徑$A-E-H-F-M$，共需26日。

2. 慶生公司承包一項工程，其相關資料如下所示

工作	前置工作	工期（日）		成本（元）	
		正常	趕工	正　常	趕　工
A	―	5	5	2,500	2,500
B	A	6	4	4,600	5,200
C	A	10	8	3,800	4,800
D	A	7	6	2,800	3,200
E	B	3	2	4,300	4,650
F	C, E	3	2	1,300	1,600
G	C	2	1	5,200	5,900
H	D	6	5	4,100	4,600
I	―	10	7	6,800	8,450

試決定其排程的要徑和成本。

解：設 $\dfrac{\text{正常工期}}{\text{趕工工期}}$ →。本題網路圖如下

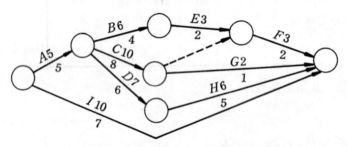

(a) 正常排程有 2 條要徑

$\left.\begin{array}{l} A-C-\text{虛}-F \\ A-D-H \end{array}\right\}$ 都是18日工期，總成本＝35,400元。

(b) 若 D, F 趕工，總成本36,100元，則有 3 條要徑

$\left.\begin{array}{l} A-C-\text{虛}-F \\ A-D-H \\ A-C-G \end{array}\right\}$ 都是17日工期

(c) C 和 H 趕工使上述三要徑都縮一天工期，總成本＝37,100元。
路徑 $A-D-H$ 無法再進一步趕工

3. 試求如下網路圖的要徑以及有最大寬裕量的路徑

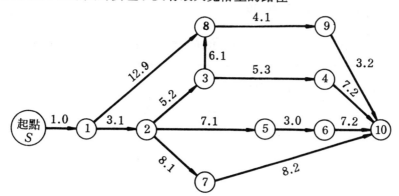

解: 本題解法爲系統化地嚐試計算各可能路徑

（ⅰ）試 $S-1-8-9-10$: $\sum t_e = 1.0 + 12.9 + 4.1 + 3.2 = 21.2$

（ⅱ）試 $1-2-3-8$: $\sum t_e = 3.1 + 5.2 + 6.1 = 14.4$

這路徑比直接 $1-8$ 的 $\sum t_e = 12.9$ 費時,

因此 $1-8$ 有寬裕 $= 14.4 - 12.9 = 1.5$，所以有一要徑。

　　$S-1-2-3-8-9-10$: $\sum t_e = 1.0 + 14.4 + 4.1 + 3.2 = 22.7$

（ⅲ）試 $3-4-10$: $\sum t_e = 5.3 + 7.2 = 12.5$

　　比路徑

　　　$3--8-9-10$: $\sum t_e = 6.1 + 4.1 + 3.2 = 13.4$ 省時,

　　至目前爲止未發現新要徑。

　　　$3-4-10$ 有寬裕 $= 13.4 - 12.5 = 0.9$

（ⅳ）試 $2-5-6-10$: $\sum t_e = 7.1 + 3.0 + 7.2 = 17.3$

　　　$2-7-10$: $\sum t_e = 8.1 + 8.2 = 16.3$

　　　$2-3-4-10$: $\sum t_e = 5.2 + 5.3 + 7.2 = 17.7$

　　並與路徑

　　　$2-3-8-9-10$: $\sum t_e = 5.2 + 6.1 + 4.1 + 3.2 = 18.6$ 相比,

　　後者仍爲部分要徑, 其他路徑的寬裕如下所示

路徑	2—5—6—10	2—7—10	2—3—4—10
寬裕	18.6—17.3= 1.3	18.6—16.3= 2.3	18.6—17.7= 0.9

（ｖ）所有可能路徑都已列出。要徑爲

$$S—1—2—3—8—9—10: \sum t_e=22.7$$

最大寬裕的路徑

$$S—1—2—7—10(或1\text{-}2\text{-}7\text{-}10 \ 或 \ 2\text{-}7\text{-}10)：寬裕=2.3$$

現將要徑以粗線表示如下

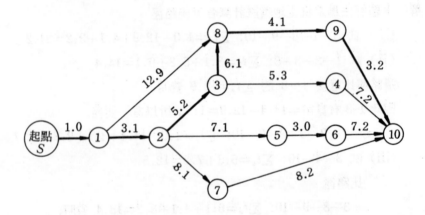

4. 在執行上題的專案時，發現工作 3—4 少算了 2 單位時間，試重新評估該
   網路，並找出要徑及最大寬裕的路徑。

   解：依題意知工作 3—4 的時間爲 $t_e=5.3+2.0=7.3$, 因此路徑 3—4—10
   的新值 $\sum t_e=7.3+7.2=14.5$, 比上題中路徑 3—8—9—10 的 $\sum t_e=$
   13.4 爲大，

   所以

   新要徑爲 $S—1—2—3—4—10$

   $$\sum t_e=1.0+3.1+5.2+14.5=23.8$$

   路徑 $S—1—2—7—10$ 仍爲最大寬裕路徑，寬裕爲

   $$28.3-(1.0+3.1+8.1+8.2)=3.4$$

5. 如下的網路圖與題 3 的網路圖的唯一不同在於節點 4—5 之間有一啞工作，試求要徑和有最大寬裕的路徑。

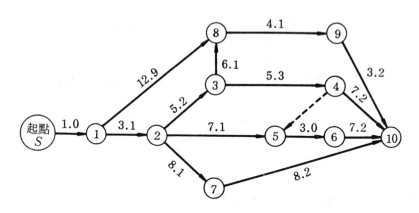

解: 除了題 1 的各路徑之外，列了一條路徑

　　　2—3—4—5—6—10：$\sum t_e = 5.2 + 5.3 + 0 + 3.0 + 7.2 = 20.7$

　與以下各路徑相比

　　　2—3—8—9—10：$\sum t_e = 18.6$,　寬裕 $= 20.7 - 18.6 = 2.1$

　　　2—3—4—10：$\sum t_e = 17.7$,　寬裕 $= 20.7 - 17.7 = 3.0$

　　　2—5—6—10：$\sum t_e = 17.3$,　寬裕 $= 20.7 - 17.3 = 3.4$

　　　2—7—10：$\sum t_e = 16.3$,　寬裕 $= 20.7 - 16.3 = 4.4$

　因此 2—3—4—5—6—10 為新要徑的一部分；整條要徑為

　　　S—1—2—3—4—5—6—10,　其 $\sum t_e = 1.0 + 3.1 + 20.7 = 24.8$

　以粗線標示如下

　最大寬裕路徑 S—1—2—7—10, 其寬裕4.4

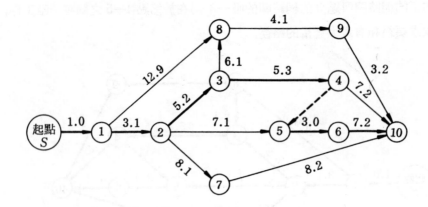

6. (1) 試求如下網路圖的要徑。

(2) 若作業1—2縮短2日，則要徑為何?

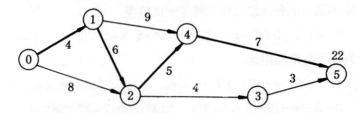

解: (1) 從最初的結點⓪到最後的結點⑤一共有下列5條路線，而此5條
路線均要在一定的工期內完成才能算是整個計畫完成。換言之，
在這5條路線中，祇要其中之一條路線未能在工期內完成則整個
計畫就不能算為如期完工。

〔Ⅰ〕　⓪→①→②→④→⑤　　22天

〔Ⅱ〕　⓪→①→④→⑤　　　　　　⎫

〔Ⅲ〕　⓪→②→④→⑤　　　　　　⎬ 20天

〔Ⅳ〕　⓪→①→②→③→⑤　　17天

〔Ⅴ〕　⓪→②→③→⑤　　　　15天

上列5條路線中，時間最長的是〔Ⅰ〕的路線，因此⓪→①→②→④
→⑤為要徑，而其時間的總和卽工期為22天。

(2)

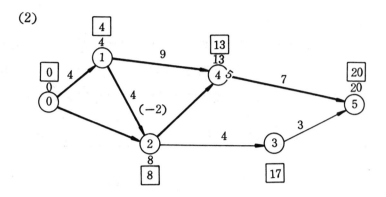

1—2　縮短2日則有3條要徑如下

〔Ⅰ〕　　⓪→①→②→④→⑤　　20天

〔Ⅱ〕　　⓪→①→④→⑤　　　　20天

〔Ⅲ〕　　⓪→②→④→⑤　　　　20天

7.（a）在上題中若每日的間接成本爲1,000元，試決定有最低總成本的路徑，並以工期時間的函數描述間接成本，直接成本和總成本。

（b）設公司執行最低總成本路徑，在第9天時回顧成果如下

（1）工作A和I完工

（2）工作B共需要8日才完工

（3）工作C共需要6日才完工

（4）工作D共需要3日才完工

試問應如何抉擇？爲什麼？

解：（a）

工　　期	直接成本	間接成本	總成本
18	35,400	18,000	53,400
17	36,100	17,000	53,100
16	37,100	16,000	53,100

工期17日和16日都是最佳解，因此如果要讓工人多受雇一天，則採17

日，若有另一計畫待開工，則取工期16日。

(b) 假設採用最低工期 (17日)，如果工作 A，I，B，C 和D的工期分別爲0，0，8，6和3則要徑工期爲13日，$13+9=22$，比原本工期多5天，工作B爲最大障礙，其次是E和F，因此應設法縮減這些工作工期。

8. 宗生公司承包一專案，相關資料如下：

作　　業		完　工　日　數		總　成　本	每日工人
起始節點	終止節點	正　　常	趕　工	（正常）	人　　數
0	9	6	3	480	4
0	10	10	5	900	5
10	7	7	4	490	5
7	8	9	2	540	4
9	2	8	4	560	6
3	4	5	2	300	4
7	3	6	3	500	4
6	11	6	3	520	6
1	6	7	4	510	5
8	4	10	5	920	6
4	5	8	4	580	6
2	8	10	5	940	5
0	1	9	6	560	5
11	4	8	4	480	4

以上任一作業的趕工成本爲 100 元/日，已知每一作業無法僅縮短 1 或 2 日，試回答下列各問題。

(a) 計算本專案的正常工期；其正常成本及指出要徑。

(b) 指出由開始至完工不同路徑。

(c) 計算本專案的最低完工時間，並指出其要徑。

(d) 若所有作業都以最早開工日期作業，則本專案完成所需工人的最高人數。

解： (a) 設 $\dfrac{\text{正常日數}}{\text{趕工日數}}\rightarrow$。則網路圖如下

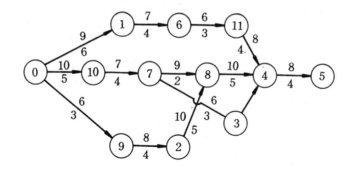

(b) 共有 4 條路徑，最長一條爲 0—10—7—8—4—5 費時44天，正常
　　成本8,280元。

(c) 當採用趕工時間，則最快完工日數爲21日。有二要徑
　　0—9—2—8—4—5 和 0—1—6—11—4—5。

請注意，7—3和3—4不必同時都趕工，其中之一可維持正常工期，節
省300元。

(d) 利用甘特圖可得最多人數爲19人。

9. 假若上題的間接成本爲每日650元，試決定使整體成本爲最低的排程。

　解:

工期（日）	直接成本	間接成本	總 成 本
122	$25,500	$79,300	$104,800
118	26,200	76,700	102,900
103	28,900	66,950	95,850
102	29,180	66,300	95,480
98	30,380	63,700	94,080
94	32,780	61,100	93,880*

可見工期94日爲最佳排程，其總成本93,880元。

10. 某計畫的網路圖如下所示，其相關資料如下

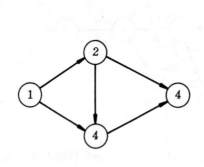

作業	工期（日）		直接成本（元）	
	正常	趕工	正常	趕工
1—2	4	3	70	100
1—3	6	5	30	50
2—3	3	2	95	120
2—4	4	3	40	70
3—4	2	1	65	100

試決定最低直接成本的路徑。

解: (a) 正常排程的要徑爲 1—2—3—4 工期10天，直接成本300元。

(b) 若 2—3 趕工，則可降至 9 天，直接成本 325，元如此則所有如下路徑都是要徑

$$
\left.\begin{array}{l}
1—2—4 \\
1—2—3—4 \\
1—3—4
\end{array}\right\} \text{8 日}
$$

11. 某工程的網路圖如下所示，其相關資料如下表所示:

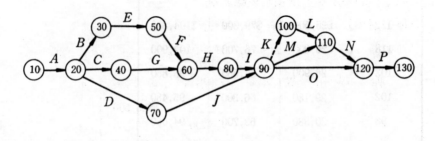

工　作	工　期（日）		直接成本（元）	
	正　常	趕　工	正　常	趕　工
A	10	10	200	200
B	20	20	2,000	2,000
C	40	40	1,800	1,800
D	28	20	3,000	4,000
E	8	6	1,000	1,800
F	30	12	3,000	6,240
G	3	2	200	300
H	24	20	4,900	6,100
I	12	8	2,500	3,200
J	10	10	400	400
K	0	0	0	0
L	6	5	500	750
M	10	6	3,500	5,900
N	4	4	600	600
O	6	6	400	400
P	4	4	1,500	1,500

試決定該工程的要徑及工期和直接總成本。

解：要徑工期103：$A-B-E-F-H-I-M-N-P$

另一要徑　$A-C-G-H-I-M-N-P$

工　期	趕　工	趕工天數	成本增加	總　成　本
122	—	—	—	$25,500
118	I	4	$　700	26,200
103	F	15	2,800	28,900
102	G, F	1	280	29,180
98	H	4	1,200	30,380
94	M	4	2,400	32,780

12. 宇生公司接到一項契約，其相關資料如下表所示

工　作	前置工作	正常時間（日）	正常成本（元）	趕工時間（日）	趕工成本（元）
A		12	10,000	8	14,000
B		10	5,000	10	5,000
C	A	0	0	0	0
D	A	6	4,000	4	5,000
E	B , C	16	9,000	14	12,000
F	D	16	3,200	8	8,000
		60	31,200	44	44,000

在前置工作未完工前無法進行下一工作，試回答下列問題：

(a) 繪出網路圖，並指出要徑。

(b) 若工作必須在30日內完成，應如何抉擇？其成本為若干？

(c) 假設工作 E 完工天數的估計值為在 12 天至 20 天之間，但可以 3,000 元的代價趕工 2 日，其他各工作的估計值不變，目標完工日數為 30 天，延遲的罰款為 5,000 元，試問應如何修改原先計畫？

解：

(a)

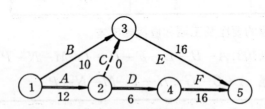

要徑為 $A—D—F$，正常時間為需 34 日完工。

(b) 考慮每日省錢的各種可能如下表所示：

工　作	每日省錢（元）	至 多 趕 工 日 數
A	1,000	4
D	500	2
E	1,500	2
F	600	8

若欲在 30 天內完工，必須縮短工期 4 天，最廉價的方法為 D 和 F 各縮短 2 日，成本為 2,200 元，因此總成本為

31,200＋2,200＝33,400（元）。

(c) 由於有問題的路徑 A—C—E 當 E 費時 20 日時，其完工工期為 32 日，因 E 為 20 日的機率未知，因此，期望值無法計算，假設不想被罰款，則最便宜的方式為以成本 2,000 元，將工作 A 縮短 2 日。

13. 已知網路圖如下所示，試回答下列問題：

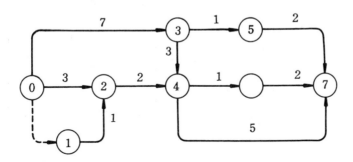

(1) 最早開工時間和最早完工時間為何？

(2) 最晚開工時間和最晚完工時間為何？

(3) 要徑為何？

解：

(1)

① 作 業 $(i-j)$	② 作業時間 D	③ 最 早 開 始 時 刻 $=j$之ES	②+③ 最 早 完 成 時 刻 $=j$之ES+D
0 — 1	0	0	0
0 — 2	3	0	3
0 — 3	7	0	7
1 — 2	1	0	1
2 — 4	2	3	5
3 — 4	3	7	10
3 — 5	1	7	8
4 — 6	1	10	11
4 — 7	5	10	15
5 — 7	2	8	10
6 — 7	2	11	13

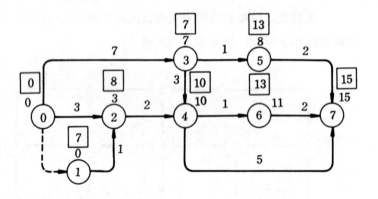

(2)

① 作　　　業 $(i-j)$	② 作業時間 D	③－② 最 遲 開 始 時 刻 $= j$ 之 LF $- D$	③ 最 遲 完 成 時 刻 $= j$ 之 LF
0 — 1	0	7	7
0 — 2	3	5	8
0 — 3	7	0	7
1 — 2	1	7	8
2 — 4	2	8	10
3 — 4	3	7	10
3 — 5	1	12	13
4 — 6	1	12	13
4 — 7	5	10	15
5 — 7	2	13	15
6 — 7	2	13	15

(3)

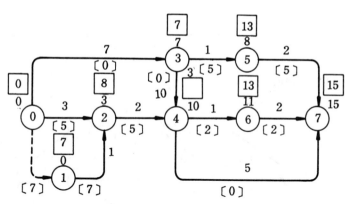

註: 〔 〕爲總寬裕

① 作　　業 （$i-j$）	② 作業時間 D	③ j 之 LF	④ i 之 ES	③－〔④＋②〕		
				總	寬	裕
0－1	0	7	0		〔7〕	
0－2	3	8	0		〔5〕	
*0－3	7	7	0		〔0〕	
1－2	1	8	0		〔7〕	
2－4	2	10	3		〔5〕	
*3－4	3	10	7		〔0〕	
3－5	1	13	7		〔5〕	
4－6	1	13	10		〔2〕	
*4－7	5	15	10		〔0〕	
5－7	2	15	8		〔5〕	
6－7	2	15	11		〔2〕	

要徑 0—3—4—7

14. 已知網路圖如下所示:

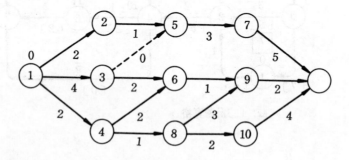

試求其最早開工時間和最晚完工時間。

解:

節　　點	作　　　業	作業時間	計　算　方　法	節點最早開工時間
①	—	—	—	0
②	1—2	2	0＋2＝2	2
③	1—3	4	0＋4＝4	4
④	1—4	2	0＋2＝2	2
⑤	2—5 3—5	1 0	2＋1＝3 4＋0＝4	4
⑥	3—6 4—6	2 2	4＋2＝6 2＋2＝4	6
⑦	5—7	3	4＋3＝7	7
⑧	4—8	1	2＋1＝3	3
⑨	6—9 8—9	1 3	6＋1＝7 3＋3＝6	7
⑩	8—10	2	3＋2＝5	5
⑪	7—11 9—11 10—11	5 2 4	7＋5＝12 7＋2＝9 5＋4＝9	12

如下圖所示:

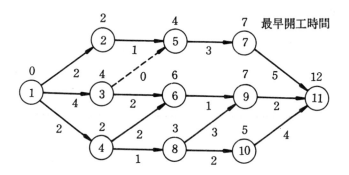

節　　點	作　　　業	作業時間	計　算　方　法	節點最晚 完工時間
⑪	—	—	—	$\boxed{12}$
⑩	11—10	4	$\boxed{12}-4=\boxed{8}$	$\boxed{8}$
⑨	11—9	2	$\boxed{12}-2=\boxed{10}$	$\boxed{10}$
⑧	10—8 9—8	2 3	$\boxed{8}-2=\boxed{6}$ $\boxed{10}-3=\boxed{7}$	$\boxed{6}$
⑦	11—7	5	$\boxed{12}-5=\boxed{7}$	$\boxed{7}$
⑥	9—6	1	$\boxed{10}-1=\boxed{9}$	$\boxed{9}$
⑤	7—5	3	$\boxed{7}-3=\boxed{4}$	$\boxed{4}$
④	8—4 6—4	1 2	$\boxed{6}-1=\boxed{5}$ $\boxed{9}-2=\boxed{7}$	$\boxed{5}$
③	6—3 5—3	2 0	$\boxed{9}-2=\boxed{7}$ $\boxed{4}-0=\boxed{4}$	$\boxed{4}$
②	5—2	1	$\boxed{4}-1=\boxed{3}$	$\boxed{3}$
①	4—1 3—1 2—1	2 4 2	$\boxed{5}-2=\boxed{3}$ $\boxed{4}-4=\boxed{0}$ $\boxed{3}-2=\boxed{1}$	$\boxed{0}$

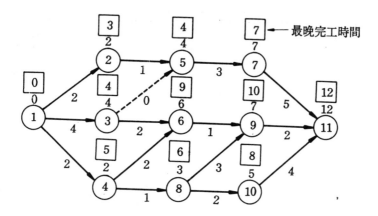

15. 假設 PERT 網路圖如下所示, 其相關資料如下表所示:

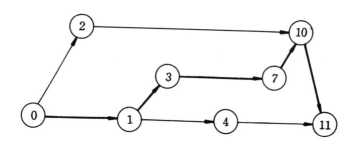

作　　業	a	m	b
0—1	9	14	6
0—2	5	8	14
1—3	3	5	8
1—4	10	14	20
2—10	12	15	21
3—7	12	16	26
4—11	5	5	10
7—10	3	7	16
10—11	2	4	12

(1) 試求其完工的期望值和變異數。

(2) 試求在 48 (週) 內完工的機率。

解：(1)

作 業		估 計 時 間			期望值	變異數
i	j	a	m	b	t_e	σ^2
* 0	1	9	14	22	14.5	4.70
0	2	5	8	14	8.5	2.25
* 1	3	3	5	8	5.2	0.69
1	4	10	14	20	14.3	2.78
2	10	12	15	21	15.5	2.25
* 3	7	12	16	26	17.0	5.44
4	11	5	5	10	5.8	0.69
* 7	10	3	7	16	7.8	4.70
*10	11	2	4	12	5.0	2.78

*表示關鍵作業

要徑為　0—1—3—7—10—11

期望值　$T_E = t_{e1} + t_{e2} + t_{e3} + t_{e4} + t_{e5} = 49.5$

變異數　$\sigma^2 = \sigma^2_1 + \sigma^2_2 + \sigma^2_3 + \sigma^2_4 + \sigma^2_5 = 18.31$,　$\sigma = 4.27$

(2)　$Z = \dfrac{48 - 49.5}{4.27} = -0.358$

$P(Z \leq -0.358) = 0.3632$

即在 48 週內完工機率為 36.32%

16. 已知如下網路圖的相關資料如下表所示：

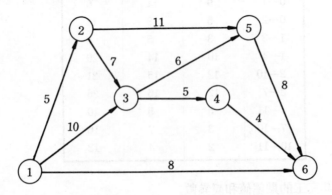

作　　　業	工　期　（日）		成　　本　　（元）	
	正　　常	趕　　工	正　　常	趕　　工
（1－2）	5	4	220	300
（1－3）	10	8	480	660
（1－6）	8	6	440	640
（2－3）	7	5	600	720
（2－5）	11	9	560	640
（3－4）	5	2	600	1,200
（3－5）	6	5	150	250
（4－6）	4	4	180	180
（5－6）	8	7	600	760

(1) 試求要徑的工期和成本。

(2) 若欲縮短工期 1 天，則成本爲若干？

(3) 若欲縮短工期 2 天，則成本爲若干？

(4) 若在 (3) 之後欲再縮短工期 1 天，則成本爲若干？

(5) 若欲縮短工期 3 天，則成本爲若干？與 (4) 的結果是否相同？

解：(1) 要徑 1—2—3—5—6　　工期 26 日

　　　　成本＝$220 \times 5 + 600 \times 7 + 150 \times 6 + 600 \times 8 = 3,830$

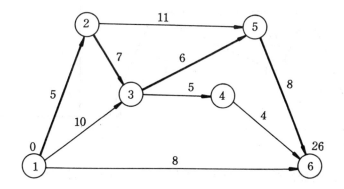

作 業	工期（日）		成 本（元）		CCUT（元）
	正常	趕工	正 常	趕 工	
*（1—2）	5	4	220	300	80
（1—3）	10	8	480	660	90
（1—6）	8	6	440	640	100
*（2—3）	7	5	600	720	60
（2—5）	11	9	560	640	40
（3—4）	5	2	600	1,200	200
*（3—5）	6	5	150	250	100
（4—6）	4	4	180	180	※
*（5—6）	8	7	600	760	160
	26	21	3,830	5,350	

(2) 為了縮短工期，可在要徑上的作業對象找一個 CCUT 最低的來縮短一天。

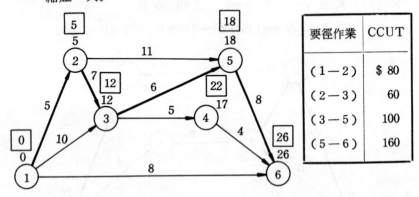

要徑作業	CCUT
（1—2）	$ 80
（2—3）	60
（3—5）	100
（5—6）	160

結果，由於作業 (2—3) 的 CCUT 最小，因此可以對該作業多花$60 使工期由26天縮短為25天。

(3) 倘欲將工期再進步將25天縮短為24天時，同樣可以再花 $60 來縮短 (2—3) 的作業 1 天卽可，因(2—3)再予縮短 1 天時關鍵路線

並未有任何改變，而（2—3）的趕工時間爲 5 天之故，可允許由正常時間 7 天縮短 2 天。

(4) 由於如下圖所示，(2--3)縮短 2 天以後(1—3)與 (2—5) 就成爲要徑作業，而新的要徑爲①→②→⑤→⑥與①→③→⑤→⑥，連同最初的要徑①→②→③→⑤→⑥，這時要徑一共有 3 條。〔註※號係表示不能再予縮短之作業，如 (2—3) 已達到緊急狀態而 (4—6) 則一開始就不能縮短。〕

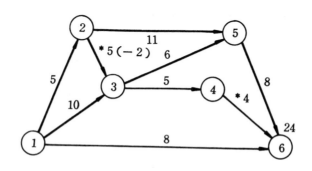

(Ⅰ)　①→②→⑤→⑥
(Ⅱ)　①→②→③→⑤→⑥
(Ⅲ)　①→③→⑤→⑥

　　從上圖可知倘欲再將工期縮短 1 天時，由於要徑共有 3 條之故，必須對每一條要徑縮短 1 天始能如願以償。茲將結果如下表 2 所示，分爲路線 Ⅰ、路線Ⅱ、路線Ⅲ，並抽出 CCUT 來加以比較。

　　先在各條路線以 CCUT 最小者爲對象來考慮時，也許會在路線Ⅰ爲 (2—5)的$40，在路線Ⅱ爲 (1—2) 的$80，而在路線Ⅲ爲 (1—3) 的$90。將此 3 個作業組合起來即爲$210，並認爲此種方式最爲適當。其實將此類組合寫成爲一張表如表 3 所示，結果將(2—5)的$40，(3—5) 的$100合計，花$140來加以縮短的($B$)法爲最小成本，同時也可以滿足 3 條要徑的需要。

表 2

路　線　I		路　線　II		路　線　III	
作　　業	成本斜率	作　　業	成本斜率	作　　業	成本斜率
（1－2）	$ 80	（1－2）	$ 80	（1－3）	$ 90
（2－5）	40	※（2－3）	60	（3－5）	100
（5－6）	160	（3－5）	100	（5－6）	160
		（5－6）	160		

表 3

80　40　160　　　80※60　100　160　　　90　100　160
①→②→⑤→⑥　①→②→③→⑤→⑥　①→③→⑤→⑥

	路　線　I	路　線　II	路　線　III	合　計
(A)	（2－5）$ 40	（1－2）$ 80	（1－3）$ 90	$210
*(B)	（2－5）$ 40	（3－5）$100	與路線II共通 （3－5）$ 0	$140
(C)	（2－5）$ 40	（5－6）$160	與路線II共通 （5－6）$ 0	$200
(D)	（1－2）$ 80	與路線I共通 （1－2）$ 0	（1－3）$ 90	$170
(E)	（1－2）$ 80	（3－5）$100	與路線II共通 （3－5）$ 0	$180
(F)	（1－2）$ 80	（5－6）$160	與路線II共通 （5－6）$ 0	$240
(G)	（5－6）$160	與路線I共通 （5－6）$ 0	與路線I共通 （5－6）$ 0	$160

註：（2－3）已成爲趕工之故不能做爲縮短的對象。

(5) 爲了將計畫由26天縮短爲24天時，原先在（2－3）所花用的$120
（$60×2天）應加上去計算，因此可以認爲由26天縮短爲23天時
其所增加的費用爲$260（$140＋$120＝$260）。

但從表3，倘以看起來比（B）的方法更爲不利的（E）法來縮短時，

由縮短後的如下作業網路圖，可以發現下列事情。

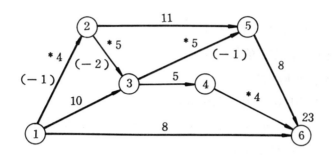

即最初爲要徑作業的（2—3）已離開了要徑而變成有寬裕的作業。爲此在（2—3）假設花 6 天也可以使整個計畫在23天完成。但問題是在該圖（2—3）已成爲 5 天，這 5 天是由最初的 7 天花了 \$120（\$60×2）加以縮短的結果，倘一開始就曉得要將工期縮短爲 23 天，即（2—3）可以 6 天的時間來工作，如此則（B）與（E）的費用可計算如下：

（E）　〔（\$60×2）＋\$180〕−\$60＝\$240

（B）　（\$60×2）＋\$140＝\$260

（E）＜（B）

由此可見，倘要以最小成本在23天內完成計畫時，必須如上所述，將（2—3）止於 6 天。

17.　某計畫的相關資訊如下表所示：

作業	正常工期 (日)	正常總 成本(元)	趕工工期 (日)	趕工一日 成本(元)
1—2	3	140	1	110
2—3	2	200	1	175
2—4	3	160	1	125
2—5	2	300	1	200
3—6	2	250	1	175
4—6	6	400	1	70
5—6	5	230	1	70
6—7	5	230	1	90

契約指定15日完工，每節省一天可得獎金100元，15日後每延一天罰款200元。

(a) 試計算正常工期及成本。

(b) 在15日內完工的最低成本爲若干？

(c) 試求最佳計畫。

(d) 若在10日後，實際情況如下：

   （ⅰ）以正常成本完工的作業爲 1—2;2—3;3—6;2—4;2—5

   （ⅱ）未動工作業 4—6;5—6;6—7

   如果仍想在15日內完成，應如何行動？其總成本爲若干？

解：首先繪出網路圖如下：

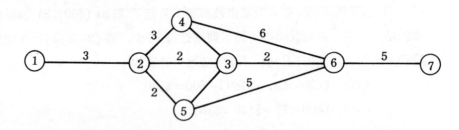

(a) 17天，成本$1,910＋罰金$400＝$2,310

(b) 由要徑節省 2 日，要徑包括 1—2,2—4,4—6,6—7，趕工成本最低
   爲作業4—6，兩日都是4—6趕工，成本＝$1,910＋$140＝$2,050。

(c) 在求最佳計畫時，應同時考量趕工成本以及獎金所得，如果支出
   能在100元之下則值得去做。

   最佳計畫爲4—6　4 天以及6—7爲 1 天，其他爲正常日數，工期爲共
11天，成本$2,410－獎金$400＝$2,010。

(d) 6—7 節省 4 天　　成本＝360

      4—6 節省 2 天　　成本＝140

      5—6 節省 1 天　　成本＝ 70

                      570

    即總成本＝$1,910＋$570＝$2,480

18. 良生公司有一個計畫包含8個工作 (A,B,C,D,E,F,G,H)，相關資料如下表所示：

工作	前置工作	正常時間（日）	趕工時間（日）	趕工每日成本（$）
A	—	10	7	4
B	—	5	4	2
C	B	3	2	2
D	A,C	4	3	3
E	A,C	5	3	3
F	D	6	3	5
G	E	5	2	1
H	F,G	5	4	4

已知每日的間接成本為5元，試決定一最佳計畫路徑。

解： 首先將上表資料繪成網路圖如下：

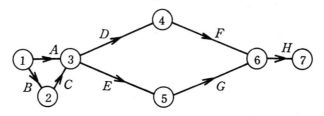

如果每項工作均依正常時間完工，則共計費時25天，其總成本＝間接成本＋趕工成本＝5(25)＋0＝125

另一方面，如果各項工作均依趕工時間完工，則共費時17天，總成本＝5(17)＋47＝132

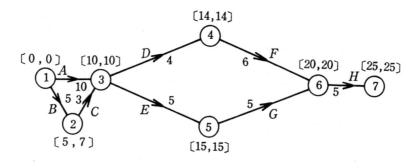

在正常時間之下，完工時間爲25天，由上圖可知有二要徑如下：

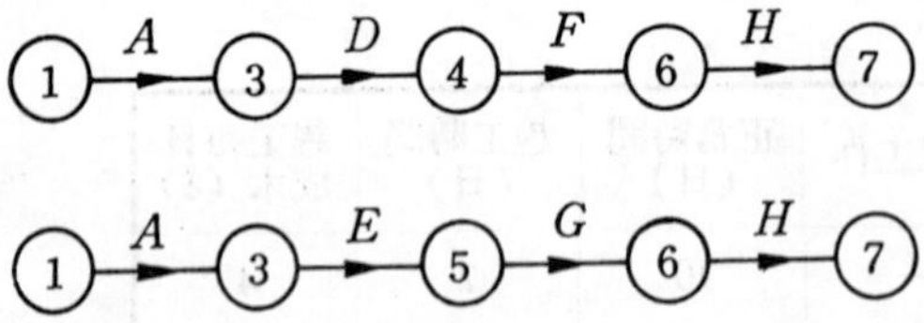

$$①\xrightarrow{A}③\xrightarrow{D}④\xrightarrow{F}⑥\xrightarrow{H}⑦$$

$$①\xrightarrow{A}③\xrightarrow{E}⑤\xrightarrow{G}⑥\xrightarrow{H}⑦$$

爲了要縮短工期，必須縮短要徑的工期，例如工作H，每趕工一天要4元，但可節省間接成本5元，因此縮短H至4天，總成本爲124元。

工作A每趕工一天也可節省1元，但A至多可趕工2天，因爲若A趕工3天在7天內完工，則工作B和C又成爲要徑的點，所以A趕工2天，總成本爲122元。

如果想將工期再縮短1天，則必須工作A趕工一天或者B或C趕工一天，但因A與B趕工的總成本爲6元，比間接成本的節省爲高，工作A與C趕工也同樣不合算。

其次考慮要徑工作 D，E，F與G，由於節點3和6之間有二平行要徑，我們必須在③→④→⑥和③→⑤→⑥各趕工一天，因此有下列4種不同可能

工　作	趕工成本 增　　加 ($)	間接成本 減　　少 ($)	總　成　本 淨　變　動 ($)
D,E	$3+3=6$	5	+$1
D,G	$3+1=4$	5	−$1
F,E	$5+3=8$	5	+$3
F,G	$5+1=6$	5	+$1

由上表可知，當工作D和G趕工一天，則總成本降至121元，沒有再減少的可能。

因此，最佳排程爲

　　　工作A趕工至8日完成

　　　工作D趕工至3日完成

　　　工作G趕工至4日完成

　　　工作H趕工至4日完成

　　其他工作爲正常時間，共費時21天，總成本121元。

19. 新生公司完成一客戶訂單的工作的相關資料如下：

工　　　　　　　作	前置工作	正常日數	每日變動成本支出（元）
1.接到訂單，查證信用等	--	2	5
2.準備物料規格，物料可用度等	1	4	10
3.檢驗、包裝等	2	1	7
4.安排運輸工具	1	5	5
5.交貨	3,4	3	2

已知工作1,3,5的完工日數爲固定，工作2的工期爲2日和6日各有一半機率，工作4的完工日數爲4日機率0.7；6日機率0.2以及10日機率0.1。

(a) 試繪出 PERT 網路圖。

(b) 指出要徑，計算在正常日數下的完工天數及變動成本。

(c) 計算最長工期及最短工期以及相關機率。

解：(a)

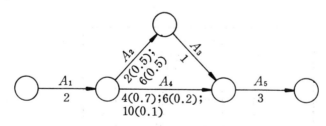

(b)

路　　　徑	工　期	機　率
$A_1A_2A_3A_5$	8	0.5
$A_1A_2A_3A_5$	12	0.5
$A_1A_4A_5$	9	0.7
$A_1A_4A_5$	11	0.2
$A_1A_4A_5$	15	0.1

路徑 $A_1A_2A_3A_5$ 成為要徑的機會為費時 12 日,路徑 $A_1A_4A_5$ 成為要徑的機會為費時 9 日或11日

其機會為 $\dfrac{0.7+0.2}{2}=0.45$

因此 $A_1A_4A_5$ 為要徑的機率為0.55，本網路的期望工期為11.15日，計算如下:

(1) $A_1A_2A_3A_5$ 日數	(2) 機率	(3) $A_1A_4A_5$ 日數	(4) 機率	(5) Max(1),(3)	(6) (2)×(4)	(7) (5)×(6)
8	0.5	9	0.7	9	0.35	3.15
8	0.5	11	0.2	11	0.10	1.10
8	0.5	15	0.1	15	0.05	0.75
12	0.5	9	0.7	12	0.35	4.20
12	0.5	11	0.2	12	0.10	1.20
12	0.5	15	0.1	15	0.05	0.75
						期望工期 =11.15

上表第(5)行表二路徑中的較大值。

在成本方面，A_1, A_3 和 A_5 成本固定,總和 23，A_2 和 A_4 的平均成本為65，總和23+65=88。

(1) A_2 (日)	(2) A_4 (日)	(3) 機　率	(4) A_2, A_4 成本	(5) (3)×(4)
2	4	0.35	40	14
2	6	0.10	50	5
2	10	0.05	70	3.5
6	4	0.35	80	28
6	6	0.10	90	9
6	10	0.05	110	5.5
				65

(c) 由上計算可知最短工期 9 天,機率0.35,最長工期15天,機率0.10。

20. 立生建築公司的某一建築計畫包含以下 9 大工作,相關資料如下表所示:

(1) 工作	(2) 立 即 前置作業	(3) 正 常 完工時間 (日)	(4) 成本(元)	(5) 趕 工 完工時間 (日)	(6) 成 本
A		10	5,000	10	5,000
B	A	8	4,000	8	4,000
C	A	8	4,500	8	4,500
D	C	4	6,000	4	6,000
E	B	7	5,500	5	6,500
F	B	9	3,750	4	13,750
G	D	8	2,000	1	4,800
H	E,F,G	15	6,500	12	14,900
I	H	10	5,000	10	5,000

假若本計畫完工日數爲48天,試問每一工作應費時幾日以便在最低可能成本之下在指定日數內完工?

解: 依據上述資料可繪出網路圖如下,依正常完工日數計算可知應費時55天,成本爲42,250元。

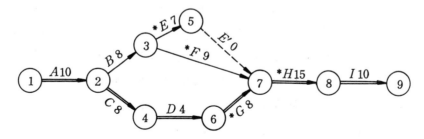

其中有*號的工作表可以縮短日數。下表爲各可能路徑,其中(3)表若在48天完工則應縮短日數。

路　　徑 (1)	(2) 完工日數	(3) 須縮短日數	(4) *工　作
ABEE'HI	50	2	*EH*
ABFHI	52	4	*FH*
ACDGHI	55	7	*GH*

下表中 CCUT (cost change/unit time) 爲縮短一天的成本，MS 爲最大可縮短天數

$$\text{CCUT} = \frac{正常時間成本 - 最少時間成本}{正常時間 - 最少時間}$$

(1) 工　作	(2) CCUT	(3) MS
E	500	2
F	2,000	5
G	400	7
H	2,800	3

由圖可知有可能縮短日數的工作爲 E, F, G, H。

由於工作 H 爲 3 條路徑的節點，另外，在 H 節點縮短一天相當於在 EF 與 G 縮短一天，前者的成本爲 2,800 元，而後者的成本爲 $500 + 2,000 + 400 = 2,900$。因此第一天在 H 縮短一天十分值得，第二天也是如此，但第 3 天則否，因爲第三天在 H 縮短一天仍須 2,800 元，而在 F 與 G 的成本則僅 $2,000 + 400 = 2,400$ 元，因此最爲理想的安排爲在 H 縮短 2 天，F 縮短 2 天及 G 縮短 5 天，使得在 48 天完工的成本爲 53,850 元。

21. 在題 1 中，PERT 的相關資料如下表所示:

(a) 那一條要徑有 95% 機率可達成？

(b) 在 6 日內完成工作 H 的機率？

(c) 在 16 日內完成本專案的機率？

工 作	a	m	b
A	1	2	3
B	2	4	6
C	3	3	3
D	3	5	7
E	1	1	1
F	1	4	7
G	2	3	4
H	1	3	5
I	3	3	3
J	4	5	6
K	2	3	10
L	5	5	5
M	8	9	16

解: 各項工作的期望值與變異數如下:

	A	B	C	D	E	F	G	H	I	J	K	L	M
μ	2	4	3	5	1	4	3	3	3	5	8	5	10
σ^2	4/36	16/36	—	16/36	—	1	4/36	16/36	—	4/36	64/36	—	64/36

(a) 專案要徑為 $B—H—F—M$,期望值 $\mu=21$ 和變異數 $\sigma^2=3.67$

$$Z_{.95}=1.645=\frac{x-21}{\sqrt{3.67}} \; ; \; x=24.15 \text{ 或 } 25$$

(b) 有 2 條要徑經過 H

$A—E—$虛$—H$　　6 天工期

$B—H$　　7 天工期

$\mu=7 \; ; \; \sigma^2=32/36$

$$Z=\frac{6-7}{\sqrt{32/36}}=-1.06$$

機率$=0.15$

(c) $Z = \dfrac{16-21}{\sqrt{3.67}} = -2.61$

機率$=0.005$

22. 下圖爲一個PERT網路圖，其中各項工作的估計值如表所示:

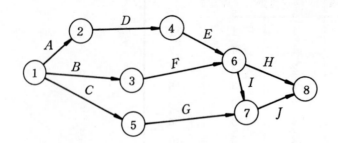

工 作	a	m	b
A	3	7	8
B	5	8	10
C	4	5	6
D	2	2	2
E	4	5	6
F	3	7	10
G	10	14	16
H	3	7	8
I	3	6	9
J	7	8	12

(a) 試問在30天內完工的機率爲若干?

(b) 何種工期有65%的機率完成?

解: (a) 要徑爲1—3—6—7—8, 平均值$=29.2$, 變異數$=3.75$

$$Z = \dfrac{30-29.2}{\sqrt{3.75}} = 0.41 \; ; \; 機率=0.659$$

(b) $Z_{.65} = 0.385 = \dfrac{x-29.2}{\sqrt{3.75}} \; ; \; x=30$

23. 達嵐製造廠有一個專案可分爲 9 個工作($A, B, \cdots\cdots, I$),相關資料如表 1 所

示，各項工作先後關係如圖1所示。

①試問該專案是否可能在50天內完工的機率爲若干？

②試問該專案比期望値早4天的機率爲若干？

表1 各項活動前後關係及時間估計值

		樂觀時間 a	最可能時間 m	悲觀時間 b
A	—	2	5	8
B	A	6	9	12
C	A	6	7	8
D	B,C	1	4	7
E	A	8	8	8
F	D,E	5	14	17
G	C	3	12	21
H	F,G	3	6	9
I	H	5	8	11

解：首先，我們計算各項工作的平均時間和變異數，如表2所示：

表2 各項活動的平均數與標準差

	平均數	標準差	變異數
A	5	1	1
B	9	1	1
C	7	$\frac{1}{3}$	$\frac{1}{9}$
D	4	1	1
E	8	0	0
F	13	2	4
G	12	3	9
H	6	1	1
I	8	1	1

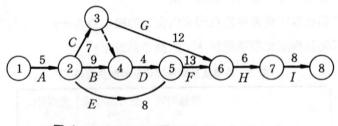

圖1 網 路 圖

　　圖1表示該專案計畫網路，其中的數字代表平均工作時數，利用平均
工作時間，可計算每一事件的最早及最晚動工時間。發現要徑為①→②→
④→⑤→⑥→⑦→⑧，因此，關鍵工作為 A, B, D, F, H 及 I。

　　設 T 表專案花費時間，則該專案的期望完工時間為

$E(T) = A, B, D, F, H$ 及 I 的期望時間總和

$\qquad = 5+9+4+13+6+8 = 45$天

$V(T) = A, B, D, F, H$ 及 I 的時間變異數總和

$\qquad = 1+1+1+4+1+1 = 9$

標準差 $\sigma(T) = \sqrt{V(T)} = 3$

　　專案完工時間為所有要徑上工作時間的總和，PERT假設所有工作時
數為獨立和相同分布。因此，依據中央極限定理，T 為平均數為 $E(T)$，
變異數為 $V(T)$ 的常態分布。

　　在本題中，T 為 $N(45, 3^2)$，我們可輕易計算達成專案預定完工時間
的機率，例如專案在50天內完工的機率，則

$$P(T \leq 50) = P\left(Z \leq \frac{50-45}{3}\right) = P(Z \leq 1.67) = 0.95$$

　　因此，該專案有95%的機會在50天內完工，又如假設管理者想知道比
期望值早4天完工的機率，則

$$P(T \leq 41) = P\left(Z \leq \frac{41-45}{3}\right) = P(Z \leq -1.33) = 0.09$$

換句話說，該專案只有9%的機會在41天內完工。

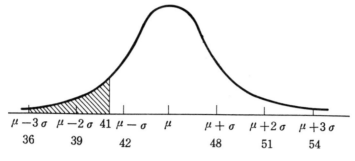

圖 2　常態分配

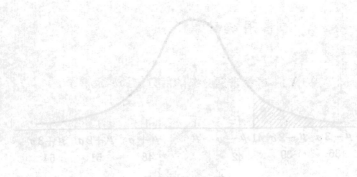

常用統計表

表 A.1 標準常態分布的百分位和累計機率
(a) 累計機率

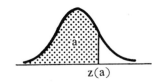

z(a)

Z	0	1	2	3	4	5	6	7	8	9
-3.	.0013	.0010	.0007	.0005	.0003	.0002	.0002	.0001	.0001	.0000
-2.9	.0019	.0018	.0017	.0017	.0016	.0016	.0015	.0015	.0014	.0014
-2.8	.0026	.0025	.0024	.0023	.0023	.0022	.0021	.0021	.0020	.0019
-2.7	.0035	.0034	.0033	.0032	.0031	.0030	.0029	.0028	.0027	.0026
-2.6	.0047	.0045	.0044	.0043	.0041	.0040	.0039	.0038	.0037	.0036
-2.5	.0062	.0060	.0059	.0057	.0055	.0054	.0052	.0051	.0049	.0048
-2.4	.0082	.0080	.0078	.0075	.0073	.0071	.0069	.0068	.0066	.0064
-2.3	.0107	.0104	.0102	.0099	.0096	.0094	.0091	.0089	.0087	.0084
-2.2	.0139	.0136	.0132	.0129	.0126	.0122	.0119	.0116	.0113	.0110
-2.1	.0179	.0174	.0170	.0166	.0162	.0158	.0154	.0150	.0146	.0143
-2.0	.0228	.0222	.0217	.0212	.0207	.0202	.0197	.0192	.0188	.0183
-1.9	.0287	.0281	.0274	.0268	.0262	.0256	.0250	.0244	.0238	.0233
-1.8	.0359	.0352	.0344	.0336	.0329	.0322	.0314	.0307	.0300	.0294
-1.7	.0446	.0436	.0427	.0418	.0409	.0401	.0391	.0384	.0375	.0367
-1.6	.0548	.0537	.0526	.0516	.0505	.0495	.0485	.0475	.0465	.0455
-1.5	.0668	.0655	.0643	.0630	.0618	.0606	.0594	.0582	.0570	.0559
-1.4	.0808	.0793	.0778	.0764	.0749	.0735	.0722	.0708	.0694	.0681
-1.3	.0968	.0951	.0934	.0918	.0901	.0885	.0869	.0853	.0838	.0823
-1.2	.1151	.1131	.1112	.1093	:1075	.1056	.1038	.1020	.1003	.0985
-1.1	.1357	.1335	.1314	.1292	.1271	.1251	.1230	.1210	.1190	.1170
-1.0	.1587	.1562	.1539	.1515	.1492	.1469	.1446	.1423	.1401	.1379
-0.9	.1841	.1814	.1788	.1762	.1736	.1711	.1685	.1660	.1635	.1611
-0.8	.2119	.2090	.2061	.2033	.2005	.1977	.1949	.1922	.1894	.1867
-0.7	.2420	.2389	.2358	.2327	.2297	.2266	.2236	.2206	.2177	.2148
-0.6	.2743	.2709	.2676	.2643	.2611	.2578	.2546	.2514	.2483	.2451
-0.5	.3085	.3050	.3015	.2981	.2946	.2912	.2877	.2843	.2810	.2776
-0.4	.3446	.3409	.3372	.3336	.3300	.3264	.3228	.3192	.3156	.3121
-0.3	.3821	.3783	.3745	.3707	.3669	.3632	.3594	.3557	.3520	.3483
-0.2	.4207	.4168	.4129	.4090	.4052	.4013	.3974	.3936	.3897	.3859
-0.1	.4602	.4562	.4522	.4483	.4443	.4404	.4364	.4325	.4286	.4247
-0.0	.5000	.4960	.4920	.4880	.4840	.4801	.4761	.4721	.4681	.4641

表 A.1（續）

Z	0	1	2	3	4	5	6	7	8	9
0.0	.5000	.5040	.5080	.5120	.5160	.5199	.5239	.5279	.5319	.5359
0.1	.5398	.5438	.5478	.5517	.5557	.5596	.5636	.5675	.5714	.5753
0.2	.5793	.5832	.5871	.5910	.5948	.5987	.6026	.6064	.6103	.6141
0.3	.6179	.6217	.6255	.6293	.6331	.6368	.6406	.6443	.6480	.6517
0.4	.6554	.6591	.6628	.6664	.6700	.6736	.6772	.6808	.6844	.6879
0.5	.6915	.6950	.6985	.7019	.7054	.7088	.7123	.7157	.7190	.7224
0.6	.7257	.7291	.7324	.7357	.7389	.7422	.7454	.7486	.7517	.7549
0.7	.7580	.7611	.7642	.7673	.7703	.7734	.7764	.7794	.7823	.7852
0.8	.7881	.7910	.7939	.7967	.7995	.8023	.8051	.8078	.8106	.8133
0.9	.8159	.8186	.8212	.8238	.8264	.8289	.9315	.8340	.8365	.8389
1.0	.8413	.8438	.8461	.8485	.8508	.8531	.8554	.8577	.8599	.8621
1.1	.8643	.8665	.8686	.8708	.8729	.8749	.8770	.8790	.8810	.8830
1.2	.8849	.8869	.8888	.8907	.8925	.8944	.8962	.8980	.8997	.9015
1.3	.9032	.9049	.9066	.9082	.9099	.9115	.9131	.9147	.9162	.9177
1.4	.9192	.9207	.9222	.9236	.9251	.9265	.9278	.9292	.9306	.9319
1.5	.9332	.9345	.9357	.9370	.9382	.9394	.9406	.9418	.9430	.9441
1.6	.9452	.9463	.9474	.9484	.9495	.9505	.9515	.9525	.9535	.9545
1.7	.9554	.9564	.9573	.9582	.9591	.9599	.9608	.9616	.9625	.9633
1.8	.9641	.9648	.9656	.9664	.9671	.9678	.9686	.9693	.9700	.9706
1.9	.9713	.9719	.9726	.9732	.9738	.9744	.9750	.9756	.9762	.9767
2.0	.9772	.9778	.9783	.9788	.9793	.9798	.9803	.9808	.9812	.9817
2.1	.9821	.9826	.9830	.9834	.9838	.9842	.9846	.9850	.9854	.9857
2.2	.9861	.9864	.9868	.9871	.9874	.9878	.9881	.9884	.9887	.9890
2.3	.9893	.9896	.9898	.9901	.9904	.9906	.9909	.9911	.9913	.9916
2.4	.9918	.9920	.9922	.9925	.9927	.9929	.9931	.9932	.9934	.9936
2.5	.9938	.9940	.9941	.9943	.9945	.9946	.9948	.9949	.9951	.9952
2.6	.9953	.9955	.9956	.9957	.9959	.9960	.9961	.9962	.9963	.9964
2.7	.9965	.9966	.9967	.9968	.9969	.9970	.9971	.9972	.9973	.9974
2.8	.9974	.9975	.9976	.9977	.9977	.9978	.9979	.9979	.9980	.9981
2.9	.9981	.9982	.9982	.9983	.9984	.9984	.9985	.9985	.9986	.9986
3.	.9987	.9990	.9993	.9995	.9997	.9998	.9998	.9999	.9999	1.0000

(b)   常用特定百分位

a:	.10	.05	.025	.02	.01	.005	.001
z(a):	-1.282	-1.645	-1.960	-2.054	-2.326	-2.576	-3.090
a:	.90	.95	.975	.98	.99	.995	.999
z(a):	1.282	1.645	1.960	2.054	2.326	2.576	3.090

例如：$P(Z \leqslant 1.96) = 0.9750$，故 $Z(0.9750) = 1.96$

表 A.2　二項分布機率值

表內爲機率 $P(X=x)=\binom{n}{x}P^{x}(1-P)^{n-x}$

						P						
n x	.01	.02	.03	.04	.05	.06	.07	.08	.09		
2 0	0.9801	0.9604	0.9409	0.9216	0.9025	0.8836	0.8649	0.8464	0.8281	2	
1	0.0198	0.0392	0.0582	0.0768	0.0950	0.1128	0.1302	0.1472	0.1638	1	
2	0.0001	0.0004	0.0009	0.0016	0.0025	0.0036	0.0049	0.0064	0.0081	0	2
3 0	0.9703	0.9412	0.9127	0.8847	0.8574	0.8306	0.8044	0.7787	0.7536	3	
1	0.0294	0.0576	0.0847	0.1106	0.1354	0.1590	0.1816	0.2031	0.2236	2	
2	0.0003	0.0012	0.0026	0.0046	0.0071	0.0102	0.0137	0.0177	0.0221	1	
3	0.0000	0.0000	0.0000	0.0001	0.0001	0.0002	0.0003	0.0005	0.0007	0	3
4 0	0.9606	0.9224	0.8853	0.8493	0.8145	0.7807	0.7481	0.7164	0.6857	4	
1	0.0388	0.0753	0.1095	0.1416	0.1715	0.1993	0.2252	0.2492	0.2713	3	
2	0.0006	0.0023	0.0051	0.0088	0.0135	0.0191	0.0254	0.0325	0.0402	2	
3	0.0000	0.0000	0.0001	0.0002	0.0005	0.0008	0.0013	0.0019	0.0027	1	
4	0.0000	0.0000	0.0000	0.0000	0.0000	0.0000	0.0000	0.0001	0.0001	0	4
5 0	0.9510	0.9039	0.8587	0.8154	0.7738	0.7339	0.6957	0.6591	0.6240	5	
1	0.0480	0.0922	0.1328	0.1699	0.2036	0.2342	0.2618	0.2866	0.3086	4	
2	0.0010	0.0038	0.0082	0.0142	0.0214	0.0299	0.0394	0.0498	0.0610	3	
3	0.0000	0.0001	0.0003	0.0006	0.0011	0.0019	0.0030	0.0043	0.0060	2	
4	0.0000	0.0000	0.0000	0.0000	0.0000	0.0001	0.0001	0.0002	0.0003	1	
5	0.0000	0.0000	0.0000	0.0000	0.0000	0.0000	0.0000	0.0000	0.0000	0	5
6 0	0.9415	0.8858	0.8330	0.7828	0.7351	0.6899	0.6470	0.6064	0.5679	6	
1	0.0571	0.1085	0.1546	0.1957	0.2321	0.2642	0.2922	0.3164	0.3370	5	
2	0.0014	0.0055	0.0120	0.0204	0.0305	0.0422	0.0550	0.0688	0.0833	4	
3,	0.0000	0.0002	0.0005	0.0011	0.0021	0.0036	0.0055	0.0080	0.0110	3	
4	0.0000	0.0000	0.0000	0.0000	0.0001	0.0002	0.0003	0.0005	0.0008	2	
5	0.0000	0.0000	0.0000	0.0000	0.0000	0.0000	0.0000	0.0000	0.0000	1	
6	0.0000	0.0000	0.0000	0.0000	0.0000	0.0000	0.0000	0.0000	0.0000	0	6
7 0	0.9321	0.8681	0.8080	0.7514	0.6983	0.6485	0.6017	0.5578	0.5168	7	
1	0.0659	0.1240	0.1749	0.2192	0.2573	0.2897	0.3170	0.3396	0.3578	6	
2	0.0020	0.0076	0.0162	0.0274	0.0406	0.0555	0.0716	0.0886	0.1061	5	
3	0.0000	0.0003	0.0008	0.0019	0.0036	0.0059	0.0090	0.0128	0.0175	4	
4	0.0000	0.0000	0.0000	0.0001	0.0002	0.0004	0.0007	0.0011	0.0017	3	
5	0.0000	0.0000	0.0000	0.0000	0.0000	0.0000	0.0000	0.0001	0.0001	2	
6	0.0000	0.0000	0.0000	0.0000	0.0000	0.0000	0.0000	0.0000	0.0000	1	
7	0.0000	0.0000	0.0000	0.0000	0.0000	0.0000	0.0000	0.0000	0.0000	0	7
8 0	0.9227	0.8508	0.7837	0.7214	0.6634	0.6096	0.5596	0.5132	0.4703	8	
1	0.0746	0.1389	0.1939	0.2405	0.2793	0.3113	0.3370	0.3570	0.3721	7	
2	0.0026	0.0099	0.0210	0.0351	0.0515	0.0695	0.0888	0.1087	0.1288	6	
3	0.0001	0.0004	0.0013	0.0029	0.0054	0.0089	0.0134	0.0189	0.0255	5	
4	0.0000	0.0000	0.0001	0.0002	0.0004	0.0007	0.0013	0.0021	0.0031	4	
5	0.0000	0.0000	0.0000	0.0000	0.0000	0.0000	0.0001	0.0001	0.0002	3	
6	0.0000	0.0000	0.0000	0.0000	0.0000	0.0000	0.0000	0.0000	0.0000	2	
7	0.0000	0.0000	0.0000	0.0000	0.0000	0.0000	0.0000	0.0000	0.0000	1	
8	0.0000	0.0000	0.0000	0.0000	0.0000	0.0000	0.0000	0.0000	0.0000	0	8
9 0	0.9135	0.8337	0.7602	0.6925	0.6302	0.5730	0.5204	0.4722	0.4279	9	
1	0.0830	0.1531	0.2116	0.2597	0.2985	0.3292	0.3525	0.3695	0.3809	8	
2	0.0034	0.0125	0.0262	0.0433	0.0629	0.0840	0.1061	0.1285	0.1507	7	
3	0.0001	0.0006	0.0019	0.0042	0.0077	0.0125	0.0186	0.0261	0.0348	6	
4	0.0000	0.0000	0.0001	0.0003	0.0006	0.0012	0.0021	0.0034	0.0052	5	
5	0.0000	0.0000	0.0000	0.0000	0.0000	0.0001	0.0002	0.0003	0.0005	4	
6	0.0000	0.0000	0.0000	0.0000	0.0000	0.0000	0.0000	0.0000	0.0000	3	
7	0.0000	0.0000	0.0000	0.0000	0.0000	0.0000	0.0000	0.0000	0.0000	2	
8	0.0000	0.0000	0.0000	0.0000	0.0000	0.0000	0.0000	0.0000	0.0000	1	
9	0.0000	0.0000	0.0000	0.0000	0.0000	0.0000	0.0000	0.0000	0.0000	0	9
	.99	.98	.97	.96	.95	.94	.93	.92	.91	x n	
						P						

表 A.2 二項分布機率值(續上)

n x	.10	.15	.20	.25	.30	.35	.40	.45	.50		
					P						
2 0	0.8100	0.7225	0.6400	0.5625	0.4900	0.4225	0.3600	0.3025	0.2500	2	
1	0.1800	0.2550	0.3200	0.3750	0.4200	0.4550	0.4800	0.4950	0.5000	1	
2	0.0100	0.0225	0.0400	0.0625	0.0900	0.1225	0.1600	0.2025	0.2500	0 2	
3 0	0.7290	0.6141	0.5120	0.4219	0.3430	0.2746	0.2160	0.1664	0.1250	3	
1	0.2430	0.3251	0.3840	0.4219	0.4410	0.4436	0.4320	0.4084	0.3750	2	
2	0.0270	0.0574	0.0960	0.1406	0.1890	0.2389	0.2880	0.3341	0.3750	1	
3	0.0010	0.0034	0.0080	0.0156	0.0270	0.0429	0.0640	0.0911	0.1250	0 3	
4 0	0.6561	0.5220	0.4096	0.3164	0.2401	0.1785	0.1296	0.0915	0.0625	4	
1	0.2916	0.3685	0.4096	0.4219	0.4116	0.3845	0.3456	0.2995	0.2500	3	
2	0.0486	0.0975	0.1536	0.2109	0.2646	0.3105	0.3456	0.3675	0.3750	2	
3	0.0036	0.0115	0.0256	0.0469	0.0756	0.1115	0.1536	0.2005	0.2500	1	
4	0.0001	0.0005	0.0016	0.0039	0.0081	0.0150	0.0256	0.0410	0.0625	0 4	
5 0	0.5905	0.4437	0.3277	0.2373	0.1681	0.1160	0.0778	0.0503	0.0312	5	
1	0.3280	0.3915	0.4096	0.3955	0.3601	0.3124	0.2592	0.2059	0.1562	4	
2	0.0729	0.1382	0.2048	0.2637	0.3087	0.3364	0.3456	0.3369	0.3125	3	
3	0.0081	0.0244	0.0512	0.0879	0.1323	0.1811	0.2304	0.2757	0.3125	2	
4	0.0004	0.0022	0.0064	0.0146	0.0283	0.0488	0.0768	0.1128	0.1562	1	
5	0.0000	0.0001	0.0003	0.0010	0.0024	0.0053	0.0102	0.0185	0.0312	0 5	
6 0	0.5314	0.3771	0.2621	0.1780	0.1176	0.0754	0.0467	0.0277	0.0156	6	
1	0.3543	0.3993	0.3932	0.3560	0.3025	0.2437	0.1866	0.1359	0.0938	5	
2	0.0984	0.1762	0.2458	0.2966	0.3241	0.3280	0.3110	0.2780	0.2344	4	
3	0.0146	0.0415	0.0819	0.1318	0.1852	0.2355	0.2765	0.3032	0.3125	3	
4	0.0012	0.0055	0.0154	0.0330	0.0595	0.0951	0.1382	0.1861	0.2344	2	
5	0.0001	0.0004	0.0015	0.0044	0.0102	0.0205	0.0369	0.0609	0.0938	1	
6	0.0000	0.0000	0.0001	0.0002	0.0007	0.0018	0.0041	0.0083	0.0156	0 6	
7 0	0.4783	0.3206	0.2097	0.1335	0.0824	0.0490	0.0280	0.0125	0.0078	7	
1	0.3720	0.3960	0.3670	0.3115	0.2471	0.1848	0.1306	0.0872	0.0547	6	
2	0.1240	0.2097	0.2753	0.3115	0.3177	0.2985	0.2613	0.2140	0.1641	5	
3	0.0230	0.0617	0.1147	0.1730	0.2269	0.2679	0.2903	0.2918	0.2734	4	
4	0.0026	0.0109	0.0287	0.0577	0.0972	0.1442	0.1935	0.2388	0.2734	3	
5	0.0002	0.0012	0.0043	0.0115	0.0250	0.0466	0.0774	0.1172	0.1641	2	
6	0.0000	0.0001	0.0004	0.0013	0.0036	0.0084	0.0172	0.0320	0.0547	1	
7	0.0000	0.0000	0.0000	0.0001	0.0002	0.0006	0.0016	0.0037	0.0078	0 7	
8 0	0.4305	0.2725	0.1678	0.1001	0.0576	0.0319	0.0168	0.0084	0.0039	8	
1	0.3826	0.3847	0.3355	0.2670	0.1977	0.1373	0.0896	0.0548	0.0312	7	
2	0.1488	0.2376	0.2936	0.3115	0.2965	0.2587	0.2090	0.1569	0.1094	6	
3	0.0331	0.0839	0.1468	0.2076	0.2541	0.2786	0.2787	0.2568	0.2188	5	
4	0.0046	0.0185	0.0459	0.0865	0.1361	0.1875	0.2322	0.2627	0.2734	4	
5	0.0004	0.0026	0.0092	0.0231	0.0467	0.0808	0.1239	0.1719	0.2188	3	
6	0.0000	0.0002	0.0011	0.0038	0.0100	0.0217	0.0413	0.0703	0.1094	2	
7	0.0000	0.0000	0.0001	0.0004	0.0012	0.0033	0.0079	0.0164	0.0312	1	
8	0.0000	0.0000	0.0000	0.0000	0.0001	0.0002	0.0007	0.0017	0.0039	0 8	
9 0	0.3874	0.2316	0.1342	0.0751	0.0404	0.0207	0.0101	0.0046	0.0020	9	
1	0.3874	0.3679	0.3020	0.2253	0.1556	0.1004	0.0605	0.0339	0.0176	8	
2	0.1722	0.2597	0.3020	0.3003	0.2668	0.2162	0.1612	0.1110	0.0703	7	
3	0.0446	0.1069	0.1762	0.2336	0.2668	0.2716	0.2508	0.2119	0.1641	6	
4	0.0074	0.0283	0.0661	0.1168	0.1715	0.2194	0.2508	0.2600	0.2461	5	
5	0.0008	0.0050	0.0165	0.0389	0.0735	0.1181	0.1672	0.2128	0.2461	4	
6	0.0001	0.0006	0.0028	0.0087	0.0210	0.0424	0.0743	0.1160	0.1641	3	
7	0.0000	0.0000	0.0003	0.0012	0.0039	0.0098	0.0212	0.0407	0.0703	2	
8	0.0000	0.0000	0.0000	0.0001	0.0004	0.0013	0.0035	0.0083	0.0176	1	
9	0.0000	0.0000	0.0000	0.0000	0.0000	0.0001	0.0003	0.0008	0.0020	0 9	
	.90	.85	.80	.75	.70	.65	.60	.55	.50	x n	
					P						

表 A.2　二項分布機率值（續上）

n	x	.01	.02	.03	.04	.05	.06	.07	.08	.09		
10	0	0.9044	0.8171	0.7374	0.6648	0.5987	0.5386	0.4840	0.4344	0.3894	10	
	1	0.0914	0.1667	0.2281	0.2770	0.3151	0.3438	0.3643	0.3777	0.3851	9	
	2	0.0042	0.0153	0.0317	0.0519	0.0746	0.0988	0.1234	0.1478	0.1714	8	
	3	0.0001	0.0008	0.0026	0.0058	0.0105	0.0168	0.0248	0.0343	0.0452	7	
	4	0.0000	0.0000	0.0001	0.0004	0.0010	0.0019	0.0033	0.0052	0.0078	6	
	5	0.0000	0.0000	0.0000	0.0000	0.0001	0.0001	0.0003	0.0005	0.0009	5	
	6	0.0000	0.0000	0.0000	0.0000	0.0000	0.0000	0.0000	0.0000	0.0001	4	
	7	0.0000	0.0000	0.0000	0.0000	0.0000	0.0000	0.0000	0.0000	0.0000	3	
	8	0.0000	0.0000	0.0000	0.0000	0.0000	0.0000	0.0000	0.0000	0.0000	2	
	9	0.0000	0.0000	0.0000	0.0000	0.0000	0.0000	0.0000	0.0000	0.0000	1	
	10	0.0000	0.0000	0.0000	0.0000	0.0000	0.0000	0.0000	0.0000	0.0000	0	10
12	0	0.8864	0.7847	0.6938	0.6127	0.5404	0.4759	0.4186	0.3677	0.3225	12	
	1	0.1074	0.1922	0.2575	0.3064	0.3413	0.3645	0.3781	0.3837	0.3827	11	
	2	0.0060	0.0216	0.0438	0.0702	0.0988	0.1280	0.1565	0.1835	0.2082	10	
	3	0.0002	0.0015	0.0045	0.0098	0.0173	0.0272	0.0393	0.0532	0.0686	9	
	4	0.0000	0.0001	0.0003	0.0009	0.0021	0.0039	0.0067	0.0104	0.0153	8	
	5	0.0000	0.0000	0.0000	0.0001	0.0002	0.0004	0.0008	0.0014	0.0024	7	
	6	0.0000	0.0000	0.0000	0.0000	0.0000	0.0000	0.0001	0.0001	0.0003	6	
	7	0.0000	0.0000	0.0000	0.0000	0.0000	0.0000	0.0000	0.0000	0.0000	5	
	8	0.0000	0.0000	0.0000	0.0000	0.0000	0.0000	0.0000	0.0000	0.0000	4	
	9	0.0000	0.0000	0.0000	0.0000	0.0000	0.0000	0.0000	0.0000	0.0000	3	
	10	0.0000	0.0000	0.0000	0.0000	0.0000	0.0000	0.0000	0.0000	0.0000	2	
	11	0.0000	0.0000	0.0000	0.0000	0.0000	0.0000	0.0000	0.0000	0.0000	1	
	12	0.0000	0.0000	0.0000	0.0000	0.0000	0.0000	0.0000	0.0000	0.0000	0	12
15	0	0.8601	0.7386	0.6333	0.5421	0.4633	0.3953	0.3367	0.2863	0.2430	15	
	1	0.1303	0.2261	0.2938	0.3388	0.3658	0.3785	0.3801	0.3734	0.3605	14	
	2	0.0092	0.0323	0.0636	0.0988	0.1348	0.1691	0.2003	0.2273	0.2496	13	
	3	0.0004	0.0029	0.0085	0.0178	0.0307	0.0468	0.0653	0.0857	0.1070	12	
	4	0.0000	0.0002	0.0008	0.0022	0.0049	0.0090	0.0148	0.0223	0.0317	11	
	5	0.0000	0.0000	0.0001	0.0002	0.0006	0.0013	0.0024	0.0043	0.0069	10	
	6	0.0000	0.0000	0.0000	0.0000	0.0000	0.0001	0.0003	0.0006	0.0011	9	
	7	0.0000	0.0000	0.0000	0.0000	0.0000	0.0000	0.0000	0.0001	0.0001	8	
	8	0.0000	0.0000	0.0000	0.0000	0.0000	0.0000	0.0000	0.0000	0.0600	7	
	9	0.0000	0.0000	0.0000	0.0000	0.0000	0.0000	0.0000	0.0000	0.0000	6	
	10	0.0000	0.0000	0.0000	0.0000	0.0000	0.0000	0.0000	0.0000	0.0000	5	
	11	0.0000	0.0000	0.0000	0.0000	0.0000	0.0000	0.0000	0.0000	0.0000	4	
	12	0.0000	0.0000	0.0000	0.0000	0.0000	0.0000	0.0000	0.0000	0.0000	3	
	13	0.0000	0.0000	0.0000	0.0000	0.0000	0.0000	0.0000	0.0000	0.0000	2	
	14	0.0000	0.0000	0.0000	0.0000	0.0000	0.0000	0.0000	0.0000	0.0000	1	
	15	0.0000	0.0000	0.0000	0.0000	0.0000	0.0000	0.0000	0.0000	0.0000	0	15
20	0	0.8179	0.6676	0.5438	0.4420	0.3585	0.2901	0.2342	0.1887	0.1516	20	
	1	0.1652	0.2725	0.3364	0.3683	0.3774	0.3703	0.3526	0.3282	0.3000	19	
	2	0.0159	0.0528	0.0988	0.1458	0.1887	0.2246	0.2521	0.2711	0.2818	18	
	3	0.0010	0.0065	0.0183	0.0364	0.0596	0.0860	0.1139	0.1414	0.1672	17	
	4	0.0000	0.0006	0.0024	0.0065	0.0133	0.0233	0.0364	0.0523	0.0703	16	
	5	0.0000	0.0000	0.0002	0.0009	0.0022	0.0048	0.0088	0.0145	0.0222	15	
	6	0.0000	0.0000	0.0000	0.0001	0.0003	0.0008	0.0017	0.0032	0.0055	14	
	7	0.0000	0.0000	0.0000	0.0000	0.0000	0.0001	0.0002	0.0005	0.0011	13	
	8	0.0000	0.0000	0.0000	0.0000	0.0000	0.0000	0.0000	0.0001	0.0002	12	
	9	0.0000	0.0000	0.0000	0.0000	0.0000	0.0000	0.0000	0.0000	0.0000	11	
	10	0.0000	0.0000	0.0000	0.0000	0.0000	0.0000	0.0000	0.0000	0.0000	10	
	11	0.0000	0.0000	0.0000	0.0000	0.0000	0.0000	0.0000	0.0000	0.0000	9	
	12	0.0000	0.0000	0.0000	0.0000	0.0000	0.0000	0.0000	0.0000	0.0000	8	
	13	0.0000	0.0000	0.0000	0.0000	0.0000	0.0000	0.0000	0.0000	0.0000	7	
	14	0.0000	0.0000	0.0000	0.0000	0.0000	0.0000	0.0000	0.0000	0.0000	6	
	15	0.0000	0.0000	0.0000	0.0000	0.0000	0.0000	0.0000	0.0000	0.0000	5	
	16	0.0000	0.0000	0.0000	0.0000	0.0000	0.0000	0.0000	0.0000	0.0000	4	
	17	0.0000	0.0000	0.0000	0.0000	0.0000	0.0000	0.0000	0.0000	0.0000	3	
	18	0.0000	0.0000	0.0000	0.0000	0.0000	0.0000	0.0000	0.0000	0.0000	2	
	19	0.0000	0.0000	0.0000	0.0000	0.0000	0.0000	0.0000	0.0000	0.0000	1	
	20	0.0000	0.0000	0.0000	0.0000	0.0000	0.0000	0.0000	0.0000	0.0000	0	20
		.99	.98	.97	.96	.95	.94	.93	.92	.91	x	n

p

表 A.2　二項分布機率值（續上）

n	x	.10	.15	.20	.25	.30	.35	.40	.45	.50		
						p						
10	0	0.3487	0.1969	0.1074	0.0563	0.0282	0.0135	0.0060	0.0025	0.0010	10	
	1	0.3874	0.3474	0.2684	0.1877	0.1211	0.0725	0.0403	0.0207	0.0098	9	
	2	0.1937	0.2759	0.3020	0.2816	0.2335	0.1757	0.1209	0.0763	0.0439	8	
	3	0.0574	0.1298	0.2013	0.2503	0.2668	0.2522	0.2150	0.1665	0.1172	7	
	4	0.0112	0.0401	0.0881	0.1460	0.2001	0.2377	0.2508	0.2384	0.2051	6	
	5	0.0015	0.0085	0.0264	0.0584	0.1029	0.1536	0.2007	0.2340	0.2461	5	
	6	0.0001	0.0012	0.0055	0.0162	0.0368	0.0689	0.1115	0.1596	0.2051	4	
	7	0.0000	0.0001	0.0008	0.0031	0.0090	0.0212	0.0425	0.0746	0.1172	3	
	8	0.0000	0.0000	0.0001	0.0004	0.0014	0.0043	0.0106	0.0229	0.0439	2	
	9	0.0000	0.0000	0.0000	0.0000	0.0001	0.0005	0.0016	0.0042	0.0098	1	
	10	0.0000	0.0000	0.0000	0.0000	0.0000	0.0000	0.0001	0.0003	0.0010	0	10
12	0	0.2824	0.1422	0.0687	0.0317	0.0138	0.0057	0.0022	0.0008	0.0002	12	
	1	0.3766	0.3012	0.2062	0.1267	0.0712	0.0368	0.0174	0.0075	0.0029	11	
	2	0.2301	0.2924	0.2835	0.2323	0.1678	0.1088	0.0639	0.0339	0.0161	10	
	3	0.0852	0.1720	0.2362	0.2581	0.2397	0.1954	0.1419	0.0923	0.0537	9	
	4	0.0213	0.0683	0.1329	0.1936	0.2311	0.2367	0.2128	0.1700	0.1208	8	
	5	0.0038	0.0193	0.0532	0.1032	0.1585	0.2039	0.2270	0.2225	0.1934	7	
	6	0.0005	0.0040	0.0155	0.0401	0.0792	0.1281	0.1766	0.2124	0.2256	6	
	7	0.0000	0.0006	0.0033	0.0115	0.0291	0.0591	0.1009	0.1489	0.1934	5	
	8	0.0000	0.0001	0.0005	0.0024	0.0078	0.0199	0.0420	0.0762	0.1208	4	
	9	0.0000	0.0000	0.0001	0.0004	0.0015	0.0048	0.0125	0.0277	0.0537	3	
	10	0.0000	0.0000	0.0000	0.0000	0.0002	0.0008	0.0025	0.0068	0.0161	2	
	11	0.0000	0.0000	0.0000	0.0000	0.0000	0.0001	0.0003	0.0010	0.0029	1	
	12	0.0000	0.0000	0.0000	0.0000	0.0000	0.0000	0.0000	0.0001	0.0002	0	12
15	0	0.2059	0.0874	0.0352	0.0134	0.0047	0.0016	0.0005	0.0001	0.0000	15	
	1	0.3432	0.2312	0.1319	0.0668	0.0305	0.0126	0.0047	0.0016	0.0005	14	
	2	0.2669	0.2856	0.2309	0.1559	0.0916	0.0476	0.0219	0.0090	0.0032	13	
	3	0.1286	0.2184	0.2501	0.2252	0.1700	0.1110	0.0634	0.0318	0.0139	12	
	4	0.0428	0.1156	0.1876	0.2252	0.2186	0.1792	0.1268	0.0780	0.0417	11	
	5	0.0105	0.0449	0.1032	0.1651	0.2061	0.2123	0.1859	0.1404	0.0916	10	
	6	0.0019	0.0132	0.0430	0.0917	0.1472	0.1906	0.2066	0.1914	0.1527	9	
	7	0.0003	0.0030	0.0138	0.0393	0.0811	0.1319	0.1771	0.2013	0.1964	8	
	8	0.0000	0.0005	0.0035	0.0131	0.0348	0.0710	0.1181	0.1647	0.1964	7	
	9	0.0000	0.0001	0.0007	0.0034	0.0116	0.0298	0.0612	0.1048	0.1527	6	
	10	0.0000	0.0000	0.0001	0.0007	0.0030	0.0096	0.0245	0.0515	0.0916	5	
	11	0.0000	0.0000	0.0000	0.0001	0.0006	0.0024	0.0074	0.0191	0.0417	4	
	12	0.0000	0.0000	0.0000	0.0000	0.0001	0.0004	0.0016	0.0052	0.0139	3	
	13	0.0000	0.0000	0.0000	0.0000	0.0000	0.0001	0.0003	0.0010	0.0032	2	
	14	0.0000	0.0000	0.0000	0.0000	0.0000	0.0000	0.0000	0.0001	0.0005	1	
	15	0.0000	0.0000	0.0000	0.0000	0.0000	0.0000	0.0000	0.0000	0.0000	0	15
20	0	0.1216	0.0388	0.0115	0.0032	0.0008	0.0002	0.0000	0.0000	0.0000	20	
	1	0.2702	0.1368	0.0576	0.0211	0.0068	0.0020	0.0005	0.0001	0.0000	19	
	2	0.2852	0.2293	0.1369	0.0669	0.0278	0.0100	0.0031	0.0008	0.0002	18	
	3	0.1901	0.2428	0.2054	0.1339	0.0716	0.0323	0.0123	0.0040	0.0011	17	
	4	0.0898	0.1821	0.2182	0.1897	0.1304	0.0738	0.0350	0.0139	0.0046	16	
	5	0.0319	0.1028	0.1746	0.2023	0.1789	0.1272	0.0746	0.0365	0.0148	15	
	6	0.0089	0.0454	0.1091	0.1686	0.1916	0.1712	0.1244	0.0746	0.0370	14	
	7	0.0020	0.0160	0.0545	0.1124	0.1643	0.1844	0.1659	0.1221	0.0739	13	
	8	0.0004	0.0046	0.0222	0.0609	0.1144	0.1614	0.1797	0.1623	0.1201	12	
	9	0.0001	0.0011	0.0074	0.0271	0.0654	0.1158	0.1597	0.1771	0.1602	11	
	10	0.0000	0.0002	0.0020	0.0099	0.0308	0.0686	0.1171	0.1593	0.1762	10	
	11	0.0000	0.0000	0.0005	0.0030	0.0120	0.0336	0.0710	0.1185	0.1602	9	
	12	0.0000	0.0000	0.0001	0.0008	0.0039	0.0136	0.0355	0.0727	0.1201	8	
	13	0.0000	0.0000	0.0000	0.0002	0.0010	0.0045	0.0146	0.0366	0.0739	7	
	14	0.0000	0.0000	0.0000	0.0000	0.0002	0.0012	0.0049	0.0150	0.0370	6	
	15	0.0000	0.0000	0.0000	0.0000	0.0000	0.0003	0.0013	0.0049	0.0148	5	
	16	0.0000	0.0000	0.0000	0.0000	0.0000	0.0000	0.0003	0.0013	0.0046	4	
	17	0.0000	0.0000	0.0000	0.0000	0.0000	0.0000	0.0000	0.0002	0.0011	3	
	18	0.0000	0.0000	0.0000	0.0000	0.0000	0.0000	0.0000	0.0000	0.0002	2	
	19	0.0000	0.0000	0.0000	0.0000	0.0000	0.0000	0.0000	0.0000	0.0000	1	
	20	0.0000	0.0000	0.0000	0.0000	0.0000	0.0000	0.0000	0.0000	0.0000	0	20
		.90	.85	.80	.75	.70	.65	.60	.55	.50	x	n
						p						

例如：當 n＝12，p＝0.25，和 x＝3，P（X＝3）＝0.2581. 當 n＝15，p＝0.55，和 x＝10，p（X＝10）＝0.1404

表 A.3　波瓦松分布機率值

表內機率　$P(X=x) = \dfrac{\lambda^x \exp(-\lambda)}{x!}$

x	λ								
	.1	.2	.3	.4	.5	.6	.7	.8	.9
0	0.9048	0.8187	0.7408	0.6703	0.6065	0.5488	0.4966	0.4493	0.4066
1	0.0905	0.1637	0.2222	0.2681	0.3033	0.3293	0.3476	0.3595	0.3659
2	0.0045	0.0164	0.0333	0.0536	0.0758	0.0988	0.1217	0.1438	0.1647
3	0.0002	0.0011	0.0033	0.0072	0.0126	0.0198	0.0284	0.0383	0.0494
4	0.0000	0.0001	0.0003	0.0007	0.0016	0.0030	0.0050	0.0077	0.0111
5	0.0000	0.0000	0.0000	0.0001	0.0002	0.0004	0.0007	0.0012	0.0020
6	0.0000	0.0000	0.0000	0.0000	0.0000	0.0000	0.0001	0.0002	0.0003

x	λ								
	1.0	1.5	2.0	2.5	3.0	3.5	4.0	4.5	5.0
0	0.3679	0.2231	0.1353	0.0821	0.0498	0.0302	0.0183	0.0111	0.0067
1	0.3679	0.3347	0.2707	0.2052	0.1494	0.1057	0.0733	0.0500	0.0337
2	0.1839	0.2510	0.2707	0.2565	0.2240	0.1850	0.1465	0.1125	0.0842
3	0.0613	0.1255	0.1804	0.2138	0.2240	0.2158	0.1954	0.1687	0.1404
4	0.0153	0.0471	0.0902	0.1336	0.1680	0.1888	0.1954	0.1898	0.1755
5	0.0031	0.0141	0.0361	0.0668	0.1008	0.1322	0.1563	0.1708	0.1755
6	0.0005	0.0035	0.0120	0.0278	0.0504	0.0771	0.1042	0.1281	0.1462
7	0.0001	0.0008	0.0034	0.0099	0.0216	0.0385	0.0595	0.0824	0.1044
8	0.0000	0.0001	0.0009	0.0031	0.0081	0.0169	0.0298	0.0463	0.0653
9	0.0000	0.0000	0.0002	0.0009	0.0027	0.0066	0.0132	0.0232	0.0363
10	0.0000	0.0000	0.0000	0.0002	0.0008	0.0023	0.0053	0.0104	0.0181
11	0.0000	0.0000	0.0000	0.0000	0.0002	0.0007	0.0019	0.0043	0.0082
12	0.0000	0.0000	0.0000	0.0000	0.0001	0.0002	0.0006	0.0016	0.0034
13	0.0000	0.0000	0.0000	0.0000	0.0000	0.0001	0.0002	0.0006	0.0013
14	0.0000	0.0000	0.0000	0.0000	0.0000	0.0000	0.0001	0.0002	0.0005
15	0.0000	0.0000	0.0000	0.0000	0.0000	0.0000	0.0000	0.0001	0.0002

x	λ								
	5.5	6.0	6.5	7.0	7.5	8.0	9.0	10.0	11.0
0	0.0041	0.0025	0.0015	0.0009	0.0006	0.0003	0.0001	0.0000	0.0000
1	0.0225	0.0149	0.0098	0.0064	0.0041	0.0027	0.0011	0.0005	0.0002
2	0.0618	0.0446	0.0318	0.0223	0.0156	0.0107	0.0050	0.0023	0.0010
3	0.1133	0.0892	0.0688	0.0521	0.0389	0.0286	0.0150	0.0076	0.0037
4	0.1558	0.1339	0.1188	0.0912	0.0729	0.0573	0.0337	0.0189	0.0102
5	0.1714	0.1606	0.1454	0.1277	0.1094	0.0916	0.0607	0.0378	0.0224
6	0.1571	0.1606	0.1575	0.1490	0.1367	0.1221	0.0911	0.0631	0.0411
7	0.1234	0.1377	0.1462	0.1490	0.1465	0.1396	0.1171	0.0901	0.0646
8	0.0849	0.1033	0.1188	0.1304	0.1373	0.1396	0.1318	0.1126	0.0888
9	0.0519	0.0688	0.0858	0.1014	0.1144	0.1241	0.1318	0.1251	0.1085
10	0.0285	0.0413	0.0558	0.0710	0.0858	0.0993	0.1186	0.1251	0.1194
11	0.0143	0.0225	0.0330	0.0452	0.0585	0.0722	0.0970	0.1137	0.1194
12	0.0065	0.0113	0.0179	0.0263	0.0366	0.0481	0.0728	0.0948	0.1094
13	0.0028	0.0052	0.0089	0.0142	0.0211	0.0296	0.0504	0.0729	0.0926
14	0.0011	0.0022	0.0041	0.0071	0.0113	0.0169	0.0324	0.0521	0.0728
15	0.0004	0.0009	0.0018	0.0033	0.0057	0.0090	0.0194	0.0347	0.0534
16	0.0001	0.0003	0.0007	0.0014	0.0026	0.0045	0.0109	0.0217	0.0367
17	0.0000	0.0001	0.0003	0.0006	0.0012	0.0021	0.0058	0.0128	0.0237
18	0.0000	0.0000	0.0001	0.0002	0.0005	0.0009	0.0029	0.0071	0.0145
19	0.0000	0.0000	0.0000	0.0001	0.0002	0.0004	0.0014	0.0037	0.0084
20	0.0000	0.0000	0.0000	0.0000	0.0001	0.0002	0.0006	0.0019	0.0046
21	0.0000	0.0000	0.0000	0.0000	0.0000	0.0001	0.0003	0.0009	0.0024
22	0.0000	0.0000	0.0000	0.0000	0.0000	0.0000	0.0001	0.0004	0.0012
23	0.0000	0.0000	0.0000	0.0000	0.0000	0.0000	0.0000	0.0002	0.0006
24	0.0000	0.0000	0.0000	0.0000	0.0000	0.0000	0.0000	0.0001	0.0003
25	0.0000	0.0000	0.0000	0.0000	0.0000	0.0000	0.0000	0.0000	0.0001

表 A.3 波瓦松分布機率值（續上）

x	12	13	14	15	16	17	18	19	20
				λ					
0	0.0000	0.0000	0.0000	0.0000	0.0000	0.0000	0.0000	0.0000	0.0000
1	0.0001	0.0000	0.0000	0.0000	0.0000	0.0000	0.0000	0.0000	0.0000
2	0.0004	0.0002	0.0001	0.0000	0.0000	0.0000	0.0000	0.0000	0.0000
3	0.0018	0.0008	0.0004	0.0002	0.0001	0.0000	0.0000	0.0000	0.0000
4	0.0053	0.0027	0.0013	0.0006	0.0003	0.0001	0.0001	0.0000	0.0000
5	0.0127	0.0070	0.0037	0.0019	0.0010	0.0005	0.0002	0.0001	0.0001
6	0.0255	0.0152	0.0087	0.0048	0.0026	0.0014	0.0007	0.0004	0.0002
7	0.0437	0.0281	0.0174	0.0104	0.0060	0.0034	0.0019	0.0010	0.0005
8	0.0655	0.0457	0.0304	0.0194	0.0120	0.0072	0.0042	0.0024	0.0013
9	0.0874	0.0661	0.0473	0.0324	0.0213	0.0135	0.0083	0.0050	0.0029
10	0.1048	0.0859	0.0663	0.0486	0.0341	0.0230	0.0150	0.0095	0.0058
11	0.1144	0.1015	0.0844	0.0663	0.0496	0.0355	0.0245	0.0164	0.0106
12	0.1144	0.1099	0.0984	0.0829	0.0661	0.0504	0.0368	0.0259	0.0176
13	0.1056	0.1099	0.1060	0.0956	0.0814	0.0658	0.0509	0.0378	0.0271
14	0.0905	0.1021	0.1060	0.1024	0.0930	0.0800	0.0655	0.0514	0.0387
15	0.0724	0.0885	0.0989	0.1024	0.0992	0.0906	0.0786	0.0650	0.0516
16	0.0543	0.0719	0.0866	0.0960	0.0992	0.0963	0.0884	0.0772	0.0646
17	0.0383	0.0550	0.0713	0.0847	0.0934	0.0963	0.0936	0.0863	0.0760
18	0.0255	0.0397	0.0554	0.0706	0.0830	0.0909	0.0936	0.0911	0.0844
19	0.0161	0.0272	0.0409	0.0557	0.0699	0.0814	0.0887	0.0911	0.0888
20	0.0097	0.0177	0.0286	0.0418	0.0559	0.0692	0.0798	0.0866	0.0888
21	0.0055	0.0109	0.0191	0.0299	0.0426	0.0560	0.0684	0.0783	0.0846
22	0.0030	0.0065	0.0121	0.0204	0.0310	0.0433	0.0560	0.0676	0.0769
23	0.0016	0.0037	0.0074	0.0133	0.0216	0.0320	0.0438	0.0559	0.0669
24	0.0008	0.0020	0.0043	0.0083	0.0144	0.0226	0.0328	0.0442	0.0557
25	0.0004	0.0010	0.0024	0.0050	0.0092	0.0154	0.0237	0.0336	0.0446
26	0.0002	0.0005	0.0713	0.0029	0.0057	0.0101	0.0164	0.0246	0.0343
27	0.0001	0.0002	0.0007	0.0016	0.0034	0.0063	0.0109	0.0173	0.0254
28	0.0000	0.0001	0.0003	0.0009	0.0019	0.0038	0.0070	0.0117	0.0181
29	0.0000	0.0001	0.0002	0.0004	0.0011	0.0023	0.0044	0.0077	0.0125
30	0.0000	0.0000	0.0001	0.0002	0.0006	0.0013	0.0026	0.0049	0.0083
31	0.0000	0.0000	0.0000	0.0001	0.0003	0.0007	0.0015	0.0030	0.0054
32	0.0000	0.0000	0.0000	0.0001	0.0001	0.0004	0.0009	0.0018	0.0034
33	0.0000	0.0000	0.0000	0.0000	0.0001	0.0002	0.0005	0.0010	0.0020
34	0.0000	0.0000	0.0000	0.0000	0.0000	0.0001	0.0002	0.0006	0.0012
35	0.0000	0.0000	0.0000	0.0000	0.0000	0.0000	0.0001	0.0003	0.0007
36	0.0000	0.0000	0.0000	0.0000	0.0000	0.0000	0.0001	0.0002	0.0004
37	0.0000	0.0000	0.0000	0.0000	0.0000	0.0000	0.0000	0.0001	0.0002
38	0.0000	0.0000	0.0000	0.0000	0.0000	0.0000	0.0000	0.0000	0.0001
39	0.0000	0.0000	0.0000	0.0000	0.0000	0.0000	0.0000	0.0000	0.0001

例如： 當 $\lambda=14$ 和 $x=8$，$P(X=8)=0.0304$

三民大專用書書目——行政・管理

書名	作者		學校
企業概論	陳定國	著	前臺灣大學
管理新論	謝長宏	著	交通大學
管理概論	郭崑謨	著	中興大學
管理個案分析（增訂新版）	郭崑謨	著	中興大學
企業組織與管理	郭崑謨	著	中興大學
企業組織與管理（工商管理）	盧宗漢	著	中興大學
企業管理概要	張振宇	著	中興大學
現代企業管理	龔平邦	著	前逢甲大學
現代管理學	龔平邦	著	前逢甲大學
管理學	龔平邦	著	前逢甲大學
文檔管理	張翊	著	郵政研究所
事務管理手冊	行政院新聞局	編	
現代生產管理學	劉一忠	著	舊金山州立大學
生產管理	劉漢容	著	成功大學
管理心理學	湯淑貞	著	成功大學
品質管制（合）	柯阿銀	譯	中興大學
品質管理	戴久永	著	交通大學
可靠度導論	戴久永	譯	交通大學
執行人員的管理技術	王龍輿	譯	
人事管理（修訂版）	傅肅良	著	中興大學
人力資源策略管理	何永福、楊國安	著	
作業研究	林照雄	著	輔仁大學
作業研究	楊超然	著	臺灣大學
作業研究	劉一忠	著	舊金山州立大學
數量方法	葉桂珍	著	成功大學
系統分析	陳進	著	前聖瑪利大學
秘書實務	黃正興	編著	實踐家專